普通高等教育大学计算机"十四五"精品立体化资源系列教材
"互联网+"一体化考试平台配套规划教材——教学·练习·考试

# 大学计算机与计算思维

## （Windows 10 + WPS Office）

郑德庆　李春英　唐冬梅　主　编
杨泳琳　郭泽颖　王孝金　程　宇　副主编

中国铁道出版社有限公司
CHINA RAILWAY PUBLISHING HOUSE CO., LTD.

## 内 容 简 介

本书依据教育部高等学校大学计算机课程教学指导委员会编制的《新时代大学计算机基础课程教学基本要求》、教育部颁布的《高等学校课程思政建设指导纲要》和全国高等学校计算机水平考试（College Computer Test）考试大纲，采用"理论+实训"的思路而编写。

本书聚焦软件国产化，以计算思维能力培养和新技术赋能为核心目标。全书分为三篇：第1篇计算机文化与计算思维，包括计算机基础、操作系统与常用软件、计算思维与信息素养等内容；第2篇WPS办公软件，包括WPS文字、WPS表格、WPS演示、WPS特色应用等内容；第3篇新技术应用及发展，包括新一代信息技术等内容。全书配备知识点讲解视频、教学课件以及相关实训测试题等资源，WPS的实训任务依托广东省高等学校教学考试管理中心的计算机课程平台（5Y学习平台），实现自主训练与测评。

本书适合作为普通高等院校非计算机专业计算机基础课程教材，也可作为报考"全国高等学校计算机水平考试"WPS Office科目的参考书。

### 图书在版编目（CIP）数据

大学计算机与计算思维 / 郑德庆,李春英,唐冬梅主编.—北京：中国铁道出版社有限公司,2023.10（2024.1重印）
普通高等教育大学计算机"十四五"精品立体化资源系列教材
ISBN 978-7-113-30606-9

Ⅰ.①大… Ⅱ.①郑… ②李… ③唐… Ⅲ.①电子计算机-高等学校-教材 Ⅳ.①TP3

中国国家版本馆CIP数据核字（2023）第190173号

| | |
|---|---|
| 书　　　名： | 大学计算机与计算思维 |
| 作　　　者： | 郑德庆　李春英　唐冬梅 |
| 策　　　划： | 唐　旭　　　　　　　编辑部电话：（010）51873202 |
| 责任编辑： | 刘丽丽　徐盼欣 |
| 封面设计： | 刘　颖 |
| 责任校对： | 苗　丹 |
| 责任印制： | 樊启鹏 |

出版发行：中国铁道出版社有限公司（100054，北京市西城区右安门西街8号）
网　　址：http://www.tdpress.com/51eds/
印　　刷：天津嘉恒印务有限公司
版　　次：2023年10月第1版　2024年1月第2次印刷
开　　本：787 mm×1 092 mm　1/16　印张：19.5　字数：509千
书　　号：ISBN 978-7-113-30606-9
定　　价：56.00元

**版权所有　侵权必究**

凡购买铁道版图书，如有印制质量问题，请与本社教材图书营销部联系调换。电话：（010）63550836
打击盗版举报电话：（010）63549461

# 前　言

党的二十大报告指出："教育是国之大计、党之大计。培养什么人、怎样培养人、为谁培养人是教育的根本问题。育人的根本在于立德。全面贯彻党的教育方针，落实立德树人根本任务，培养德智体美劳全面发展的社会主义建设者和接班人。"党的二十大报告深刻阐释了新时代教育事业的发展方向和基本原则，具有非常重要的指导意义。《新时代大学计算机基础课程教学基本要求》明确指出，大学计算机基础教学是面向大学生提供计算机知识、能力、素质方面课程的公共基础教学，计算思维培养和新技术赋能是新时代大学计算机基础课程能力培养的重要目标。此外，教育部《高等学校课程思政建设指导纲要》提出，要在公共基础课程中融入课程思政，注重在潜移默化中坚定学生理想信念、加强品德修养、培养奋斗精神、提升综合素质、激发创新活力。

新时代背景下，高等学校非计算机专业计算机基础课程的教学标准和人才培养需求发生了转变，明确提出计算机基础课程目标不仅要实现从"基本知识的技能传授"向"基于应用的思维能力"转变，更需注重培养非计算机专业学生的计算思维和应用信息技术解决问题的能力。

在《新时代大学计算机基础课程教学基本要求》的指导下，针对新时代的人才培养需求，本书共设计了三篇八章：第 1 篇计算机文化与计算思维，包括计算机基础、操作系统与常用软件、计算思维与信息素养等内容；第 2 篇 WPS 办公软件，包括 WPS 文字、WPS 表格、WPS 演示、WPS 特色应用等内容；第 3 篇新技术应用及发展，包括新一代信息技术等内容。

教育部高等学校计算机基础课程教学指导委员会提出：通过课程体系、课程内容、教学方法的改革，将人工智能、大数据等新一代信息技术融入对计算系统的理解和融合应用能力培养中，并从中实现技术赋能和养成较好的计算思维素质。因此，本书包含要求学生理解的计算机系统基本知识和思想方法相关内容，信息化、智能化时代需要学生理解掌握的新技术和新思想，以及培养学生计算思维和信息素养的相关内容。与此同时，本书内容选择紧贴国产化，将 WPS Office 办公软件的学习作为重要内容。从课程思政育人角度出发，在教材编写过程中，巧妙地将党的二十大精神、中华优秀传统文化、民族精神等相关内容融入其中，在多层面引导学生学习知识、完成相关任务的同时，达到领悟时代精神、厚植爱国情怀、温润心灵的育人效果。

为辅助教师组织教学、配合读者完成学习，本书采用新型立体化形式呈现，配备知识点讲解视频、教学课件、多层次实训练习等多样化资源，并依托广东省高等学校教学考试管理中心的计算机课程平台（5Y学习平台）实现了在线学习与自动化测评，为学习者打造高效的一站式学习路径。5Y学习平台是一个集课程学习视频、实训练习题库和自动测评系统于一体的理实一体化智慧学习平台，可自动化评阅所有WPS Office实训操作试题，实现即测即评，全面助力师生教学。

本书由广东省高等学校教学考试管理中心统一规划，主要负责全书结构的顶层设计和统稿工作，由郑德庆、李春英、唐冬梅任主编，由杨泳琳、郭泽颖、王孝金、程宇任副主编。本书在教材结构、内容组织设计及素材选配等方面得到了广东省高等学校公共计算机课程教学指导委员会的大力支持，同时在本书编写过程中，省内多所高校的优秀教师提出了宝贵的建议，在此一并对为本书提供帮助的领导、专家、同仁表示衷心的感谢！

由于编者水平有限，本书疏漏和不妥之处在所难免，敬请广大读者批评指正。

编　者<br>
2023 年 6 月

# 目 录

## 第1篇　计算机文化与计算思维　/1

### 第1章　计算机基础　/2

1.1　计算机概述　/3
 1.1.1　计算机的诞生　/3
 1.1.2　计算机的发展　/4
 1.1.3　计算机的分类　/5

1.2　计算机工作原理　/7
 1.2.1　计算机系统组成　/7
 1.2.2　计算机硬件系统　/8
 1.2.3　计算机软件系统　/11
 1.2.4　计算机主要性能指标　/13
 1.2.5　信息的表示与存储　/14

任务1.1　配置个人计算机软硬件　/18

1.3　计算机网络与网络安全　/19
 1.3.1　计算机网络概述　/19
 1.3.2　网络安全概述　/23
 1.3.3　网络病毒与网络攻击　/24
 1.3.4　网络安全技术　/26
 1.3.5　网络安全法规　/28

任务1.2　组建无线局域网　/28

### 第2章　操作系统与常用软件　/31

2.1　操作系统概述　/32
 2.1.1　操作系统简介　/32
 2.1.2　操作系统的功能　/32
 2.1.3　操作系统的分类　/33
 2.1.4　常见操作系统　/35

2.2　Windows 10操作系统　/37
 2.2.1　Windows 10操作系统的安装　/38
 2.2.2　Windows 10操作系统基本知识　/41
 2.2.3　管理文件与文件夹　/49
 2.2.4　Windows 10操作系统的设置　/56

任务2.1　管理文件及文件夹　/61
任务2.2　Windows 10操作系统个性化设置　/61

## 2.3 常用软件工具 /61
### 2.3.1 系统自带的常用工具 /61
### 2.3.2 软件安装卸载 /64
### 2.3.3 杀毒软件 /65
### 2.3.4 压缩解压软件 /65
### 2.3.5 协作工具 /65
### 2.3.6 笔记工具 /65
### 2.3.7 远程工具 /65
## 任务 2.3 安装办公软件 WPS Office /65
## 任务 2.4 安装压缩软件并使用 /66

# 第 3 章 计算思维与信息素养 /67
## 3.1 计算思维 /68
### 3.1.1 科学计算与计算思维 /68
### 3.1.2 计算思维的应用领域 /71
### 3.1.3 计算思维之问题与问题求解 /73
### 3.1.4 计算思维的逻辑基础 /76
### 3.1.5 计算思维的算法基础 /79
## 3.2 信息素养 /88
### 3.2.1 信息素养简介 /88
### 3.2.2 信息安全 /91
### 3.2.3 信息检索 /95

# 第 2 篇 WPS 办公软件 /103

# 第 4 章 WPS 文字 /107
## 4.1 WPS 文字基本操作 /108
### 4.1.1 创建保存文档 /108
### 4.1.2 编辑处理文本 /110
### 4.1.3 查找替换内容 /113
### 4.1.4 设置字符格式 /116
### 4.1.5 设置段落格式 /118
### 4.1.6 添加项目符号和编号 /119
### 4.1.7 文档页面设置 /121
## 任务 4.1 全民阅读好书单整理 /126
## 4.2 WPS 文字图文排版 /128
### 4.2.1 插入图片 /128
### 4.2.2 插入形状 /133
### 4.2.3 插入文本框 /138
### 4.2.4 插入艺术字 /139
### 4.2.5 插入智能图形 /139
### 4.2.6 插入表格 /141

4.2.7　插入图表　　　　　　　　　　　　　　　／144
　任务4.2　匠人匠心图文混排　　　　　　　　　　　　／146
　4.3　长文档编辑管理　　　　　　　　　　　　　　　／147
　　　4.3.1　WPS 文字视图　　　　　　　　　　　　／147
　　　4.3.2　定义使用样式　　　　　　　　　　　　　／148
　　　4.3.3　插入分隔符　　　　　　　　　　　　　　／150
　　　4.3.4　插入超链接　　　　　　　　　　　　　　／151
　　　4.3.5　分栏设置　　　　　　　　　　　　　　　／152
　　　4.3.6　页眉页脚　　　　　　　　　　　　　　　／153
　　　4.3.7　脚注尾注　　　　　　　　　　　　　　　／155
　　　4.3.8　题注与交叉引用　　　　　　　　　　　　／156
　　　4.3.9　插入目录　　　　　　　　　　　　　　　／157
　任务4.3　创新创业项目策划书编辑　　　　　　　　　／160
　4.4　文档审阅修订　　　　　　　　　　　　　　　　／161
　　　4.4.1　字数统计　　　　　　　　　　　　　　　／161
　　　4.4.2　简繁转换　　　　　　　　　　　　　　　／161
　　　4.4.3　文档批注　　　　　　　　　　　　　　　／162
　　　4.4.4　文档修订　　　　　　　　　　　　　　　／162
　　　4.4.5　文档保护　　　　　　　　　　　　　　　／164
　4.5　邮件合并　　　　　　　　　　　　　　　　　　／166
　任务4.4　员工工作证制作　　　　　　　　　　　　　／169

# 第 5 章　WPS 表格　　　　　　　　　　　　　　　／170

　5.1　WPS 表格基础应用　　　　　　　　　　　　　／171
　　　5.1.1　工作簿基本操作　　　　　　　　　　　　／171
　　　5.1.2　工作表基本操作　　　　　　　　　　　　／171
　　　5.1.3　数据录入与数据填充　　　　　　　　　　／173
　　　5.1.4　单元格数字格式　　　　　　　　　　　　／176
　　　5.1.5　单元格基本操作　　　　　　　　　　　　／177
　　　5.1.6　单元格基本格式　　　　　　　　　　　　／178
　　　5.1.7　工作表行列操作　　　　　　　　　　　　／179
　　　5.1.8　工作表窗格冻结　　　　　　　　　　　　／180
　任务5.1　博物馆藏品数据整理　　　　　　　　　　　／181
　5.2　WPS 表格样式设置　　　　　　　　　　　　　／182
　　　5.2.1　单元格边框　　　　　　　　　　　　　　／182
　　　5.2.2　单元格底纹　　　　　　　　　　　　　　／184
　　　5.2.3　单元格样式　　　　　　　　　　　　　　／184
　　　5.2.4　表格样式　　　　　　　　　　　　　　　／186
　　　5.2.5　条件格式　　　　　　　　　　　　　　　／187
　任务5.2　世界百强企业统计表样式设计　　　　　　　／189
　5.3　公式函数使用　　　　　　　　　　　　　　　　／189
　　　5.3.1　公式函数使用基础　　　　　　　　　　　／189

|     5.3.2    求和函数 | /190 |
| --- | --- |
|     5.3.3    最大最小值函数 | /191 |
|     5.3.4    平均值函数 | /192 |
|     5.3.5    统计函数 | /193 |
|     5.3.6    排序函数 | /193 |
|     5.3.7    逻辑条件函数 | /194 |
|     5.3.8    日期时间函数 | /195 |
|     5.3.9    文本函数 | /196 |
|     5.3.10   查找函数 | /197 |
|     5.3.11   财务函数 | /199 |
|   任务 5.3   学生成绩统计 | /199 |
|   5.4   数据管理分析 | /200 |
|     5.4.1    查找替换 | /200 |
|     5.4.2    重复项设置 | /201 |
|     5.4.3    数据排序 | /202 |
|     5.4.4    数据筛选 | /204 |
|     5.4.5    合并计算 | /205 |
|     5.4.6    数据分类汇总 | /206 |
|     5.4.7    数据有效性 | /206 |
|     5.4.8    数据透视图/表 | /208 |
|   任务 5.4   产品订单数据管理 | /209 |
|   5.5   数据可视化 | /210 |
|     5.5.1    图表创建编辑 | /210 |
|     5.5.2    创建迷你图 | /212 |
|   任务 5.5   创新指数可视化处理 | /212 |
|   5.6   表格审阅 | /213 |
|     5.6.1    表格批注 | /213 |
|     5.6.2    简繁转换 | /213 |
|     5.6.3    保护设置 | /213 |
|   5.7   页面布局 | /214 |

## 第 6 章　WPS 演示　　/216

|   6.1   WPS 演示概述 | /217 |
| --- | --- |
|     6.1.1    WPS 演示的界面视图 | /217 |
|     6.1.2    演示文稿的基本概念 | /218 |
|     6.1.3    演示文稿的制作流程和原则 | /218 |
|   6.2   演示文稿操作基础 | /219 |
|     6.2.1    演示文稿的新建保存 | /219 |
|     6.2.2    幻灯片基本操作 | /219 |
|     6.2.3    幻灯片页面设置 | /222 |
|     6.2.4    演示内容录入 | /222 |
|     6.2.5    演示内容字段效果 | /224 |

6.2.6　演示内容查找替换　　　　　　　　　　／226
任务6.1　核心价值共知行文稿制作　　　　　　　　　／226
6.3　演示文稿图文混排　　　　　　　　　　　　　　／227
　　　6.3.1　插入形状　　　　　　　　　　　　　　／227
　　　6.3.2　插入艺术字　　　　　　　　　　　　　／230
　　　6.3.3　插入图片　　　　　　　　　　　　　　／230
　　　6.3.4　插入表格　　　　　　　　　　　　　　／232
　　　6.3.5　插入图表　　　　　　　　　　　　　　／232
　　　6.3.6　插入智能图形　　　　　　　　　　　　／235
　　　6.3.7　插入音频/视频媒体　　　　　　　　　 ／236
　　　6.3.8　插入备注、批注　　　　　　　　　　　／237
任务6.2　研究汇报文稿排版　　　　　　　　　　　　／239
6.4　文稿修饰美化　　　　　　　　　　　　　　　　 239
　　　6.4.1　文稿主题设计　　　　　　　　　　　　／240
　　　6.4.2　幻灯片背景格式　　　　　　　　　　　／241
　　　6.4.3　幻灯片版式应用　　　　　　　　　　　／242
　　　6.4.4　幻灯片母版设计　　　　　　　　　　　／244
　　　6.4.5　幻灯片页眉页脚　　　　　　　　　　　／246
任务6.3　乡村振兴文稿美化　　　　　　　　　　　　／246
6.5　文稿交互优化设计　　　　　　　　　　　　　　／247
　　　6.5.1　添加对象动画　　　　　　　　　　　　／247
　　　6.5.2　添加切换效果　　　　　　　　　　　　／249
　　　6.5.3　添加超链接　　　　　　　　　　　　　／250
　　　6.5.4　按节组织幻灯片　　　　　　　　　　　／251
任务6.4　教学课件交互设计　　　　　　　　　　　　／251
6.6　文稿放映输出　　　　　　　　　　　　　　　　／252
　　　6.6.1　幻灯片放映设置　　　　　　　　　　　／252
　　　6.6.2　文稿打印输出　　　　　　　　　　　　／253
任务6.5　垃圾分类文稿放映设置　　　　　　　　　　／254

# 第7章　WPS 特色应用　　　　　　　　　　　　／255

7.1　WPS 安全备份　　　　　　　　　　　　　　　　／256
7.2　WPS 协作分享　　　　　　　　　　　　　　　　／257
7.3　WPS 结构化思维工具　　　　　　　　　　　　　／258
7.4　PDF 文档编辑　　　　　　　　　　　　　　　　／260
　　　7.4.1　PDF 文档内容编辑　　　　　　　　　　／260
　　　7.4.2　PDF 文档页面设置　　　　　　　　　　／261
　　　7.4.3　PDF 文档阅读批注　　　　　　　　　　／263
　　　7.4.4　PDF 文档转换　　　　　　　　　　　　／263
　　　7.4.5　PDF 文档保护　　　　　　　　　　　　／264

## 第3篇 新技术应用及发展 / 265

### 第8章 新一代信息技术 / 266

- 8.1 人工智能 / 267
  - 8.1.1 人工智能概述 / 267
  - 8.1.2 人工智能的发展 / 268
  - 8.1.3 人工智能的应用 / 269
- 8.2 大数据 / 271
  - 8.2.1 大数据概述 / 271
  - 8.2.2 大数据相关技术 / 272
  - 8.2.3 大数据的应用 / 273
- 8.3 云计算 / 276
  - 8.3.1 云计算概述 / 276
  - 8.3.2 云计算的类型 / 277
  - 8.3.3 云计算产业及其应用 / 279
- 8.4 物联网 / 280
  - 8.4.1 物联网概述 / 280
  - 8.4.2 物联网的特征与体系结构 / 280
  - 8.4.3 物联网的主要关键技术 / 282
- 8.5 新媒体 / 283
  - 8.5.1 新媒体概述 / 283
  - 8.5.2 新媒体技术发展与应用 / 283
  - 8.5.3 新媒体面临的机遇与挑战 / 284
- 8.6 5G 技术 / 285
  - 8.6.1 5G 技术概述 / 285
  - 8.6.2 5G 主要技术场景 / 285
  - 8.6.3 5G 的发展与应用 / 286
- 8.7 工业互联网 / 286
  - 8.7.1 工业互联网概述 / 286
  - 8.7.2 工业互联网的行业应用 / 288
- 8.8 电子商务 / 289
  - 8.8.1 电子商务概述 / 289
  - 8.8.2 电子商务的发展 / 290
  - 8.8.3 电子商务的定义、优势与分类 / 290
- 8.9 多媒体技术 / 292
  - 8.9.1 多媒体技术概述 / 292
  - 8.9.2 多媒体相关技术 / 293

### 参考文献 / 302

# 第1篇

# 计算机文化与计算思维

# 第1章 计算机基础

📊 **本章知识结构**

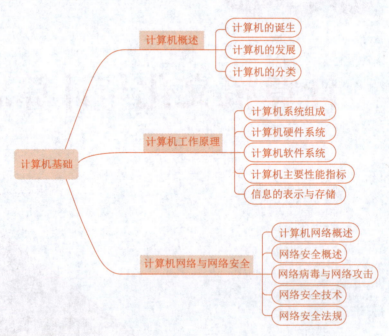

📝 **本章学习目标**

- 掌握数制之间的转换方法、冯·诺依曼体系结构；
- 理解数据在计算机内部的表示形式；
- 了解计算机发展历程以及硬件系统、软件系统；
- 掌握计算机网络的定义、功能及分类；
- 理解网络安全的概念及攻击类型；
- 熟悉网络病毒的分类及特征；
- 了解现行的网络安全法规。

20 世纪最先进的科学技术发明之一就是计算机。掌握计算机的基础知识和应用能力,重视计算机安全防范,能够做到高效学习和熟练办公,是当今信息社会不可或缺的能力。

本章从计算机的产生、发展以及分类引入计算机的背景知识;接着详细讲解计算机的工作原理,包括计算机系统的组成、计算机硬件和软件以及评价计算机的主要性能指标;最后介绍计算机网络和网络安全的相关概念,分析网络病毒以及网络攻击的类型,同时对我国现行的网络安全法规进行简单介绍。本章内容可以让学生了解计算机的前世、今生以及未来应用,为进一步学习后续内容及课程打好基础。

## 1.1 计算机概述

计算机(computer)俗称电脑,其全称是通用电子数字计算机。"通用"是指计算机可服务于多种用途,"电子"是指计算机是一种电子设备,"数字"是指在计算机内部一切信息均用 0 和 1 的编码来表示。计算机可以进行数值计算和逻辑计算,其还具有存储记忆功能,能够按照程序自动、高效地处理海量数据。计算机对人类的生产活动和社会活动产生了极其重要的影响,并以强大的生命力快速发展。它的应用领域从最初的军事科研应用扩展到社会的各个领域,已形成规模巨大的计算机产业,带动了全球范围的技术进步,由此引发了深刻的社会变革。当前,计算机技术已和各行各业深度融合,成为信息社会中必不可少的工具。

### 1.1.1 计算机的诞生

1946 年 2 月 14 日,标志人类计算工具历史性变革的通用计算机 ENIAC(electronic numerical integrator and computer)在美国宾夕法尼亚大学诞生。ENIAC 共使用了 17 468 个电子管、7 200 个二极管、70 000 个电阻器、10 000 个电容器、1 500 个继电器、6 000 多个开关,其占地面积约为 170 m$^2$,质量约为 30 t,如图 1-1 所示。ENIAC 每秒能完成 5 000 次加法、300 多次乘法运算,比当时最快的计算工具快 1 000 多倍。ENIAC 是世界上第一台能真正运转的大型通用电子计算机,ENIAC 的出现标志着电子计算机(以下称计算机)时代到来了。

视频1.1:计算机的诞生

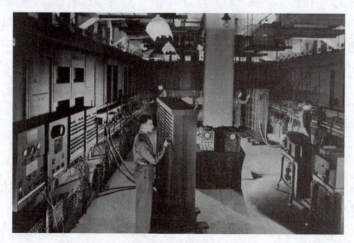

图 1-1 ENIAC

## 1.1.2 计算机的发展

计算机的发展通常以其所使用的主要物理元器件,即电子管、晶体管、中小规模集成电路、大规模和超大规模集成电路来划分,表1-1从物理元器件、存储器、处理方式以及运算速度等方面比较了各代计算机的特点。

视频1.2:计算机的发展

表1-1 各代计算机的特点比较

| 特 点 | 第 一 代<br>(1946—1958年) | 第 二 代<br>(1959—1964年) | 第 三 代<br>(1965—1969年) | 第 四 代<br>(1970年至今) |
| --- | --- | --- | --- | --- |
| 主要物理元器件 | 电子管 | 晶体管 | 中小规模集成电路 | 大规模和超大规模集成电路 |
| 主存储器 | 磁芯、磁鼓 | 磁芯、磁鼓 | 磁芯、磁鼓、半导体存储器 | 半导体存储器 |
| 外部辅助存储器 | 磁芯、磁鼓 | 磁芯、磁鼓、磁盘 | 磁芯、磁鼓、磁盘 | 磁芯、磁鼓、磁盘 |
| 处理方式 | 机器语言<br>汇编语言 | 监控程序<br>作业批量连续处理<br>高级语言编译 | 多道程序<br>实时处理 | 实时、分时处理、网络操作系统 |
| 运算速度 | 数千次至数万次/秒 | 几万~几十万次/秒 | 几十万~几百万次/秒 | 几百万~几亿次/秒 |

### 1. 第一代计算机——电子管计算机(1946—1958年)

第一代计算机以1946年ENIAC的研制成功为标志。这个时期的计算机都是建立在电子管基础上,笨重且容易损坏;存储设备比较落后,最初使用延迟线和静电存储器,容量很小,后来采用磁鼓磁芯;输入设备是读卡机,可以读取穿孔卡片上的孔;输出设备是穿孔卡片机和行式打印机,速度很慢。后来,出现了顺序存储设备磁带驱动器,速度比读卡机快得多。这个时期的计算机非常昂贵,而且不易操作,只有一些大的机构,如政府和银行才买得起。其特点是体积大、功耗高、可靠性差、速度慢、价格昂贵,但为以后的计算机发展奠定了基础。

### 2. 第二代计算机——晶体管计算机(1959—1964年)

第二代计算机以1959年美国菲尔克公司研制成功的第一台大型通用晶体管计算机为标志。这个时期的计算机用晶体管取代了电子管,晶体管具有体积小、质量小、发热少、耗电低、速度快、价格低、寿命长等一系列优点,使计算机的结构与性能发生了很大改变。这个时期的辅助存储设备出现了磁盘,磁盘上的数据都有位置标识符(称为地址),磁盘的读/写头可以直接被送到磁盘上的特定位置,因而比磁带的存取速度快得多。这个时期的计算机广泛应用于科学研究、商业和工程应用等领域,特点是体积缩小、能耗降低、可靠性提高、运算速度提高、性能比第一代计算机有很大的提高。但是,第二代计算机的输入/输出设备速率很慢,无法与主机的计算速度相匹配。

### 3. 第三代计算机——中小规模集成电路计算机(1965—1969年)

第三代计算机以IBM公司研制成功的360系列计算机为标志。第三代计算机的特征是中小规模集成电路。所谓中小规模集成电路是将大量的晶体管和电子线路组合在一块硅片上,故又称芯片。

这个时期的内存储器用半导体存储器逐步淘汰了磁芯存储器,使存储容量和存取速度有了大幅度的提高;输入设备出现了使用户可以直接访问计算机的键盘;输出设备出现了可以向用户提供立即响应的显示器。为了满足中小企业与政府机构日益增多的计算机应用,第三代计算机出现了小型计算机,其特点是速度更快,而且可靠性有了显著提高,价格进一步下降,产品走向了通用化、系列化和标准化，应用领域开始进入文字处理和图形图像处理领域。

**4. 第四代计算机——大规模和超大规模集成电路计算机**（1970年至今）

第四代计算机以 Intel 公司研制的第一代微处理器 Intel 4004 为标志，这个时期的计算机最为显著的特征是使用了大规模和超大规模集成电路。由于集成技术的发展，半导体芯片的集成度更高，每块芯片可容纳数万乃至数百万个晶体管，并且可以把运算器和控制器都集中在一个芯片上，从而出现了微处理器，并且可以用微处理器、大规模和超大规模集成电路组装成微型计算机，即常说的微电脑或 PC。微型计算机的"微"主要体现在它的体积小、质量小、功耗低、价格便宜。时至今日，微型计算机体积越来越小、性能越来越强、可靠性越来越高、价格越来越低。另外，利用大规模和超大规模集成电路制造的各种逻辑芯片，已经制成体积并不很大，但运算速度可达上千万亿次的巨型计算机。我国继 1983 年研制成功每秒运算一亿次的银河Ⅰ型巨型机以后，又于 1993 年研制成功每秒运算十亿次的银河Ⅱ型通用并行巨型计算机。经过不断发展，我国的超级计算机"神威·太湖之光"运算速率达到每秒运算一千万亿次。由于第四代计算机仍然没有突破冯·诺依曼体系结构，所以不能为这一代计算机划上休止符。

下一代计算机是把信息采集、存储、处理、通信同人工智能结合在一起的智能计算机系统，是正在研制中的新型电子计算机，采用超大规模集成电路和其他新型物理元件组成，具有推论、联想、智能会话等功能，并能直接处理声音、文字、图像等信息。下一代计算机还是能"思考"的计算机，可以直接通过自然语言（声音、文字）或图形图像交换信息，能帮助人进行推理、判断，具有逻辑思维能力。下一代计算机的体系结构，从理论上和工艺技术上看与现在的计算机或许有根本的不同，当它问世以后，提供的先进功能以及摆脱掉传统计算机的技术限制，必将为人类进入信息化的社会提供一种强有力的工具。

### 1.1.3　计算机的分类

传统计算机可从用途、规模、处理对象、工作模式等多方面进行划分。

**1. 按用途划分**

（1）通用计算机：用于解决多种一般问题，该类计算机使用领域广泛、通用性较强，在科学计算、数据处理和过程控制等领域中都能适应。

（2）专用计算机：用于解决某个特定方面的问题，配有为解决某问题的专门软件和硬件，如在生产过程自动化控制、工业智能仪表等专门应用。

视频1.3：计算机的分类

**2. 按规模划分**

按计算的规模，可以把计算机分为巨型计算机、大/中型计算机、小型计算机和微型计算机。

（1）巨型计算机：运算速度快、存储量大、结构复杂、价格昂贵，主要用于国防尖端科学研究领域和现代科学计算中。2015 年 11 月 16 日，"天河二号"超级计算机系统以每秒 33.86 千万亿次的计算速度，连续六次在全球超级计算机 500 强榜单中蝉联榜首。

（2）大/中型计算机：大型计算机规模次于巨型机，有比较完善的指令系统和丰富的外围设备，具有较高的运算速度，每秒可以执行几千万条指令，而且有较大的存储空间，常用于科学计算、数据处理或作为网络服务器使用，如 IBM 4300；中型计算机是介于大型计算机和小型计算机之间的一种机型。

（3）小型计算机：小型计算机成本较低，维护也较容易，其规模较小、结构简单、运行环境要求较低，一般为中小型企业单位所用，应用于工业自动控制、测量仪器、医疗设备中的数据采集等方面。

（4）微型计算机：它较之小型计算机体积更小、价格更低、灵活性更好，可靠性更高，使用更加方便。微型计算机中央处理器（CPU）采用微处理器芯片，小巧轻便，广泛用于商业、服务业、工厂的自动控制、办公自动化以及大众化的信息处理。

### 3. 按处理对象划分

（1）数字计算机：计算机处理时输入和输出的数值都是数字量。

（2）模拟计算机：处理的数据对象直接为连续的电压、温度、速度等模拟数据。

（3）数字模拟混合计算机：输入/输出既可是数字也可是模拟数据。数字模拟混合计算机一般由数字计算机、模拟计算机和混合接口三部分组成，其中模拟计算机部分承担快速计算工作，数字计算机部分承担高精度运算和数据处理工作。数字模拟混合计算机同时具有数字计算机和模拟计算机的特点，即运算速度快、计算精度高、逻辑和存储能力强、存储容量大和仿真能力强。随着电子技术的不断发展，数字模拟混合计算机主要应用于航空航天、导弹系统等实时性的复杂大系统中。

### 4. 按工作模式划分

（1）工作站：以个人计算环境和分布式网络环境为基础的高性能计算机。工作站不单纯是进行数值计算和数据处理的工具，而且是支持人工智能的作业机，通过网络连接包含工作站在内的各种计算机可以互相进行信息的传送，资源、信息的共享，以及负载的分配。

（2）服务器：在网络环境下为多个用户提供服务的共享设备，一般分为文件服务器、打印服务器、计算服务器和通信服务器等。服务器是一种可供网络用户共享的、高性能的计算机，其上的资源可供网络用户共享。

> **知识链接**：天河超级计算机六连冠
>
> 从1986年起中国开始了超级计算机的自主研发之路，之后几十年间，无数超级计算机研发人员发挥着工匠精神，艰苦奋斗、勇于攀登，投入到超级计算机工程中。国防科技大学的银河系列、天河系列，中国科学院的曙光系列，联想的深腾系列，无锡江南计算机研究所的神威系列，都曾经一度居于世界第一超级计算机的位置。
>
> 2015年11月18日，"2015国际超级计算大会"传出喜讯：由国防科技大学研制的天河二号超级计算机系统，在国际TOP500组织发布的第46届世界超级计算机500强排行榜上再次位居第一。这是天河二号自2013年6月问世以来，连续六次位居世界超算500强榜首，获得"六连冠"殊荣。这也是世界超算史上第一台实现六连冠的超级计算机，创造了世界超算史上连续第一的新纪录。
>
> 天河二号峰值运算速度54.9 PFlops（5万万亿次/秒），实际运算速度33.86 PFlops。2013年11月，天河二号落户国家超算广州中心，面向国内外用户开放使用。该中心已构建起材料科学与工程计算、生物计算与个性化医疗、装备全数字设计与制造、能源及相关技术数字化设计、天文地球科学与环境工程、智慧城市大数据和云计算等应用服务平台，成为集高性能计算、大数据分析和云计算于一体的世界一流超算中心。
>
> 我们要弘扬民族和时代精神、工匠精神，重视自主研发，艰苦奋斗，勇于攀登科学高峰。这刚好符合党的二十大报告中提到的"增强自主创新能力"的精神。

## 1.2 计算机工作原理

自 ENIAC 诞生以来，计算机系统技术已经得到很大的发展，但计算机的工作原理依然是冯·诺依曼原理，即存储程序和程序控制。存储程序是指人们必须事先把计算机的执行步骤序列（即程序）及运行中所需的数据通过一定方式输入并存储在计算机的存储器中。程序控制是指计算机运行时能自动地逐一取出程序中的一条条指令，加以分析并执行规定的操作。根据存储程序和程序控制的概念，在计算机运行过程中，实际上有两种信息在流动。一种是数据流，包括原始数据和指令，它们在程序运行前已经预先送至主存，而且都是以二进制形式编码，在运行程序时，数据被送往运算器参与运算，指令被送往控制器。另一种是控制信号，它由控制器根据指令的内容发出，指挥计算机各部件执行指令规定的各种操作或运算，并对执行流程进行控制。

> **知识链接**：图灵和图灵奖
>
> 学术界公认的电子计算机的理论和模型是由英国科学家艾伦·麦席森·图灵（Alan M. Turing）发表的论文《论可计算数学及其在判定问题中的应用》奠定的基础。为纪念图灵，美国计算机协会（ACM）于1966年设立图灵奖，专门奖励那些对计算机事业做出重要贡献的个人。由于图灵奖对获奖条件要求极高，评奖程序又是极其严格，因此有"计算机界的诺贝尔奖"之称。

### 1.2.1 计算机系统组成

计算机系统由硬件系统和软件系统两大部分组成。没有安装任何软件的计算机称为裸机。硬件系统指组成计算机的各种物理设备，包括主机和外围设备，也就是看得见、摸得着的实际物理设备；软件系统包括系统软件和应用软件，指与计算机系统操作有关的各种程序以及任何与之相关的文档和数据的集合。计算机系统基本组成如图 1-2 所示。

视频1.4：计算机系统组成

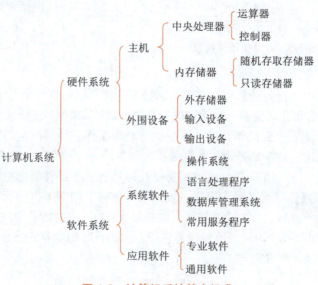

图 1-2　计算机系统基本组成

### 1.2.2 计算机硬件系统

计算机硬件系统是由运算器、控制器、存储器、输入设备和输出设备五大部分及总线组成，如图1-3所示。计算机的五大部分中，控制器和运算器是其核心部分，合称为中央处理器单元，各部分之间通过相应的信号线进行通信。冯•诺依曼结构规定控制器是根据存放在存储器中的程序来工作的，即计算机的工作过程就是运行程序的过程。为了使计算机进行正常工作，程序必须预先存放在存储器中。控制器中的程序计数器总是存放着下一条待执行指令在存储器中的地址，由它控制程序的执行顺序。当控制器取出待执行的指令后，对指令进行译码，根据指令的要求控制系统内的活动。

视频1.5：计算机硬件系统

**1. 中央处理器**

中央处理器（central processing unit，CPU）是一块超大规模集成电路，是计算机硬件系统中最核心的部件，是一台计算机的运算核心（core）和控制核心（control unit），如图1-4所示。它的功能主要是解释计算机指令以及处理计算机软件中的数据。中央处理器主要包括运算器（算术逻辑运算单元，arithmetic logic unit，ALU）和高速缓冲存储器（cache）及实现它们之间联系的数据（data）、控制及状态总线（bus）。

国外CPU的代表品牌是Intel和AMD，我国的龙芯Loongson、飞腾PHYTIUM、申威、兆芯、鲲鹏Kunpeng、海光HYgon等是国有自主知识产权的通用处理器。

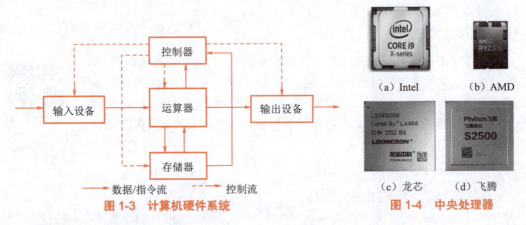

图1-3 计算机硬件系统　　　　图1-4 中央处理器

**2. 运算器**

运算器是计算机中执行各种算术和逻辑运算操作的部件。运算器由算术逻辑单元、累加器、状态寄存器、通用寄存器组等组成。算术逻辑运算单元的基本功能为进行加、减、乘、除四则运算，与、或、非、异或等逻辑操作，以及移位、求补等操作。计算机运行时，运算器的操作和操作种类由控制器决定。运算器处理的数据是在控制器的统一指挥下从内存中读取到运算器中，处理后的结果数据通常送回存储器，或暂时寄存在运算器中。运算器能力的强弱标志取决于其能执行多少种操作和操作速度。操作速度一般指平均速度，即在单位时间内平均能执行的指令条数，如某计算机运算速度为100万次/秒，就是指该机在1 s内能平均执行100万条指令（即1 MIPS）。有时也采用加权平均法（即根据每种指令的执行时间以及该指令占全部操作的百分比进行计算）求得的等效速度表示。

**3. 控制器**

控制器是计算机的神经中枢，指挥计算机各个部件协调一致地工作。在控制器的控制下，计算机能够自动按照程序设定的步骤进行一系列操作，以完成特定任务。控制器实现指令的读入、寄存、译码和在执行过程有序地发出控制信号。其主要部件包括：

（1）程序计数器（program counter，PC）：当程序顺序执行时，每取出一条指令，PC 内容自动增加一个值，指向下一条要取的指令，从而保证程序得以持续运行。

（2）指令寄存器（instruction register，IR）：用于保存当前执行或者即将执行的指令，指令由操作码和操作数两部分组成。操作码（operation code，OP）指出该指令要进行什么操作，操作数指出参加运算的数据及其所在的单元地址。计算机的所有操作都是通过分析存放在指令寄存器中的指令后再执行的。

（3）指令译码器（instruction decoder，ID）：用于对当前指令进行译码，即把 OP 送到指令译码部件，翻译成要对哪些部件进行哪些操作的信号。

（4）操作控制器（operation control，OC）：主要作用是为 CPU 内的每个功能部件之间建立数据通路，使得信息可以在各部件之间得以持续运行，即把指令译码器翻译的操作信号，通过操作控制逻辑，将指定的信号（和时序信号）送到指定的部件。

（5）状态/条件寄存器：用于保存指令执行完成后产生的条件码，另外还保存中断和系统工作状态等信息。

（6）时序部件：用于产生节拍电位和时序脉冲。

### 4. 存储器

存储器的主要功能是存储程序和数据，并能在计算机运行过程中高速、自动地完成程序或数据的存取。存储器是具有"记忆"功能的设备，按其所处的位置分为内存（主存储器）和外存（辅助存储器），按工作方式分为只读存储器和读写存储器。

（1）主存储器，简称主存或内存，是计算机硬件系统中的一个重要部件，其作用是存放指令和数据，并能由 CPU 直接随机存取。内存条如图 1-5 所示。主存储器分为随机存取存储器（RAM）、只读存储器（ROM）和高速缓冲存储器（cache）三个部分，其绝大部分存储空间由 RAM 构成。主存储器的性能指标主要有容量、存取周期和存储器带宽三个部分。

图 1-5　内存条

① RAM：可以根据需要随时按地址读出或写入，以某种电触发器的状态存储，断电后信息无法保存。

② ROM：出厂时其内容由厂家用掩膜技术写好，只可读出，但无法改写。信息已固化在存储器中，一般用于存放系统程序 BIOS 和微程序控制。

③ cache：存在于主存与 CPU 之间的一级存储器，容量比较小但速度比主存快得多，接近于 CPU 的速度。cache 通常用来存储当前使用最多的程序或数据，CPU 每次访问存储器时，都先访问 cache，若访问的内容在 cache 中，访问到此为止；否则，再访问主存储器，并把相关内容及数据块取出并存入 cache。

（2）外存储器，简称外存或辅存，具有存储容量大、价格便宜、信息不易丢失（断电后仍然能保存数据）、存取速度比内存慢、机械结构复杂、只能与主存储器交换信息而不能被 CPU 直接访问等特点。外存储器的这些特点正好与主存储器互为补充，共同支撑着整个计算机存储体系实现有效的功能。常见的外存储器有硬盘、光盘和 U 盘等。

① 硬盘：是计算机主要的存储媒介之一，由一个或者多个铝制或者玻璃制的碟片组成，碟

片外覆盖有铁磁性材料，如图 1-6 所示。

② 光盘存储器：是利用激光原理进行读、写的设备，用聚焦的氢离子激光束处理记录介质的方法存储和再生信息，其特点是存储容量大、价位低、可靠性高、寿命长，特别适用于图像处理、大型数据库系统、多媒体教学等领域，是迅速发展的一种辅助存储器。从光盘类别上来分，目前常用的普通的刻录光盘可分为只读型光盘、追记型光盘、可擦写型光盘和蓝光光盘。

图 1-6　硬盘

- 只读型光盘（CD-ROM、DVD-ROM）。

CD-ROM 是众多只读光盘中的一种，标准容量 700 MB，直径 12 cm。只能刻录 MP3、音乐 CD、VCD、SVCD、数据。于 20 世纪 70 年代就以容量大、成本低、易于分发等优点广泛用于存储音像制品和电子出版业。

DVD-ROM 广泛应用于卫星广播电视录像、影视制品和电子书刊出版业、保存个人计算机的大容量文件或数据备份。CD-ROM、DVD-ROM 是一种只供用户从盘上读取数据的只读型光盘，它的内容必须通过对应的光盘刻录仪一次性写入，不能擦写或重写。如果是音像制品，一般它的内容由厂商用压膜大量复制而成。

- 追记型光盘（CD-R、DVD-R、WORM）。

CD-R、DVD-R、WORM（write once read many）都属于追记型光盘的范畴。追记型光盘虽然也是只能刻录一次，但它的刻录可以分多次完成。其中 WORM 光盘在性能上比较高，在制作成本上也大于 CD、DVD。

- 可擦写光盘。

可擦写光盘可以使用软件擦除数据并再次使用。一般的可擦写光盘有 DVD-RW、DVD-RDL、CD-RW 等。

- 蓝光光盘（blu-ray disc，BD）。

蓝光光盘是 DVD 之后的下一代光盘格式之一，用以存储高品质的影音以及高容量的数据存储。

③ U 盘：全称 USB 闪存盘，英文名 USB flash disk，是一种使用 USB 接口的无须物理驱动器的微型高容量移动存储产品，通过 USB 接口与计算机连接，实现即插即用。U 盘最大的优点是小巧便于携带、存储容量大、价格便宜且性能可靠。

> **注意**：在存储器中速度由高到低依次是 cache、RAM、外部存储器。

### 5. 输入/输出设备

用户需要计算机执行的程序以及需要处理的数据由输入设备经输入系统输入主机，主机的处理结果由输出系统经输出设备呈现给用户。输入/输出设备（I/O 设备）是计算机与用户或其他设备通信的桥梁，是计算机系统必不可少的组成部分。

（1）输入设备（input device）：是向计算机输入数据和信息的设备，是用户和计算机系统之间进行信息交换的主要装置之一，用于把原始数据和处理这些数据的程序输入到计算机中，通过转换成为计算机能够识别的二进制代码,从而进行存储、处理和输出。键盘、鼠标、摄像头、扫描仪、光笔、手写输入板、游戏杆、语音输入装置等都属于输入设备。

(2)输出设备(output device):是计算机硬件系统的终端设备,用于接收计算机数据的输出显示、打印、声音,控制外围设备操作等。常见的输出设备有显示器、打印机、绘图仪、传真机、影像输出系统、语音输出系统、磁记录设备等,其中显示器显示图像的清晰程度主要取决于其分辨率的高低。

需要特别说明的是,有些设备会兼顾输入和输出两种功能,如磁盘驱动器既可读取数据,又能将数据写入,因此既可看作输入设备,又可看成输出设备。光盘刻录机、调制解调器等都是兼顾输入和输出两种功能的设备。

### 1.2.3 计算机软件系统

计算机软件系统是指为管理、运行、维护及应用计算机所开发的程序、数据及其相关文档的集合。计算机软件系统=程序+数据+文档。其中,程序是让计算机硬件完成特定功能的指令序列,是计算任务的处理对象和处理规则的描述,数据是程序处理的对象,文档是为了便于了解程序所需的阐明性资料。

视频1.6:计算机软件系统

#### 1. 软件概述

软件是计算机的重要组成部分,是用户与硬件之间的接口,用户通过软件来管理和使用计算机的硬件资源。

(1)程序。程序是为解决某一特定问题而设计的指令序列,由计算机基本的操作指令组成。计算机按照程序中的命令执行操作,解决问题,完成任务。

(2)计算机程序设计语言。计算机程序设计语言是人们为了描述计算过程而设计的一种具有语法语义描述的记号。对计算机工作人员而言,程序设计语言是除计算机本身之外的所有工具中最重要的工具,是其他所有工具的基础。计算机程序设计语言的发展,经历了从机器语言、汇编语言到高级语言的历程。

① 机器语言。机器语言是第一代计算机语言,是机器指令的集合,用二进制代码表示,它能够被计算机直接识别和执行。机器语言可读性差,特别是在程序有错需要修改时,更是如此。而且由于每台计算机的指令系统往往各不相同,在一台计算机上执行的程序,要想在另一台计算机上执行,必须重新编写程序,造成了重复工作。但由于使用的是针对特定型号计算机的语言,故而运算效率是所有语言中最高的。

② 汇编语言。为了减轻机器语言晦涩难懂、容易出错、效率低下等缺点,人们对其进行了一种有益的改进:用一些简洁的英文字母、符号串来替代一个特定的指令的二进制串,比如,用助记符 ADD 代表加法,用 MOV 代表数据传递等,这种程序设计语言就称为汇编语言,即第二代计算机语言。然而计算机是不认识这些符号的,这就需要一个专门的程序,负责将这些符号翻译成二进制数的机器语言,这种翻译程序称为汇编程序。从本质上讲,汇编语言虽然使用助记符,同样十分依赖于机器硬件,移植性不好,但效率仍十分高,针对计算机特定硬件而编制的汇编语言程序,能准确发挥计算机硬件的功能和特长,程序精炼且质量高,这是高级语言所不能比拟的。通常在操作底层硬件或者程序优化要求比较高的场合会使用到汇编语言,如一些嵌入式操作系统和各种类型的驱动程序,所以至今汇编语言仍是一种常用而强有力的软件开发工具。

③ 高级语言。机器语言和汇编语言都是面向硬件的程序语言。随着计算机的普及,人们意识到,应该设计一种语言,它接近于数学语言或人的自然语言,同时又不依赖于计算机硬件,

编出的程序能在所有机器上通用。1954年，第一个完全脱离机器硬件的高级语言FORTRAN问世。至今已有几百种高级语言出现，有重要意义的有几十种，影响较大、使用较普遍的有FORTRAN、COBOL、BASIC、LISP、Pascal、C、PROLOG、C++、VC、VB、Delphi、C#、Python、Java等。

　　高级语言是一种统称，并不是特指的某一种具体的语言。每种高级语言的语法、语义和命令格式都不尽相同。高级语言编制的程序计算机无法直接执行，必须借助编译器翻译成机器语言才能被执行。高级语言有两种执行方式，其中一种是编译执行，由编译器将源程序一次性翻译成目标程序，然后直接执行。典型代表是C和C++等语言。另外一种解释执行，编译器将源程序现场解释，每次解释完一句后就提交计算机执行，这样就可以不必生成目标程序。Java就是这种典型的执行方式。

### 2. 软件系统及其组成

　　（1）系统软件。系统软件由一组控制计算机系统并管理其资源的程序组成，其主要功能包括：启动计算机，存储、加载和执行应用程序，对文件进行排序、检索，将程序语言翻译成机器语言等。实际上，系统软件可以看作用户与计算机的接口，它为应用软件和用户提供了控制、访问硬件的手段。系统软件一般包括操作系统、语言处理系统（编译/翻译程序）、辅助程序、数据库管理系统。下面分别介绍它们的功能。

　　① 操作系统（operating system, OS）。操作系统是管理、控制和监督计算机软硬件资源协调运行的程序系统，由一系列具有不同控制和管理功能的程序组成，它是直接运行在计算机硬件上的最基本的系统软件，是系统软件的核心。操作系统的主要目的有两个：一是方便用户使用计算机，是用户和计算机的接口；二是统一管理计算机系统的全部资源，以便充分、合理地发挥计算机的效率。

　　操作系统通常应包括下列五大功能模块：

- 处理器管理。当多个程序同时运行时，解决CPU时间的分配问题。
- 作业管理。完成某个独立任务的程序及其所需的数据组成一个作业。作业管理的任务主要是为用户提供一个使用计算机的界面，使其方便地运行自己的作业，并对所有进入系统的作业进行调度和控制，尽可能高效地利用整个系统的资源。
- 存储器管理。为各个程序及其使用的数据分配存储空间，并保证它们互不干扰。
- 设备管理。根据用户提出使用设备的请求进行设备分配，同时还能随时接收设备的请求（称为中断），如要求输入信息。
- 文件管理。主要负责文件的存储、检索、共享和保护，为用户提供文件操作的方便。

　　② 语言处理系统（翻译程序）。如前所述，机器语言是计算机唯一能直接识别和执行的程序语言。如果要在计算机上运行高级语言程序就必须配备程序语言翻译程序（简称翻译程序）。翻译程序本身是一组程序，不同的高级语言都有相应的翻译程序。

　　③ 辅助程序。辅助程序能够提供一些常用的服务性功能，它们为用户开发程序和使用计算机提供了方便，如微机上经常使用的诊断程序、调试程序、编辑程序均属此类。

　　④ 数据库管理系统。数据库是指按照一定联系存储的数据集合，可为多种应用共享。数据库管理系统（data base management system, DBMS）则是能够对数据库进行加工、管理的系统软件。其主要功能是建立、消除、维护数据库及对库中数据进行各种操作。数据库系统主要由数据库（DB）、数据库管理系统（DBMS）以及相应的应用程序组成。数据库系统不但能够存放大量的数据，更

重要的是能迅速、自动地对数据进行检索、修改、统计、排序、合并等操作，以得到所需的信息。这一点是传统的文件柜无法做到的。数据库技术是计算机技术中发展最快、应用最广的一个分支。可以说，在今后的计算机应用开发中大都离不开数据库。因此，了解数据库技术尤其是微机环境下的数据库应用是非常必要的。

（2）应用软件。为解决各类实际问题而设计的程序系统称为应用软件，如 WPS Office、Microsoft Office 以及各种管理软件等。从其服务对象的角度，又可分为通用软件和专用软件两类。

① 通用软件。这类软件通常是为解决某一类问题而设计的，而这类问题是很多人都要遇到和解决的。文字处理、表格处理、电子演示等。

② 专用软件。在市场上可以买到通用软件，但有些具有特殊功能和需求的软件是无法买到的。比如，某用户希望有一个程序能自动控制车床，同时也能将各种事务性工作集成统一管理。因为专用软件对于一般用户比较特殊，所以专用软件一般都是组织人力自行开发。当然，开发出来的这种软件也只能专用于某种情况。

### 1.2.4 计算机主要性能指标

对于大多数普通用户而言，可以从时钟频率、字长、内存容量、外存容量、显存、硬盘转速等方面考量计算机的主要性能。

**视频1.7：计算机主要性能指标**

#### 1. 时钟频率

时钟频率（处理机主频）是表示 CPU 运算速度的指标之一。时钟频率只能用于同一类型、同一配置的处理机相比较。如 Intel 酷睿 i7 7700/3.6 GHz 比 Intel 酷睿 i7 6950X/3 GHz 快 20%。当然，实际运算速度还与 cache、内存、IO 以及执行的程序等有关。一般来说，主频越高，计算机处理数据的能力就越强，运算速度就越快。

#### 2. 字长

在计算机领域，对于某种特定的计算机设计而言，字（word）是用于表示其自然的数据单位的术语，用来表示一次性处理事务的固定长度。一个字的位数，即字长，是计算机系统结构中的重要特性。计算机中大多数寄存器的大小是一个字长，计算机处理的典型数值一般也是以字长为单位，CPU 和内存之间的数据传送单位也通常是一个字长。内存中用于指明一个存储位置的地址也经常是以字长为单位。现代计算机的字长通常为 16 位、32 位、64 位、128 位。

#### 3. 内存容量

内存是 CPU 可以直接访问的存储器，计算机需要执行的程序与需要处理的数据就是存放于内存之中。内存容量的大小反映微机即时存储信息的能力，内存容量越大，系统功能越强，能处理的数据量就越大。

#### 4. 外存容量

外存容量通常指硬盘容量，外存容量越大，可存储的信息就越多，可安装的应用软件就越丰富。

#### 5. 显存

显存的性能由容量和带宽两个因素决定。容量的大小决定了能缓存的数据量；带宽可理解为显存与核心交换数据的通道，带宽越大，数据交换越快。一般来讲，专业制图、计算机游戏画面要求较高的应用环境，建议选择独立显卡或者更高的显存参数。

#### 6. 硬盘转速

转速（rotational speed）是硬盘内电机主轴的旋转速度，也就是硬盘盘片在 1 min 内所能完成的最大转数。转速的快慢是标示硬盘档次的重要参数之一,它是决定硬盘内部传输率的关键因素之一,在很大程度上直接影响到硬盘的速度。相同存储容量的硬盘,转速越快越好。

### 1.2.5 信息的表示与存储

从古至今,人类记录和表达信息的方式多种多样,从壁画或者岩画,到竹简、丝绸、羊皮、纸,再到电子计算机。计算机的主要功能是处理数字、字母、文字、图形、图像、声音等各种各样的信息,这些信息在被处理之前都必须经过数字化编码,因为计算机内所有的信息均以二进制的形式进行存储和表示。

视频1.8:信息的表示与存储

#### 1. 数据与信息

数据是由人工或自动化手段加以处理的事实、场景、概念和指示的符号表示。字符、声音、表格、符号和图像等都是不同形式的数据。信息是客观事物属性的反映,是经过加工处理并对人类客观行为产生影响的数据表现形式。数据和信息之间是相互联系的,数据只是对事实的初步认识,反映客观事物属性的记录,是信息的具体表现形式。任何事物的属性都是通过数据来表示的,借助人的思维或者信息技术对数据进行加工处理后成为信息,而信息必须通过数据才能传播,才能对人类产生影响。例如,数据1、2、4、8、16是一组数据,其本身是没有意义的,但对它进行分析后,就可得到其是一组等比数列,从而很清晰地得到后面的数字。这便对这组数据赋予了意义,称为信息,是有用的数据。

计算机中的数据包括数值型和非数值型两大类。数据在计算机中的表示形式称为机器数。为了更好地表达计算机数据存储的组织形式,首先需要了解以下三个概念。

(1)比特(bit)。计算机专业术语,二进制数字中的位。二进制数系统中,每个0或1就是一个位,位是数据存储的最小单位。计算机中的CPU位数指的是CPU一次能处理的最大位数,如64位计算机的CPU一次最多能处理64位数据。

(2)字节(byte,B)。字节是计算机信息技术用于计量存储容量大小的一种基本单位,计算机的内、外存的存储容量都是用字节来计算和表示的。通常情况下,1字节等于8位二进制数。现实中为了更好地表示数据的容量大小,定义了KB、MB、GB、TB、PB等几种容量单位,它们之间的换算关系如下:

1 B = 8 bit;
1 KB = 1 024 B = $2^{10}$ B;
1 MB = 1 024 KB = $2^{20}$ B;
1 GB = 1 024 MB = $2^{30}$ B;
1 TB = 1 024 GB = $2^{40}$ B;
1 PB = 1 024 TB = $2^{50}$ B;
1 EB = 1 024 PB = $2^{60}$ B;
1 ZB = 1 024 EB = $2^{70}$ B;
1 YB = 1 024 ZB = $2^{80}$ B;
1 BB = 1 024 YB = $2^{90}$ B;
1 NB = 1 024 BB = $2^{100}$ B;
1 DB = 1 024 NB = $2^{110}$ B。

(3)字长。字长是CPU的主要技术指标之一,指的是CPU一次能并行处理的二进制位数。

字长总是 8 的整数倍。PC 在一次操作中能处理的最大数字是由 PC 的字长确定的。一般来说，计算机在同一时间内处理的一组二进制数称为一个计算机的字，而这组二进制数的位数就是字长。

### 2. 数制与数制转换

（1）数制。数制也称计数制，是用一组固定的符号和统一的规则来表示数值的方法。$N$ 进制的数可以用 $0 \sim (N-1)$ 的数表示，超过 9 的用字母 A~F 表示。常见的数制有十进制、八进制、二进制和十六进制四种。表 1-2 列举了计算机常用数制的对应关系。

表 1-2　计算机常用数制的对应关系

| 十 进 制 | 二 进 制 | 八 进 制 | 十 六 进 制 |
|---|---|---|---|
| 0 | 0 | 0 | 0 |
| 1 | 1 | 1 | 1 |
| 2 | 10 | 2 | 2 |
| 3 | 11 | 3 | 3 |
| 4 | 100 | 4 | 4 |
| 5 | 101 | 5 | 5 |
| 6 | 110 | 6 | 6 |
| 7 | 111 | 7 | 7 |
| 8 | 1000 | 10 | 8 |
| 9 | 1001 | 11 | 9 |
| 10 | 1010 | 12 | A |
| 11 | 1011 | 13 | B |
| 12 | 1100 | 14 | C |
| 13 | 1101 | 15 | D |
| 14 | 1110 | 16 | E |
| 15 | 1111 | 17 | F |

① 十进制（decimal，D）计数法是日常使用最多的计数方法。它的定义是：每相邻的两个计数单位之间的进率都为十的计数法则，就称为十进制计数法。在十进制中，数用 0、1、2、3、4、5、6、7、8、9 这十个数码来表示，逢十进一。

② 八进制（octal，O）是一种以 8 为基数的计数法，采用 0、1、2、3、4、5、6、7 八个数码，逢八进一。八进制的数和二进制数可以按位对应（八进制一位对应二进制三位），因此常应用在计算机语言中。

③ 二进制（binary，B）是计算技术中广泛采用的一种数制。二进制数据是用 0 和 1 两个数码来表示的数。它的基数为 2，进位规则是"逢二进一"，借位规则是"借一当二"。当前的计算机系统使用的基本上是二进制系统，一般用"开"来表示 1，"关"来表示 0。

④ 十六进制（hexadecimal，H），计算机中数据的一种表示方法。同日常生活中的表示法不一样。它由 0~9 和 A~F 组成，字母不区分大小写。与十进制的对应关系是：0~9 对应 0~9，A~F 对应 10~15。

（2）数制转换。Windows 操作系统附件中的计算器具有数制转换功能，打开计算器并选择"程序员"功能，如图 1-7（a）所示，得到图 1-7（b）。在图 1-7（b）中选择 BIN（二进制）后，计算器数制键中只有 0 和 1 可用，因为二进制只有数字 0 和 1 两种，然后可以进行不同的进制转换。如要将二进制数 11110000 转换为其他进制数，则只需要输入二进制数 11110000，输入完成后，计算器已经将其他进制数转换完成，如图 1-7（c）所示，二进制数 11110000 对应的八进制数为 360，对应的十进制数为 240，对应的十六进制数为 F0。

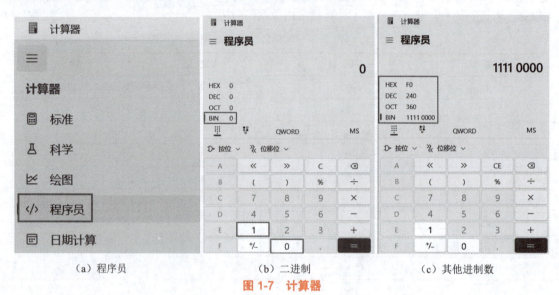

（a）程序员　　　　　　　（b）二进制　　　　　　　（c）其他进制数

图 1-7　计算器

### 3. 字符的编码

屏幕上显示的图形、图像、动画、汉字等均是二进制数转换之后的结果。当需要把字符 'A' 存入计算机时，应该对应哪种状态呢？存储时，可以将字符 'A' 用二进制字符串 1000001 表示，存入计算机；读取时，再将 1000001 还原成字符 'A'。因此，存储时，需要制定一系列规则将字符映射到唯一的一种状态（二进制字符串），这就是编码。反之，将存储在计算机中的二进制数解析显示出来，称为"解码"。

（1）ASCII 码。ASCII 码（American standard code for information interchange）是美国标准信息交换码的简称，该编码已成为国际通用的信息交换标准代码，采用 7 个二进制位对字符进行编码，其格式为每 1 个字符有 1 个编码。每个字符占用 1 个位，用第 7 位编码，最高位为 0。ASCII 码有 0~127 共 128 个编码来表示所有的大写和小写字母、数字 0~9、标点符号，以及特殊控制字符等，见表 1-3。其中，0~31 及 127（共 33 个）是控制字符或通信专用字符（其余为可显示字符），如控制符：LF（换行）、CR（回车）、FF（换页）、DEL（删除）、BS（退格）、BEL（响铃）等；通信专用字符：SOH（文头）、EOT（文尾）、ACK（确认）等；ASCII 值为 8、9、10 和 13 分别转换为退格、制表、换行和回车字符。它们并没有特定的图形显示，但会依不同的应用程序而对文本显示有不同的影响。32~126（共 95 个）是字符（32 是空格），其中 48~57 为 0~9 十个阿拉伯数字，65~90 为 26 个大写英文字母，97~122 号为 26 个小写英文字母，其余为一些标点符号、运算符号等。在表 1-3 中，H 表示高 3 位，L 表示低 4 位。

表 1-3  ASCII 码表

| L（低3位） | H（高3位） | | | | | | | |
|---|---|---|---|---|---|---|---|---|
| | 000 | 001 | 010 | 011 | 100 | 101 | 110 | 111 |
| 0000 | NUL | DLE | SP | 0 | @ | P | ` | p |
| 0001 | SOH | DC1 | ! | 1 | A | Q | a | q |
| 0010 | STX | DC2 | " | 2 | B | R | b | r |
| 0011 | ETX | DC3 | # | 3 | C | S | c | s |
| 0100 | EOT | DC4 | $ | 4 | D | T | d | t |
| 0101 | ENG | NAK | % | 5 | E | U | e | u |
| 0110 | ACK | SYN | & | 6 | F | V | f | v |
| 0111 | BEL | ETB | ' | 7 | G | W | g | w |
| 1000 | BS | CAN | ( | 8 | H | X | h | x |
| 1001 | HT | EM | ) | 9 | I | Y | i | y |
| 1010 | LF | SUB | * | : | J | Z | j | z |
| 1011 | VT | ESC | + | ; | K | [ | k | { |
| 1100 | FF | FS | , | < | L | \ | l | \| |
| 1101 | CR | GS | - | = | M | ] | m | } |
| 1110 | SO | RS | . | > | N | ↑ | n | ~ |
| 1111 | SI | US | / | ? | O | ← | o | DEL |

在标准 ASCII 码中，其最高位（$b_7$）用作奇偶校验位。所谓奇偶校验，是指在代码传送过程中用来检验是否出现错误的一种方法，一般分奇校验和偶校验两种。

奇校验规定：正确的代码一个字节中 1 的个数必须是奇数，若非奇数，则在最高位 $b_7$ 添 1。

偶校验规定：正确的代码一个字节中 1 的个数必须是偶数，若非偶数，则在最高位 $b_7$ 添 1。

（2）汉字编码。为了显示中文，必须设计一套编码规则用于将汉字转换为计算机可以接收的数字系统的数。规定：一个小于 127 的字符的意义与原来相同，但两个大于 127 的字符连在一起时，就表示一个汉字，前面的一个字节（高字节）从 0xA1 用到 0xF7，后面一个字节（低字节）从 0xA1 到 0xFE，这样可以组合出大约 7 000 多个简体汉字。

《信息交换用汉字编码字符集　基本集》（GB/T 2312—1980）由中国国家标准总局发布，1981 年 5 月 1 日实施。GB 2312 的出现，基本满足了汉字的计算机处理需要，它所收录的汉字已经覆盖中国 99.75% 的使用频率。中国几乎所有的中文系统和国际化的软件都支持 GB 2312。对于人名、古汉语等方面出现的罕用字，GB 2312 不能处理，因此出现了 GBK 及 GB 18030 汉字字符集。

汉字处理包括汉字的编码输入、汉字的存储和汉字的输出等环节。在汉字处理的各阶段，分为输入码、（机）内码、交换码（国标码）和字形码。

① 输入码。输入码分为数字编码、拼音编码和字形编码等。数字编码用数字串代表一个汉字的输入，国标区位码等便是这种编码法。拼音编码是以汉语拼音为基础的输入方法，也称音码输入法，如全拼、双拼、微软拼音等便是这种编码法。字形编码是以汉字的形状确定的编码，也称形码输入法，如五笔字型、表形码等便是这种编码法。

② 内部码。汉字内部码（简称内码）是汉字在信息处理系统内部存储、处理、传输汉字用的代码。GB/T 2312—1980 规定的汉字国标码中，每个汉字内码占两个字节，每个字节最高位置 1，作为

汉字机内码的标示。

例如，汉字"大"的国标码为 3473H，两个字节的最高位为 1，得到的机内码为 B4F3H。

又如：

| 汉字 | 国标码 | 汉字机内码 |
| --- | --- | --- |
| 沪 | 2706(00011011 00000110B) | 10011011 10000110B |
| 久 | 3035(00011110 00100011B) | 10011110 10100011B |

③ 字形码。汉字字形码是表示汉字字形的字模数据，通常用点阵、矢量函数等方式表示。字形码也称字模码，它是汉字的输出形式，随着汉字字形点阵和格式的不同，汉字字形码也不同。常用的字形点阵有 16×16 点阵、24×24 点阵、48×48 点阵等。

### 4. Unicode

Unicode 编码系统为表达任意语言的任意字符而设计。它使用 4 字节的数字来表达每个字母、符号，或者表意文字（ideograph）。每个数字代表唯一的至少在某种语言中使用的符号，一般情况下几种语言共用的字符通常使用相同的数字来编码。在计算机科学领域中，Unicode 是业界的一种标准，它可以使计算机得以体现世界上数十种文字的系统。Unicode 是基于通用字符集的标准来发展的。Unicode 是字符集，UTF-32、UTF-16、UTF-8 是三种字符编码方案。

（1）UTF-32。UTF-32 使用 4 字节的数字来表达每个字母、符号，或者表意文字，每个数字代表唯一的至少在某种语言中使用的符号的编码方案，称为 UTF-32。就空间而言，UTF-32 效率非常低，并不如其他 Unicode 编码使用得广泛。

（2）UTF-16。UTF-16 将 0~65 535 范围内的字符编码成 2 字节，超过 65 535 范围的 Unicode 字符，则需要使用一些其他技巧来实现。UTF-16 编码最明显的优点是它在空间效率上比 UTF-32 高两倍。

（3）UTF-8。UTF-8 是一种针对 Unicode 的可变长度字符编码（定长码），也是一种前缀码。它可以用来表示 Unicode 标准中的任何字符，且其编码中的第一个字节仍与 ASCII 兼容。因此，它逐渐成为电子邮件、网页及其他存储或传送文字应用中优先采用的编码。互联网工程工作小组（IETF）要求所有互联网协议都必须支持 UTF-8 编码。

## 任务 1.1　配置个人计算机软硬件

### 1. 任务描述

根据所学内容配置一台个人计算机。

### 2. 任务要求

熟悉组装计算机配件，CPU、散热器、主板、内存、显卡、硬盘、机箱、键盘、显示器、键盘、鼠标。

### 3. 任务效果参考

任务效果参考见表 1-4。

表 1-4　任务效果参考

| 配件 | 品牌型号 | 价格/元（2023-2-14） |
| --- | --- | --- |
| CPU | Intel 酷睿 i5-12400 散（12 代系列）6 核 12 线程 | 985 |
| 散热器 | 赛普雷 冷山 SP-GT400 | 139 |
| 主板 | 华硕 PRIME H610M-K D4 主板 | 749 |

续表

| 配件 | 品牌型号 | 价格/元（2023-2-14） |
|---|---|---|
| 显卡 | 核心显卡 | — |
| 内存 | 威刚 万紫千红 8 GB DDR4 3200 | 299 |
| 硬盘 | 西部数据 SN570 500 GB NVME M.2 固态硬盘 | 409 |
| 机箱 | 鑫谷凌致 G | 119 |
| 电源 | 安钛克 BP300PX | 199 |
| 显示器 | HKC T2752Q | 999 |
| 键鼠套装 | 双飞燕 F1010 有线键鼠套装 | 89 |

这套配置总价 4 000 元以内，CPU 是 12 代 i5-12400，拥有 6 核 12 线程，内置 UHD 730 核心显卡，除了可以普通办公外，还可以满足轻度的平面设计，后期根据需求可添加独立显卡。

## 1.3 计算机网络与网络安全

### 1.3.1 计算机网络概述

#### 1. 计算机网络的概念

计算机网络是一种数字化的通信网络，是多个独立的计算机通过通信线路和通信设备互联起来的系统，以实现彼此交换信息和共享资源的目的。计算机网络是计算机技术和通信技术相结合的产物。

全球第一个计算机网络可以追溯到 20 世纪 50 年代后期的 SAGE 系统。而互联网的鼻祖则是在 1969 年全球第一个运营的数据包交换网络美国高等研究计划署网络（ARPANET）。计算机网络经过大半个世纪的发展，已经成为人类工作和生活的基础设施之一，可以支持大量的应用和服务，如信息检索、多样化的通信方式、电子邮件和即时消息传递、共享存储服务器和打印机、电子商务、电子政务、远程教育与 E-learning、丰富的娱乐和消遣等。因此，计算机网络成为信息收集、分发、存储、处理和消费的重要载体。

视频1.9：计算机网络概述

#### 2. 计算机网络的功能

计算机网络是计算机技术和通信技术紧密结合的产物，不仅使计算机的作用范围超越了地理位置的限制，而且大大加强了计算机本身的信息处理能力。计算机网络的主要功能包括数据通信、资源共享、分布式处理、提高可靠性和负载均衡。其中数据通信和资源共享是计算机网络最基本的功能。

（1）数据通信：计算机网络的最主要的功能之一。数据通信中传递的信息均是以二进制数据的形式来表现，需要按照一定的通信协议，利用数据传输技术在两个终端之间传递数据信息。数据通信可实现计算机和计算机、计算机和终端以及终端与终端之间的数据信息传递，是继电报、电话业务之后的第三种最大的通信业务。

（2）资源共享：建立计算机网络的主要目的之一。计算机资源包括硬件资源、软件资源和数据资源。资源共享可以提高资源的利用率，避免重复投资与建设。如用户能够共享众多联网硬件设备资源、服务器资源、存储设备和打印机等。用户能够共享配置和升级高效简便的网络版软件，并且可以通过服务器共享数据信息，避免大型数据库的重复建设。

（3）分布式处理：计算机组成网络有利于共同协作进行重大项目的开发和研究，利用网络可以将许多小型机或微型机连成高性能的分布式计算系统，使其具有解决复杂问题的能力，如云计算、边缘计算等都是分布式处理的运用和体现。对于大型的工作任务，可以分解为许许多多的子任务，由不同的计算机分别完成，然后再集中起来，解决问题，即实现多台计算机各自承担同一工作任务的不同部分，如 Hadoop 平台等。

（4）提高可靠性：在单机情况下，任何一个系统都可能发生故障，这样就会带来不便。通过计算机网络搭建计算机冗余系统，各计算机可以通过网络互为备份，当其中一台计算机出现故障无法正常工作的时候，其他计算机就可以通过网络提供同样的服务，从而提高计算机系统整体运行可靠性。

（5）负载均衡：指将负载（工作任务）进行平衡、分摊到网络上的各台计算机系统（操作单元）上进行运行，网络控制中心负责分配和检测，当某台计算机（操作单元）负载过重时，系统会自动转移负载到较轻的计算机系统（操作单元）去处理，如 FTP 服务器、Web 服务器、企业核心应用服务器和其他主要任务服务器等，从而协同完成工作任务。

由此可见，计算机网络可以大大扩展计算机系统的功能，扩大其应用范围，提高可靠性，为用户提供方便，同时也可以降低费用，提高性能价格比。

#### 3. 计算机网络的组成

（1）按照功能划分，计算机网络通常由通信子网、资源子网和通信协议三部分组成。

① 通信子网负责计算机网络的数据通信部分，为资源子网提供传输、交换数据信息的能力。通信子网一般是由通信控制处理机、网络连接设备、网络通信软件和网络管理软件组成。

② 资源子网是面向用户的部分，其负责全网的数据处理业务，并向网络用户提供各种网络资源和网络服务。资源子网由终端、服务器、传输介质、网络应用软件和数据资源组成。

③ 通信协议是指通信双方必须共同遵守的规则和约定，是实现计算机之间、网络之间相互识别并正确进行通信的一组标准和规则，是计算机网络工作的基础。通信协议是计算机网络与一般计算机互联系统的根本区别。通信协议有网络协议（负责将消息从一个地方传送到另一个地方）、传输协议（管理被传送内容的完整性）和应用程序协议（作为对通过网络应用程序发出的一个请求的应答，将传输信息转换成人类可识别的东西）。

（2）从资源构成的角度划分，计算机网络是由硬件、软件和协议组成，如图 1-8 所示。

① 硬件：

- 主机：通常称为服务器，是一台高性能计算机，用于网络管理、运行应用程序、连接外围设备，如打印机、调制解调器等。根据服务器在网络中所提供的服务不同，可将其划分为打印服务器、通信服务器、数据库服务器、应用程序服务器（如 WWW 服务器、E-mail 服务器、FTP 服务器）等。
- 客户机/终端：终端是网络中的用户访问网络、进行网络操作、实现人-机对话的重要工具，

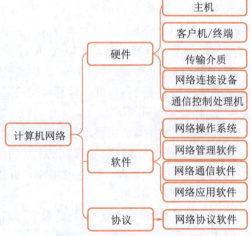

图 1-8  资源构成划分计算机网络

有时也称客户机、工作站等。它可以通过主机连入网内，也可以通过通信控制处理机连入网内。
- 传输介质：指传输数据信号的物理通道，可将各种设备相互连接起来。网络中的传输介质是多种多样的，可以是无线传输介质（如微波），也可以是有线传输介质（如光纤、双绞线）。
- 网络连接设备：用来实现网络中各计算机之间的连接、网络与网络之间的互联、数据信号的变换和路由选择，如交换机、路由器、调制解调器、无线通信接收和发送器、用于光纤通信的编码解码器等。
- 通信控制处理机：主要负责主机与网络的信息传输控制，其主要功能包括线路传输控制、错误检测与恢复、代码转换等，如网卡、带宽管理器、用户认证管理器、计费管理器。

② 软件：
- 网络操作系统：是网络软件中最主要的软件，用于实现不同主机之间的用户通信，以及全网硬件和软件资源的共享，并向用户提供统一的、方便的网络接口，便于用户使用网络。目前网络操作系统主要有三大阵营：UNIX、NetWare 和 Windows，其中局域网中最广泛使用的是 Windows 网络操作系统。
- 网络管理软件：是用来对网络资源进行管理以及对网络进行维护的软件，如性能管理、配置管理、故障管理、计费管理、安全管理、网络运行状态监视与统计等。
- 网络通信软件：是用于实现网络中各种设备之间进行通信的软件，使用户能够在不必详细了解通信控制规程的情况下，控制应用程序与多个站进行通信，并对大量的通信数据进行加工和管理。
- 网络应用软件：是为网络用户提供服务的软件，最重要的特征是它研究的重点不是网络中各个独立的计算机本身的功能，而是如何实现网络特有的功能。

③ 协议：网络协议是网络通信的数据传输规范，网络协议软件是用于实现网络协议功能的软件。目前，典型的网络协议有 TCP/IP 协议、IPX/SPX 协议、IEEE802 标准协议系列等。

#### 4. 计算机网络的分类

计算机网络的划分标准多种多样，比如，按通信介质可以分为有线网和无线网；按使用者可以分为公用网和专用网；按传输技术可以分为点对点式网络和广播式网络；按拓扑结构可划分为总线、星状、环状、网状。其中，按分布范围划分是一种比较常用的划分标准，根据最新技术可以把网络划分为个人区域网、局域网、城域网、广域网和互联网五种。

（1）个人区域网（personal area network，PAN）：个人范围（随身携带或数米之内）的计算设备所组成的通信网络，包括计算机、移动终端、智能手表和数码影音设备等。个人区域网可以用于这些设备之间的数据交换，又可以将这些设备连接到高层网络或互联网。个人区域网可以采用有线连接，如 USB 或者 Firewire 总线，也可以采用无线连接，如红外、NFC 或蓝牙。采用无线技术的个人区域网，又称无线个人区域网（wireless personal area network，WPAN）。

（2）局域网（local area network，LAN）：最常见、应用最广的一种网络。局域网随着整个计算机网络技术的发展和提高得到充分的应用和普及，几乎每个机构、每个家庭都有自己的局域网。局域网是一个可连接住宅、学校、实验室、校园或办公大楼等有限区域内计算机的网络，它所覆盖的地区范围较小，一般来说是 10 km 以内。局域网在计算机数量配置上没有太多的限制，少的可以只有两台，多的可达几百台。局域网的特点是连接范围窄、用户数少、配置容易和连接速率高。以太网和 Wi-Fi 是目前局域网中最常用的两项技术，其中传统的以太网传输速率为 10 Mbit/s，快速以太网传输速率为 100 Mbit/s，千兆以太网的传输速率为 1 000 Mbit/s，万兆以太网最高速率达 10 Gbit/s。

（3）城域网（metropolitan area network，MAN）：通过改进局域网中的传输介质，扩大网络的覆盖范围，实现在一个城市但不在同一园区范围内的计算机互联。这种网络的连接距离为 10~100 km。城域网与局域网相比扩展的距离更长，连接的计算机数量更多，在地理范围上可以说是局域网的延伸。在一个大型城市或都市区，一个城域网通常连接着多个局域网。由于光纤连接的引入，使城域网中高速的局域网互联成为可能。

（4）广域网（wide area network，WAN），也称远程网，所覆盖的范围比城域网更广，它一般是在不同地区的局域网或城域网互联，通常跨接很大的地理范围，从几百公里到几千公里，能连接多个地区、城市和国家，形成国际性的远程网络。

（5）互联网（Internet）：是网络与网络之间互联形成的庞大网络，这些网络以一组标准的 TCP/IP 协议相连，连接着全球数十亿个设备，形成逻辑上的单一网络。它是由从地方到全球范围的几百万个私人的、学术界的、企业的和政府的网络所构成，这种将计算机网络连接在一起的方法称为"网络互联"，在这基础上发展出覆盖全世界的互联网络就称为互联网。互联网拥有范围广泛的信息资源和服务，如相互关系的超文本文件、万维网的应用、支持电子邮件的基础设施、点对点网络、文件共享以及 IP 电话服务等。

局域网、城域网和广域网三者之间的比较分析见表 1-5。

表 1-5 局域网、城域网和广域网比较分析

| 对比 | 局域网 | 城域网 | 广域网 |
| --- | --- | --- | --- |
| 覆盖范围 | 10 km 以内 | 10~100 km | 几百到几千公里 |
| 协议标准 | IEEE 802.3 | IEEE 802.6 | IMP |
| 结构特征 | 物理层 | 数据链路层 | 网络层 |
| 典型设备 | 集线器 | 交换机 | 路由器 |
| 终端组成 | 计算机 | 计算机或局域网 | 计算机、局域网、城域网 |
| 特点 | 连接范围小、用户数少、配置简单 | 实质上是一个大型的局域网，传输速率高；技术先进、安全 | 主要提供面向通信的服务，覆盖范围广，通信的距离远，技术复杂 |

### 5. 计算机网络的性能指标

（1）速率：数据的传送速率，主机在通信链路（信道）上每秒传输的二进制位数，也就是单位时间内传输的数据，也称数据率或比特率。速率的单位是 bit/s。

视频1.10：计算机网络的性能指标

（2）带宽：带宽表示网络的通信线路所能传送数据的能力，也就是单位时间内从网络中的某一点到另外一点所能达到的"最高速率"，即信道容量。带宽是额定的传送能力，其单位是 bit/s（即比特每秒，或 b/s、bps）。

（3）吞吐量：单位时间内通过某个网络（或信道、端口）的数据量，也称吞吐率，即实际的、可测到的带宽。吞吐量才是用户真实感受到的传送能力。

（4）延迟：指数据从网络的一端传送到另一端所需要的时间，延迟也称时延或迟延。

（5）利用率：分为信道利用率和网络利用率。信道利用率指一段时间内某信道被利用的时间占比；网络利用率则是全网络信道利用率的加权平均值。

> **知识链接**：彰显中国道路自信的华为5G技术
>
> 　　华为是全球领先的ICT（信息与通信）解决方案提供商，推动着ICT产业跨越式发展。3GPP确定了华为主导的Polar码作为控制信道的编码方案。3GPP定义了5G的三大场景：增强型移动宽带eMBB、大连接物联网mMTC和超可靠低时延通信uRLLC。根据华为的实际测试，Polar码可以同时满足超高速率、低时延、大连接的场景需求，使现有蜂窝网络的频谱效率提升10%，与毫米波结合达到27 Gbit/s的速率，这一速率创下了中国标准。2017年，华为在全球十余个城市与30多家领先运营商进行5G商用测试，其性能全面超越国际电信联盟（ITU）要求。2019年，华为帮助全球35家已商用5G的运营商打造5G精品网。
>
> 　　关键核心技术事关创新主动权、发展主动权，也事关国家经济安全和国防安全。
>
> 　　党的二十大报告强调："必须坚持科技是第一生产力、人才是第一资源、创新是第一动力，深入实施科教兴国战略、人才强国战略、创新驱动发展战略，开辟发展新领域新赛道，不断塑造发展新动能新优势。"广大学子要有敢为天下先的勇气和智慧，掌握先进的科学技术，勇于创新，为实现中华民族伟大复兴的中国梦而努力奋斗。

## 1.3.2 网络安全概述

### 1. 网络安全的重要性

中国互联网络信息中心（CNNIC）发布第50次《中国互联网络发展状况统计报告》显示，截至2022年6月，我国网民规模为10.51亿，网络购物用户规模达8.41亿，互联网普及率达74.4%。近年来，世界各国对网络空间的争夺日益激烈，针对网络空间的控制信息权和话语权成为新的战略制高点；现实空间的渗透和恐怖袭击正与网络空间的渗透和恐怖袭击更紧密地结合在一起，成为人类社会面临的新威胁。

视频1.11：网络安全概述

网络技术给人类带来便利的同时，也存在极大的安全隐患。各种钓鱼、勒索软件层出不穷。另外，ChatGPT等人工智能技术也给网络犯罪分子带来可乘之机，网络安全保险的需求越来越受到重视。2014年2月，中央网络安全和信息化领导小组（2018年改为中国共产党中央网络安全和信息化委员会）成立。在领导小组第一次会议上，习近平总书记强调："网络安全和信息化是事关国家安全和国家发展、事关广大人民群众工作生活的重大战略问题，要从国际国内大势出发，总体布局，统筹各方，创新发展，努力把我国建设成为网络强国。"党的二十大报告指出："健全网络综合治理体系，推动形成良好网络生态。"

### 2. 网络安全的定义

网络安全是指网络系统的硬件、软件及其系统中的数据受到保护，不因偶然的或者恶意的原因而遭受到破坏、更改和泄露，系统连续可靠正常地运行，网络服务不中断。

网络安全的本质就是网络的信息安全。未来，随着互联网与大数据、物联网、区块链、人工智能、量子计算等技术的集成应用，将逐步进入万物互联、智慧互通、协同共享的深层次发展阶段。网络信息安全边界不断弱化，安全防护内容不断增加，对数据安全、信息安全提出了巨大挑战。从广义来说，网络安全的研究范畴涉及网络上信息的保密性、完整性、可用性、真实性和可控性等的技术和理论，涵盖计算机、通信、网络技术、密码学、信息安全、数学以及信息论等多种学科。

（1）保密性：指未经授权的个体和实体不能使用信息，或者无法接触到信息，即信息只为授权用户使用。人们经常在网站上登记身份信息，如果网站被黑客入侵，数据库中的个人信息被盗取，那么信息的保密性就受到了破坏。

（2）完整性：指信息保持一致，避免被非授权篡改，即在信息生成、传输、存储和使用过程中不发生非法篡改。如黑客入侵银行信息系统的数据库，篡改了资产数字造成个人财富的增加或减少，那么信息的完整性就被破坏了。

（3）可用性：指信息在授权用户需要的时候是可以被获取的。在网络环境下拒绝服务、破坏网络的正常运行，导致信息服务的中断就是可用性受到破坏。

（4）真实性：也称不可否认性，是用来保障用户无法在事后否认曾经对信息进行的操作行为，如可以通过数字签名来提供真实性服务。

（5）可控性：指对网络系统中的信息传播路径、范围及其内容所具有的控制能力，不允许不良内容通过公共网络进行传输，使信息在合法用户的有效掌控之中，即网络系统中的任何信息要在一定传输范围和存放空间内可控。

#### 3. 网络安全威胁及策略

（1）网络安全威胁：

① 病毒问题。通过网络传播的病毒无论是在传播速度、破坏性和传播范围等方面都是单机病毒所不能比拟的。

② 非法访问和破坏。目前还缺乏针对网络犯罪卓有成效的反击和跟踪手段，黑客攻击是网络安全的主要威胁。

③ 管理漏洞。网络系统的严格管理是企业、机构和用户免受攻击的重要措施。

④ 网络的缺陷及漏洞。互联网的共享性和开放性使网上信息安全存在先天不足，因为其赖以生存的 TCP/IP 协议缺乏相应的安全机制。

（2）网络安全策略：

① 授权：是网络安全策略一个基本的组成部分，指主体对客体的支配权利，它规定网络中个体的权利。其中主体包括用户、终端、程序等，客体包括数据、程序等。

② 访问控制策略：属于系统级安全策略，其功能是迫使计算机系统和网络自动地执行授权。

③ 责任：是所有安全策略潜在的一个基本原则，受到安全策略约束的任何个体在执行任务时，需要对自己的行为负责。

### 1.3.3 网络病毒与网络攻击

#### 1. 网络病毒的概念

计算机病毒（computer virus）在《中华人民共和国计算机信息系统安全保护条例》中被明确定义为："编制或者在计算机程序中插入的破坏计算机功能或者毁坏数据，影响计算机使用，并且能够自我复制的一组计算机指令或者程序代码"。计算机病毒通常潜伏在计算机的存储介质或者程序里，当条件满足时即被激活，通过修改其他程序的方法将自身以某种形式复制到其他程序中。计算机病毒具有传染性、隐蔽性、感染性、潜伏性、可激发性、表现性和破坏性特征。

视频1.12：网络病毒与网络攻击

网络病毒狭义上指局限于网络范围的病毒，即网络病毒应该是充分利用网络协议及网络体系结构作为其传播途径或机制，同时网络病毒的破坏也只是针对网络。广义上认为，可以通过网络传播，同时破坏某些网络组件（服务器、客户端、交换和路由设备）的病毒都称为网络病毒。

#### 2. 网络病毒的类型

（1）网络病毒按照破坏方式可以分为蠕虫型病毒、木马病毒和攻击型病毒。

① 蠕虫型病毒利用操作系统和程序的漏洞主动发起攻击，蠕虫扫描到计算机当中的漏洞后，不断复制自己，发送大量数据包，消耗计算机资源。被蠕虫病毒感染的网络速度会变慢，计算机也会因为 CPU、内存占用过高濒临死机状态。

② 木马病毒是一种后门程序，具有一定的反杀毒软件能力，隐蔽性强，不容易被发现，会潜伏在操作系统中，窃取用户资料，如网上银行密码、游戏账号密码等，也可能会引导其他蠕虫类病毒或攻击型病毒。

③ 攻击型病毒利用操作系统和网络的漏洞进行进攻型的扩散，并且不需要任何媒介或操作，用户只要接入互联网络就有可能被感染，感染后可以对计算机软件或硬件进行破坏，而且破坏性非常大。

当然，也有一些混合型的病毒，同时具备蠕虫、木马和攻击型病毒三种特征。

（2）从传播方式可划分为邮件型病毒、漏洞型病毒。

① 邮件型病毒是由电子邮件进行传播。病毒一般会隐藏在附件中，伪造虚假信息欺骗用户打开或下载该附件，有的邮件病毒也可以通过浏览器的漏洞来进行传播，用户即使只是浏览了邮件内容，并没有查看附件，也同样会让病毒乘虚而入。相对而言邮件型病毒比较容易清除。

② 漏洞型病毒针对最广泛的是 Windows 操作系统，而 Windows 操作系统的操作漏洞非常多，微软会定期发布安全补丁，即便没有运行非法软件，或者不安全连接，漏洞型病毒也会利用操作系统或软件的漏洞攻击你的计算机。

#### 3. 网络病毒的特点

（1）传播速度快。网络环境下病毒的传播范围更广、速度更快。据测算，如果一个工作站在正常使用计算机网络的情况下感染网络病毒，会在十几分钟之内造成数百台计算机面临病毒的入侵。

（2）传播形式多样。服务器和工作站等都能够为计算机网络病毒的传播提供渠道，在传播形式上不仅非常复杂，也显示出多样化的特点。

（3）传播范围广。计算机网络病毒会在短时间内大范围传播，威胁较大，在很短的时间内就可以感染局域网内的所有计算机，还可以利用远程工作站的形式把病毒进行进一步扩散。

（4）清除难度大。当计算机出现网络病毒后，主要采取删除相关软件的方式进行清除，或者是选择格式化的方式解决这个问题。但是，如果网络中的一个工作站没有完全消毒，整个网络可能会被重新入侵。如果一个工作站刚刚被清理干净，它将被另一台计算机的病毒入侵。因此，消灭工作站上的病毒并不能完全解决病毒的危害。

#### 4. 网络攻击

（1）网络攻击的定义。

网络攻击是指任何非授权而进入或试图进入他人计算机网络的行为，是入侵者实现入侵目的所采取的技术手段和方法。

网络攻击对象包括三种：针对整个网络的攻击；针对网络中单个节点的攻击，如服务器、防火墙、路由器等；针对节点上运行的某一个应用系统或应用软件的攻击。

（2）网络攻击的种类。根据实施方法差异，可以将网络攻击分成主动攻击和被动攻击两类，这两类攻击都会给网络信息安全带来巨大的隐患，造成损失。

① 主动攻击：是指攻击者为了实现攻击目的，侵入系统后以各种方式破坏对方信息的可用性、完整性和真实性，如中断、篡改和伪造。例如，通过远程登录服务器的 TCP 25 号端口搜索正在运行的服务器的信息，在 TCP 连接建立时通过伪造无效 IP 地址耗尽目的主机的资源等。

② 被动攻击：利用网络存在的漏洞和安全缺陷对网络系统的硬件、软件及其系统中的数据进行的攻击。这种攻击一般不对数据进行篡改，而是在不影响网络正常工作的情况下，利用技术手段截获、窃取、破译以获得对方网络上传输的有用信息，如窃听和流量分析等。

（3）网络攻击的方式：是指主要利用网络通信协议本身存在的设计缺陷或因安全配置不当而产生的安全漏洞而实施。通常可以分为八种攻击方式，见表 1-6。

表 1-6 网络攻击方式

| 攻击方式 | 特点 |
| --- | --- |
| 端口扫描 | 向目标主机的服务端口发送探测数据包，并记录目标主机的响应。通过分析响应的数据包判断服务端口是否处于打开状态，从而得知端口提供的服务或信息；捕获本地主机或服务器的流入流出数据包来监视本地 IP 主机的运行情况，它能对接收到的数据进行分析，帮助人们发现目标主机的某些内在的弱点 |
| 口令攻击 | 攻击者通过猜测口令，如在线窃听获得用户名和密码等账户信息；攻击者窃取操作系统保存的用户账号和加密口令文件后，通过破解来获取系统的账户信息；攻击者使用事先生成的口令字典库，依次向目标系统发起身份认证请求，直至某一个口令满足条件或所有口令遍历后仍然无效为止 |
| 彩虹表 | 一种破解 Hash 函数的技术。可以针对不同的 Hash 函数，利用其漏洞进行暴力破解 |
| 漏洞攻击 | 在不同种类的软硬件设备中，同种设备的不同版本之间，由不同设备构成的不同系统之间，以及同种系统在不同的设置条件下，都会存在各自不同的安全漏洞问题。在硬件、软件、协议的具体实现或系统安全策略上存在的缺陷，可以使攻击者能够在未授权的情况下访问或破坏系统 |
| 缓冲区溢出 | 一种系统攻击手段，通过向程序的缓冲区写入超出其长度要求的内容，造成缓冲区空间的溢出，溢出的数据将改写相邻存储单元上的数据，从而破坏程序的堆栈，使程序转去执行其他指令。缓冲区溢出是一种典型的 U2R（user to root）攻击方式 |
| 电子邮件攻击 | 一种专门针对电子邮件系统的 DoS 攻击方式。电子邮件攻击利用电子邮件系统协议和工作机制存在的安全漏洞，通过利用或编写特殊的电子邮件软件，在短时间内向指定的电子邮件连续发送大容量的邮件，使电子邮件系统因带宽、CPU、存储空间等资源被耗尽而无法提供正常服务。为实现攻击而编写的特殊程序称为邮件炸弹（E-mail bomber），因此电子邮件攻击也称电子邮件炸弹 |
| 高级持续威胁 | 高级持续威胁（advanced persistent threat，APT）也称"针对特定目标的攻击"。它并非一种新的网络攻击方法和单一类型的网络威胁，而是一种持续、复杂的网络攻击活动 |
| 社会工程学 | 一种通过对受害者心理弱点、本能反应、好奇心、信任、贪婪等心理特点或陷阱进行诸如欺骗、伤害等危害手段，取得自身利益的攻击方法。它利用了人们的心理特征，通过骗取用户的信任，获取机密信息、系统设置等不公开资料，为网络攻击和病毒传播创造有利条件 |

### 1.3.4 网络安全技术

#### 1. 网络安全技术的概念

网络安全技术是指用来保障网络系统硬件、软件、数据及其服务的安全而采取的信息安全技术。通过信息安全防范技术，将非法入侵或者破坏网络系统的数据屏蔽掉，从而保证网络的软件系统、硬件设备以及服务得以正常运行。

#### 2. 网络安全技术的内容

（1）用于防范已知或未知攻击行为对网络的渗透，防止网络资源的非授权使用的相关技术。主要涉及防火墙、实体认证、访问控制、安全隔离等技术。

① 防火墙是一种由计算机硬件和软件的组合使互联网与内部网之间建立起一个安全网关（security gateway），从而保护内部网免受非法用户的侵入。它是一个把互联网与内部网（通常为

视频1.13：网络安全技术

局域网或城域网)隔开的屏障。防火墙可以阻挡对网络的非法访问和不安全数据的传递,使得本地系统和网络免于受到来自外部网络的安全威胁,能够保护内部网络信息不被外部非法授权用户访问。防火墙技术属于典型的被动防御和静态安全技术,在策略中涉及的网络访问行为可以实施有效管理,策略之外的网络访问行为则无法控制。

② 实体认证技术是在计算机网络中确认实体身份的过程而产生的有效解决方法。计算机网络世界中一切信息包括实体的身份信息都是用一组特定的数据来表示的,计算机只能识别实体的数字身份,所有对实体的授权也是针对实体数字身份的授权,以确保实体的物理身份能够对应数字身份。主要涉及指纹身份认证技术、语音身份认证技术、视网膜身份认证技术、口令身份认证、持证认证以及组合认证技术。

③ 访问控制是指在鉴别用户的合法身份后,通过某种途径准许或限制用户对网络数据信息的访问能力及范围,阻止那些未经授权的资源访问,同时也包括阻止以未经授权的方式使用资源。访问控制是确定谁可以在怎样的情况下访问特定的数据、应用和资源。访问控制包含三个要素,即主体、客体和访问策略。

④ 安全隔离技术主要用于确保把有害的攻击隔离在可信网络之外,同时保证可信网络内部信息不泄露的前提下完成网络之间的安全交换。常见的安全隔离技术有物理隔离、协议隔离和VPN隔离。

(2)用于保护两个或两个以上网络的安全互联和数据安全交换的相关技术,主要涉及虚拟专用网、安全路由器等技术。

① 虚拟专用网络(virtual private network,VPN)是依靠因特网服务提供商和其他网络服务提供商在公用网络中建立专用的、安全的数据通信通道的技术。VPN可以认为是加密和认证技术在网络传输中的应用。VPN网络连接由服务器、客户机和传输介质三部分组成,其连接不是采用物理介质,而是使用"隧道"技术作为传输介质,而这个隧道是建立在公共网络之中的。为了保证数据安全,VPN服务器和客户机之间的通信数据都进行了加密处理。有了数据加密,就可以认为数据是在一条专用的数据链路上进行安全传输,如同专门架设了一个专用网络一样,其实质上就是利用加密技术在公网上封装出一个数据通信隧道。

② 安全路由器通常是集常规路由与网络安全功能于一身的网络安全设备。从主要功能来讲,它还是一个路由器,主要承担网络中的路由交换任务,只不过更多地具备了安全功能,包括可以内置防火墙模块。目前,市场上的安全路由器产品一般分成具有VPN、防火墙或配置加密卡的方式。安全路由器应该担当三个方面的安全功能:网络系统的安全、路由器本身的安全以及网络信息的安全。

(3)用于监控和管理网络运行状态和运行过程安全的相关技术,主要涉及系统入侵检测与防护、系统脆弱性检测、数据分析过滤、决策响应等技术。

入侵检测与防护的技术主要有两种:入侵检测系统(intrusion detection system,IDS)和入侵防护系统(intrusion prevention system,IPS)。

入侵检测系统注重的是网络安全状况的监管,通过监视网络或系统资源,寻找违反安全策略的行为或攻击迹象,并发出报警。因此,绝大多数入侵检测系统都是被动的,在攻击实际发生之前,它们往往无法预先发出警报。

入侵防护系统则倾向于提供主动防护,注重对入侵行为的控制。其设计宗旨是预先对入侵活动和攻击性网络流量进行拦截,避免其造成损失,而不是简单地在恶意流量传送时或传送后才发出警报。入侵防护系统是通过直接嵌入网络流量中实现这一功能的,即通过一个网络端口接收来自外部系统的流量,经过检查确认其中不包含异常活动或可疑内容后,再通过另外一个端口将它传送到内部系统中。因此,有问题的数据包,以及所有来自同一数据流的后续数据包,都能在入侵防护设备中被清除掉。

### 1.3.5 网络安全法规

网络技术已成为人们现实社会和生活的重要组成部分。网络安全引发的各类问题不容忽视,它威胁个人、社会乃至国家的信息安全。因此,在应用网络技术的同时,应采取更多的法律手段维护和保障网络安全。网络安全立法有利于实现公民基本权利,保障网络健康持续发展,促进社会稳定和维护国家安全。下面介绍我国网络安全领域主要的法律法规标准。

视频1.14:网络安全法规

(1)《中华人民共和国网络安全法》:2016 年 11 月 7 日,第十二届全国人民代表大会常务委员会第二十四次会议通过《中华人民共和国网络安全法》,自 2017 年 6 月 1 日起施行。《中华人民共和国网络安全法》分为七章共七十九条,就数据和个人信息保护提出许多框架性的要求。通过采取相关措施,避免网络系统被攻击、破坏以及违法使用,从而保证网络运行的稳定性和可靠性。此后,各类配套的法律、法规、规章和标准化文件不断出台。

(2)《中华人民共和国数据安全法》:2021 年 6 月 10 日,第十三届全国人民代表大会常务委员会第二十九次会议通过《中华人民共和国数据安全法》,自 2021 年 9 月 1 日起施行,分为七章共五十五条。《中华人民共和国数据安全法》明确了国家数据安全工作体制机制和各数据安全主管机构的监管职责,体现了坚持安全与发展并重的数据安全治理原则。

(3)《信息安全技术个人信息安全规范》:按照国家标准化管理委员会发布中华人民共和国国家标准公告(2020 年第 1 号),全国信息安全标准化技术委员会组织制定和归口管理的国家标准 GB/T 35273—2020《信息安全技术个人信息安全规范》于 2020 年 3 月 6 日正式发布,于 2020 年 10 月 1 日实施。标准针对个人信息面临的安全问题,根据《中华人民共和国网络安全法》等相关法律,规范个人信息控制者在收集、存储、使用、共享、转让、公开披露等信息处理环节中的相关行为,旨在遏制个人信息非法收集、滥用、泄露等乱象,最大程度地保障个人的合法权益和社会公共利益。

(4)《中华人民共和国密码法》:由中华人民共和国第十三届全国人民代表大会常务委员会第十四次会议于 2019 年 10 月 26 日通过,自 2020 年 1 月 1 日起施行,是为了规范密码应用和管理,促进密码事业发展,保障网络与信息安全,维护国家安全和社会公共利益,保护公民、法人和其他组织的合法权益而制定的法律。

(5)《中华人民共和国电子商务法》:由中华人民共和国第十三届全国人民代表大会常务委员会第五次会议于 2018 年 8 月 31 日通过,中华人民共和国主席令(第七号)公布,分七章共八十九条,自 2019 年 1 月 1 日起施行。该法是我国第一部电商领域的综合法律,对保障电子商务各方主体的合法权益、规范电子商务行为、维护市场秩序、促进电子商务持续健康发展具有重要意义。

## 任务 1.2 组建无线局域网

无线局域网(WLAN)解决方案作为传统有线局域网络的补充和扩展,获得了家庭网络用户、实验室工作人员以及中小型办公室用户的青睐。如何组建无线局域网是无线局域网中最基本的问题之一。最简单、最便捷的方式就是选择对等网,即是以无线 AP 或无线路由器为中心(传统有线局域网使用 hub 或交换机），其他计算机或终端设备通过无线网卡、无线 AP 或无线路由器进行通信。该组网方式安装方便、扩充性强。另外，还有一种对等网方式不通过无线 AP 或无线路由器，直接通过无线网卡来实现数据传输。不过，对计算机之间的距离、网络设置要求较高。

**1. 任务描述**

以无线 AP 或无线路由器为中心，其他计算机或终端设备通过无线网卡、无线 AP 或无线路由器进行通信，组建一个无线局域网。

**2. 任务要求**

每组同学组建无线局域网；检测局域网的组建是否成功。

**3. 任务效果参考**

（1）硬件安装。确保计算机已经安装无线网卡以及可以启动无线网卡的驱动软件程序。在室内选择一个合适位置摆放无线路由器，接通电源。

（2）设置网络环境。以 TP-LINK 无线路由器、TP-LINK 无线网卡（PCI 接口）为例。

① 设置无线路由器。

配置无线路由器之前，首先要认真阅读产品用户手册，从中了解到默认的管理 IP 地址以及访问密码。例如，TP-LINK 无线路由器默认的管理 IP 地址为 192.168.1.1，访问密码为 admin。

连接到无线网络后，打开浏览器，在地址框中输入 192.168.1.1，再输入登录用户名和密码（用户名默认为空），单击"确定"按钮打开路由器设置页面。然后在左侧窗口单击"基本设置"链接，在右侧的窗口中设置 IP 地址，默认为 192.168.1.1；在"无线设置"选项组中保证选择"允许"，在 SSID 选项中可以设置无线局域网的名称，在"频道"选项中选择默认的数字；在 WEP 选项中可以选择是否启用密钥，默认选择禁用。

> **提示**：SSID 即 service set identifier 的缩写，表示无线 AP 或无线路由的标识字符，即无线局域网的名称。该标识最多可以由 32 个字符组成，如 GPNUwireless。

TP-LINK 无线路由器支持 DHCP 服务器功能，通过 DHCP 服务器可以自动给无线局域网中的所有计算机自动分配 IP 地址，这样就不需要手动设置 IP 地址，以避免出现 IP 地址冲突。设置方法如下：

打开路由器设置页面，在左侧窗口中单击"DHCP 设置"链接，然后在右侧窗口中的"动态 IP 地址"选项中选择"允许"选项，表示为局域网启用 DHCP 服务器。默认情况下"起始 IP 地址"为 192.168.1.100，这样第一台连接到无线网络的计算机 IP 地址为 192.168.1.100、第二台是 192.168.1.101……还可以手动更改起始 IP 地址最后的数字，也可以设定用户数（默认 50）。最后单击"应用"按钮。

② 无线客户端设置。

设置完无线路由器后，还需要对安装了无线网卡的客户端进行设置。

在客户端计算机中，右击系统任务栏无线连接图标，选择"查看可用的无线连接"命令，在打开的对话框中单击"高级"按钮，在打开的对话框中选择"无线网络配置"选项卡，单击"高级"按钮，在出现的对话框中选择"仅访问点（结构）网络"或"任何可用的网络（首选访问点）"选项，单击"关闭"按钮即可。

另外，为了保证无线局域网中的计算机顺利实现共享、进行互访，应该统一局域网中所有计算机的工作组名称。

右击"此电脑"图标,选择"属性"命令,打开"系统属性"对话框。选择"计算机名"选项卡,单击"更改"按钮,在出现的对话框中输入新的计算机名和工作组名称,输入完毕单击"确定"按钮。

> **注意**:网络环境中,必须保证工作组名称相同,如Workgroup,每台计算机名则可以不同。

重新启动计算机后,打开"网上邻居",单击"网络任务"任务窗格中的"查看工作组计算机"链接就可以看到无线局域网中的其他计算机名称了。还可以在每一台计算机中设置共享文件夹,实现无线局域网中文件的共享;设置共享打印机和传真机,实现无线局域网中的共享打印和传真等操作。

最终效果图请参考如图1-9。

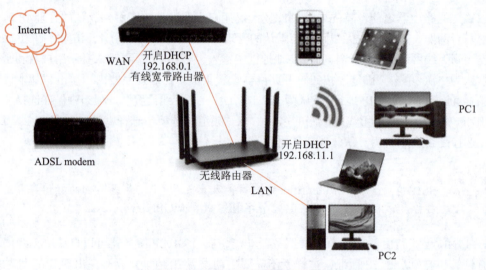

图1-9 组建无线局域网效果图

# 第 2 章
# 操作系统与常用软件

## 本章知识结构

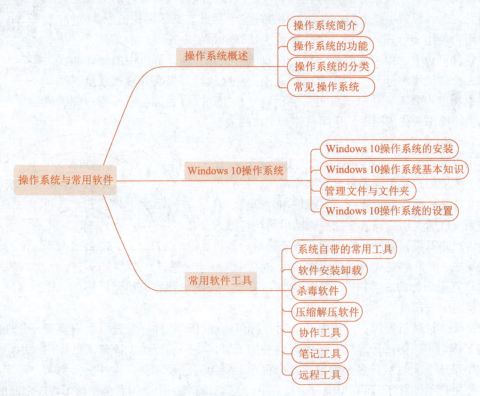

## 本章学习目标

- 理解操作系统的基本概念、分类、基本功能；
- 熟练掌握 Windows 10 操作系统的基本操作；
- 学会使用 Windows 10 操作系统的系统设置；
- 学会常用软件的安装与使用；

- 能够使用 Windows 10 操作系统完成日常的学习和工作；
- 熟悉国产操作系统，树立科技创新理念。

操作系统是管理和控制计算机硬件与软件资源的计算机程序，是配置在计算机硬件上的第一层软件，其他所有的软件必须在操作系统的支持下才能运行。操作系统在计算机系统中占据了特别重要的地位，是现代计算机系统中最基本的必配软件。

本章主要介绍操作系统的基本知识，并以 Windows 10 操作系统为例，介绍操作系统的安装、基础知识、基本操作方法，以及一些常用的软件工具。

## 2.1 操作系统概述

### 2.1.1 操作系统简介

一台没有安装任何软件的计算机称为裸机，即使这台裸机硬件的运算处理能力很强大，一般的用户也没有办法直接使用它。因此，必须为裸机配备软件，以方便用户使用和管理计算机。操作系统在计算机系统中扮演这一角色，它是搭建在硬件平台上的第一层软件，它能有效地组织和管理计算机中的硬件和软件资源，合理地组织计算机的工作流程，控制程序执行，提高计算机系统资源的利用率和工作效率，并向用户提供多种服务功能及友好界面，以便用户能够灵活、有效地使用计算机。操作系统与硬件、应用软件和用户的关系如图 2-1 所示。

视频2.1：初识操作系统

从用户的角度看，操作系统主要有以下作用：

（1）方便用户使用。如果没有操作系统，用户很难直接向计算机硬件发号施令，很难使用计算机。有了操作系统以后，用户只需要把要做的事情通过输入设备告诉操作系统，操作系统即把任务安排给计算机硬件去完成，然后将完成的结果返回给用户。用户无

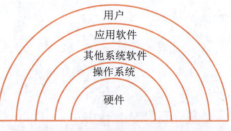

图 2-1 操作系统与软件和用户的关系

须了解计算机内部的有关细节，即可方便、安全、快捷、可靠地使用计算机。操作系统是用户和计算机之间的接口。

（2）管理计算机资源。操作系统能对计算机的硬件及软件资源进行统一管理，合理组织计算机的工作流程，提高计算机系统资源的利用率，使有限的资源发挥最大的作用。用户在计算机系统中可能会同时运行多个程序，各个程序的资源需求经常会发生冲突。例如，两个程序同时需要使用打印机资源，而打印机资源只有一台，这时需要一个管理者负责两个程序之间的调度，保证打印机资源得以有效的利用，这个资源管理者就是操作系统。

### 2.1.2 操作系统的功能

计算机系统的硬件资源主要有 CPU、存储器、输入/输出设备等，软件资源主要是以文件形式保存的各种数据、程序等。从资源管理的角度来看，操作系统主要有以下几个方面的功能：

视频2.2：操作系统的功能

### 1. 处理器管理

计算机系统的核心是 CPU。多个程序同时运行时并非一直同时占用处理器，而是在一段时间内共享处理器资源，操作系统的处理器管理模块会按照某种策略将处理器资源不断地分配给正在运行的不同程序。处理器的分配和运行是以进程为基本单位的，进程是程序在计算机上的一次执行活动，因此通常将处理器管理称为进程管理。

### 2. 存储器管理

存储器管理主要指对内存的管理。计算机中所有程序的运行都在内存中进行、由于内存空间有限，在运行程序时，不可能把所有运行的程序内容都调入内存，因此需要给运行的程序合理分配内存，等程序结束后需要释放占用的内存空间。存储器管理的主要任务是为多道程序的运行提供良好的存储环境，完成对内存的分配、保护以及扩充，提高存储器的利用率，方便用户的使用。

### 3. 设备管理

计算机硬件系统中，除主机以外，其余属于外围设备，主机和外围设备之间需要进行数据交换。外围设备种类繁多，型号复杂，物理特性相差很大。操作系统具有设备管理功能，可以为这些外围设备提供相应的设备驱动程序、初始化程序和设备控制程序等，用户不必详细了解外围设备及接口的相关技术细节，就可以方便地使用外围设备。

### 4. 文件管理

文件是指存放在计算机中一组相关信息的集合。在计算机中所有信息均以文件的形式存放，包括文字、图形、图像、音频、视频、程序等。文件系统是操作系统中用来管理和操作文件的系统，常用的文件系统有 FAT、FAT32、NTFS、exFAT、Ext 等。文件管理的功能主要包括创建、修改、删除文件，按文件名访问文件，文件的存储位置、存储形式、存取权限，文件的共享、保护，等等。

## 2.1.3 操作系统的分类

操作系统有多种分类方式。

### 1. 按与用户对话的界面分类

按与用户对话的界面，操作系统可分为命令行界面操作系统（MS DOS 等）和图形用户界面操作系统（Windows 10、Linux、Mac OS 等），如图 2-2 和图 2-3 所示。

视频2.3：操作系统的分类

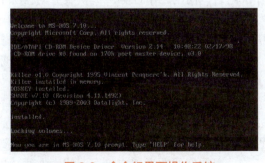

图 2-2　命令行界面操作系统

图 2-3　图形用户界面操作系统

### 2. 按能同时支持的用户数分类

按能同时支持的用户数，操作系统可分为单用户操作系统和多用户操作系统。

单用户操作系统即计算机上运行的操作系统每次只允许一个用户使用计算机，如 MS DOS、Windows 10 等。

多用户操作系统，即计算机运行的操作系统每次允许多个用户同时使用计算机，如 Windows Server 2008、Linux、UNIX 等。

### 3. 按能同时运行的任务数分类

按能同时运行的任务数，操作系统可分为单任务操作系统和多任务操作系统。

单任务操作系统即计算机运行的操作系统每次只能提交一个作业任务，待完成后才能提交另一个作业任务，如 MS DOS 等。

多任务操作系统即计算机运行的操作系统，每次可以提交多个作业任务，并同时运行。如 Windows 10、Windows Server 2008、Linux、UNIX 等。

### 4. 按系统的功能分类

按系统的功能，操作系统可分为批处理系统、分时操作系统、实时操作系统、网络操作系统、分布式操作系统、个人计算机操作系统、智能手机操作系统等。

（1）批处理系统。在批处理系统中，用户将由程序、数据以及说明如何运行该作业的操作说明书组成的作业一批批地提交系统，然后不再与作业进行交互，直到作业运行完毕，才会根据输出结果分析作业运行情况。它的主要特点是操作方便，成批处理，CPU 利用率高。它的缺点是无交互性，即用户一旦将作业提交给系统后，就失去了对作业的控制。目前这种操作系统已经被淘汰。

（2）分时操作系统。分时操作系统是指一台计算机采用时间片轮转的方式同时为多个用户服务。它的主要特点是将 CPU 的时间划分成若干片段，称为时间片，然后轮流接收和处理每个用户提出的命令请求，如果用户的某个命令请求的处理时间较长，分配的一个时间片不足以完成请求，则时间片结束后只能暂停下来，等待下一次轮到时再继续运行。由于计算机运算速度高，时间片很短，执行速度很快，使得每个用户感觉不到计算机也在为他人服务，就好像独占了这台计算机一样。典型的分时操作系统有 UNIX、Linux 等。

（3）实时操作系统。实时操作系统是指使计算机对外部事件的请求能及时响应，并能在规定的时间内完成对该事件的处理，同时控制所有实时设备和实时任务协调一致地工作。实时操作系统追求的目标是对外部请求必须在严格的时间范围内做出反应，有高可靠性和完整性。例如，导弹发射系统、飞机自动导航系统、机票订购系统等多采用实时操作系统。

（4）网络操作系统。网络操作系统是基于计算机网络，向网络中计算机提供服务的特殊的操作系统，具有网络硬件的管理和控制、网络资源共享、网络信息传输、网络服务等相关功能。

（5）分布式操作系统。分布式操作系统是部署在多台通过网络相连的计算机上的操作系统，它将系统中的计算机构成一个完整的、功能更加强大的计算机系统。分布式操作系统负责全系统的资源分配，并能有效地控制协调系统中各任务的并行执行，为用户提供一个方便的、透明的、统一的界面。

（6）个人计算机操作系统。个人计算机操作系统是一种单用户、多任务的操作系统，功能强、价格便宜，可以在几乎任何地方安装使用，能满足一般用户的工作、学习、娱乐等方面的需求。其主要特点是计算机在某个时间内为单个用户服务，采用友好的图形用户界面，使用方便，用户无须专门学习，也能熟练操控计算机。

（7）智能手机操作系统。智能手机操作系统运行在智能手机上。智能手机具有独立的操作系统、良好的界面，以及很强的扩展性，能方便随意地安装和卸载程序。目前常用的智能手机系统有 Android、iOS 和 Harmony OS 等。

## 2.1.4 常见操作系统

操作系统种类很多,下面分别简单介绍。

### 1. DOS 系统

视频2.4:常见的操作系统

DOS(disk operating system)是 Microsoft 公司研制的安装在 PC 上的单用户命令行界面操作系统。它曾经广泛地应用在 PC 上,对于计算机的普及功不可没。DOS 的特点是硬件要求低,但存储能力有限,现在已经被 Windows 替代。虽然 DOS 过时了,但 Windows 操作系统的附件中还保留了"命令提示符",模拟 DOS 环境,可以使用相关的命令来对计算机和网络进行操作。

### 2. Windows 操作系统

Windows 是基于图形用户界面的操作系统,具有生动、形象的用户界面及简便的操作方法等特点。

Windows 主要有两个系列:一是用于低档 PC 上的操作系统,如 Windows 10 等;二是用于高档服务器上的网络操作系统,如 Windows Server 2008、Windows Server 2012、Windows Server 2019 等。

> **知识链接:Windows操作系统版本迭代**
>
> 从最初的DOS系统到如今Windows 10操作系统,Windows操作系统经历了十余次的迭代更新,如图2-4所示,形成了一个多系列、多用途的操作系统集合。
>
>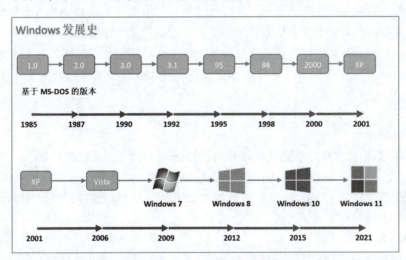
>
> 图 2-4 Windows 版本迭代
>
> Windows的不断更新,使得该操作系统具有人机操作性优异、支持的应用软件较多、对硬件支持良好等特点;Windows操作系统的版本迭代,是面对系统漏洞、嗅探攻击、木马病毒等攻击手段的不断优化改进,体系架构也从16位、32位升级到64位,凝聚了计算机技术人员的集体智慧和创造性解决问题的个人贡献。
>
> 我们要从中感受并学习到终身学习、不断进取的科学精神,明白学习成长的过程,也是一个"版本迭代"的过程,是一个不断扬弃旧我、追求新我的过程。

### 3. UNIX 操作系统

UNIX 是一种发展比较早的操作系统。其优点是具有较好的可移植性，可运行于许多不同类型的计算机上，具有较好的可靠性和安全性，是一个交互式、多用户、多任务的操作系统；其缺点是缺乏统一的标准，应用程序不够丰富，并且不易学习，这些都限制了 UNIX 的普及应用。

### 4. Linux 操作系统

Linux 是一种源代码开放的操作系统，是目前最大的一个自由软件，用户可以通过 Internet 免费获取 Linux 系统及其生成工具的源代码，然后进行修改，建立一个自己的 Linux 开发平台，开发 Linux 软件。其功能可与 UNIX 和 Windows 相媲美，具有完备的网络功能，是一个多用户、多任务的操作系统。

### 5. Mac OS 操作系统

Mac OS 是在苹果公司的 Power Macintosh 机及 Macintosh 计算机上使用的。它是最早成功基于图形用户界面的操作系统，具有较强的图形处理能力，广泛用于桌面排版和多媒体应用等领域。Mac OS 的缺点是与 Windows 缺乏较好的兼容性，影响了它的普及。

### 6. Android 系统

Android（安卓）是一种基于 Linux 内核（不包含 GNU 组件）的自由及开放源代码的操作系统，主要应用于移动设备，如智能手机和平板电脑。

> 党的二十大报告强调："以国家战略需求为导向，集聚力量进行原创性引领性科技攻关，坚决打赢关键核心技术攻坚战。"关键核心技术是国之重器，对于推动我国经济高质量发展、保障国家安全具有十分重要的意义。近几年，国产操作系统愈发成熟，视觉、交互性皆有了长足进步，界面与使用上也越来越人性化，正在不断加快实施创新驱动发展战略，以核心技术自主创新助力实现高水平科技自立自强。其中比较有影响力的操作系统包括深度 Deepin、统信 UOS、银河麒麟、中兴新支点、鸿蒙等。

### 7. 深度 Deepin

深度 Deepin 是由武汉深之度科技有限公司在 Debian 基础上开发的操作系统，基于 Linux 内核，以桌面应用为主的开源 GNU/Linux 操作系统，支持笔记本电脑、台式机和一体机。深度操作系统包含深度桌面环境（DDE）和近 30 款深度原创应用，以及数款来自开源社区的应用软件，可以有效支撑广大用户日常的学习和工作。

### 8. 统信 UOS

统信桌面操作系统（UOS）是统信软件基于 Linux 5.3 内核打造的一款安全稳定、美观易用的桌面操作系统。统信 UOS 提供了丰富的应用生态，用户可以通过应用商店下载数百款应用，覆盖日常办公、通信交流、影音娱乐、设计开发等各种场景需求。特有的时尚模式和高效模式两种桌面风格，提供白色和黑色主题，适应不同用户使用习惯，为用户带来舒适、流畅、愉悦的使用体验。

### 9. 银河麒麟

银河麒麟是由国防科技大学、中软公司、联想公司、浪潮集团和民族恒星公司合作研制的闭源服务器操作系统。银河麒麟完全版共包括实时版、安全版、服务器版三个版本，简化版是基于服务器版简化而成的。

#### 10. 中兴新支点

中兴新支点操作系统由广东新支点技术服务有限公司发布，基于 Linux 稳定内核，经过近十年专业研发团队的积累和发展，在安全加固、性能提升、易用管理等方面表现突出。中兴新支点操作系统分为嵌入式操作系统（newstart CGEL）、服务器操作系统（newstart CGSL）、桌面操作系统（newstart NSDL）。其客户覆盖国内外电信运营商、电子政务、金融、交通、航天、教育、军工等众多领域。因为其对国产芯片的完整支持，目前在自主方案中被众多政府、教育及商业机构采用。

#### 11. 鸿蒙

华为鸿蒙是一款全新的面向全场景的分布式操作系统。鸿蒙创造了一个超级虚拟终端互联的世界，将人、设备、场景有机地联系在一起，将消费者在全场景生活中接触的多种智能终端，实现极速发现、极速连接、硬件互助、资源共享，用合适的设备提供场景体验。

> **知识链接：** 华为鸿蒙操作系统
>
> 华为鸿蒙操作系统是中国华为公司自主开发的计算机操作系统。2019年8月9日，华为在东莞举办的华为开发者大会上，正式发布全新分布式操作系统——鸿蒙OS，如图2-5所示。这是一款基于微内核、耗时十年、4 000多名研发人员投入开发、面向5G物联网、面向全场景的分布式操作系统。
>
>
>
> 图 2-5 华为开发者大会
>
> 华为鸿蒙OS的宣告问世，在全球引发热烈反响，人们普遍相信，这款操作系统在技术上是先进的，并且具有逐渐建立起自己生态的成长力。它的诞生拉开了永久性改变操作系统全球格局的序幕。
>
> 中国科技企业及科技工作人员在孕育、创新、突围中成长。我们要树立科技创新理念；学习中国企业自主创新、攻坚克难的创新精神，学习中国科技人员孜孜以求、执着奋斗的动人事迹和精益求精、追求卓越、不断创新的工匠精神；弘扬科学家精神。

## 2.2 Windows 10 操作系统

Windows 10 是由微软公司（Microsoft）开发的操作系统，应用于计算机和平板电脑等设备。该系统与之前的版本相比，性能进行了大幅度改进和提升，对硬件性能的要求并没有更高要求，其最低配置如下：

（1）处理器：1 GHz 或更快的处理器。

（2）内存：1 GB（32 位）或 2 GB（64 位）。

（3）硬盘空间：16 GB（32 位操作系统）或 20 GB（64 位操作系统）。

（4）显卡：DirectX 9 或更高版本。

（5）分辨率：800 × 600 像素。

### 2.2.1　Windows 10 操作系统的安装

Windows 10 操作系统的安装方法有光盘安装、U 盘安装、Ghost 安装等。下面介绍使用 U 盘安装操作系统的方法。

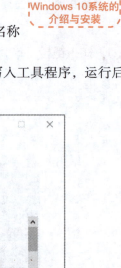

视频2.5：Windows 10系统的介绍与安装

1. 制作 Windows 10 系统的安装 U 盘

（1）准备一个 8 GB 或更大的空白 U 盘（用来存放系统安装程序）。

（2）下载 Windows 10 的写入工具，可以从官网下载。下载后的文件名称是 MediaCreationToo+ 版本号 .exe。

（3）开始制作安装介质（U 盘）。首先运行下载后的 Windows 10 的写入工具程序，运行后进入"适用的声明和许可条款"界面，如图 2-6 所示。

图 2-6　"适用的声明和许可条款"界面

（4）阅读"适用的声明和许可条款"，然后单击"接受"按钮，进入"你想执行什么操作？"界面，如图 2-7 所示。

（5）在"你想执行什么操作？"位置，选择"为另一台电脑创建安装介质（U 盘、DVD 或 ISO 文件）"单选按钮。然后单击"下一步"按钮，按要求选择 U 盘，开始制作安装介质，如图 2-8 所示。

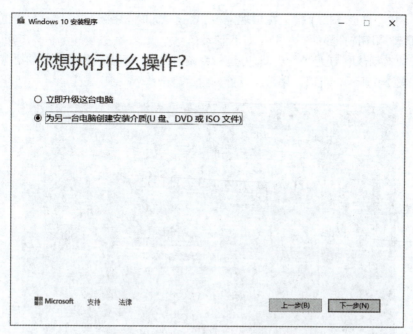

图 2-7 "你想执行什么操作?"界面

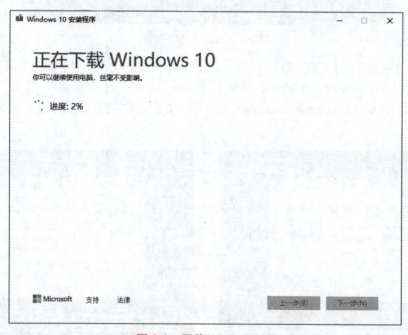

图 2-8 下载 Windows 10

(6)程序运行结束后,一个安装 Windows 10 操作系统的 U 盘工具就制作完成了。通过使用该 U 盘,可以给任何计算机安装 Windows 10 操作系统。

**2. 开始安装 Windows 10 操作系统**

(1)插入制作好的 U 盘,然后打开计算机,出现主板 Logo 界面后,多按几次【Delete】键或【F12】键(计算机的主板硬件不同,按键不一样,台式机大部分是【Delete】键,笔记本电脑大部分是【F12】键或【F2】键，在出现主板 Logo 界面时会有英文字母提示，也可查看主板说明书）。在启动顺序选择界面，选择从 U 盘启动。

（2）系统会自动读取 U 盘进行启动，并运行系统安装程序。首先设置安装的语言、时间格式、输入方法，如图 2-9 所示，可以使用默认设置，然后单击"下一步"按钮。

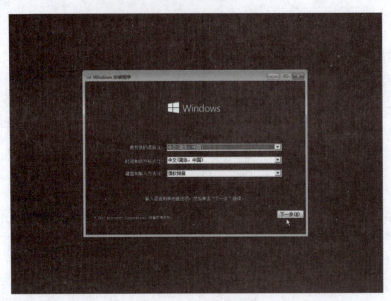

图 2-9　选择安装语言等

（3）输入产品密钥。如果没有产品密钥，可以选择下面的蓝色小字"我没有产品密钥"（等待系统安装后，再填写密钥激活系统），如图 2-10 所示，然后单击"下一步"按钮。

（4）选择"自定义：仅安装 Windows（高级）"，如图 2-11 所示。选择操作系统版本，如家庭版或专业版。

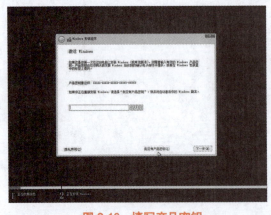

图 2-10　填写产品密钥

图 2-11　选择安装版本

（5）选择 Windows 安装在哪里，这里根据计算机情况选择合适的磁盘分区，如图 2-12 所示。如果磁盘未分区，请单击下方的"新建"，为系统盘建立分区，建议系统盘 C 盘容量大小在 100 GB 左右。

（6）Windows 程序开始自动安装，如图 2-13 所示。

图 2-12 选择分区　　　　　　　　图 2-13 开始自动安装

（7）系统安装完成后，拔掉 U 盘，重新开机即可进入 Windows 10 系统桌面，如图 2-14 所示。

图 2-14 Windows 10 系统桌面

（8）系统安装完成后，可以在操作系统中进一步安装一些工具软件，如杀毒软件、压缩软件、办公软件等。

### 2.2.2 Windows 10 操作系统基本知识

#### 1. 启动

计算机安装 Windows 系统后，按计算机启动键，系统首先进行自检，如果硬件有故障，将无法进行下一步。自检通过后，系统加载驱动程序，检查系统的硬件配置，自动执行 Windows 系统程序。如果系统文件没有错误，将进入登录界面。用户选择账号，输入密码后，即可进入系统桌面。

#### 2. 退出

打开"开始"菜单，单击左下角的"电源"选项，即可打开图 2-15 所示的子菜单，查看与电源有关的命令按钮。

（1）"睡眠"命令，计算机进入低能耗状态，显示器将关闭，计算机的风扇通常也会停止，系统只需维持内存中的工作，操作系统会自动保存打开的文档

视频2.6-1：
Windows 10基本知识1

视频2.6-2：
Windows 10基本知识2

和程序。处于睡眠状态的计算机，在单击计算机的"电源"按钮或单击鼠标或键盘上任意按键，即可唤醒计算机。唤醒计算机后，系统会自动恢复睡眠前的工作。

（2）"关机"命令，系统会关闭所有打开的程序，退出 Windows，完成关闭计算机的操作。

（3）"重启"命令，系统将关闭所有打开的程序，重新启动操作系统。"重启"命令有助于修复计算机运行时产生的错误，有时操作系统更新、安装新的应用程序或卸载应用程序后也需要重启系统。

#### 3. 桌面组成

启动并进入 Windows 10 操作系统后，首先看到的屏幕是桌面，如图 2-16 所示。桌面是用户与计算机之间交互的主屏幕区域。桌面区域包括桌面图标、背景、"开始"按钮、任务栏。

图 2-15 "电源"选项

图 2-16 桌面

（1）桌面图标。桌面上带有文字说明的小图片，称为桌面图标。桌面图标通常代表 Windows 环境下的一个可以执行的应用程序，或者指向应用程序的快捷方式，或者一个文件或文件夹。用户可以通过鼠标双击图标的方式，打开应用程序或文件夹。

初始安装 Windows 后，桌面上只有一个"回收站"图标。用户通常为了使用方便，将"此电脑""用户文件夹"和"控制面板"等图标也显示在桌面上。方法是：右击桌面空白处，在弹出的快捷菜单中选择"个性化"命令，在打开的"设置"窗口的左侧选择"主题"，然后在右侧的相关设置中选择"桌面图标设置"。在"桌面图标设置"对话框中选择相应的项目，单击"确定"按钮，即可将其显示在桌面上。具体操作如图 2-17 所示。

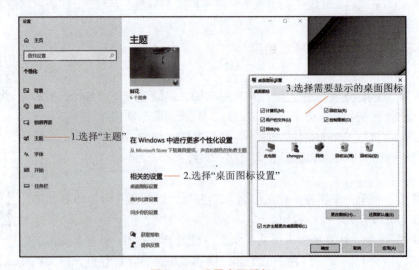
图 2-17 设置桌面图标

桌面上显示"此电脑"等图标后的效果如图 2-18 所示。

图 2-18　桌面上的图标

（2）"开始"按钮。"开始"按钮位于桌面的左下角。单击"开始"按钮或按【Win】键，即可打开"开始"菜单，如图 2-19 所示。"开始"菜单对应的屏幕为"开始屏幕"，用户可以在"开始屏幕"中选择相应的项目，轻松快捷地使用计算机上的所有应用程序。

图 2-19　"开始"菜单

（3）任务栏。任务栏位于桌面的底部，如图2-20所示。从左到右依次为"开始"按钮、程序按钮区、通知区域、显示桌面。

图2-20　任务栏

① "开始"按钮：打开"开始"菜单。

② 程序按钮区：显示固定在任务栏的快速启动按钮和正在运行的应用程序、文件和文件夹的按钮图标。

③ 通知区域：显示音量、输入法、系统时间、一些特定的程序（如杀毒软件、防火墙等）或计算机状态的图标。

④ 显示桌面：用来快速将所有程序最小化并显示桌面。

#### 4. 任务栏的操作

桌面最下方的一行区域是任务栏，用户每打开一个程序或文件，任务栏上就会出现代表这个程序或文件的图标按钮。通过任务栏，用户可以快速在程序以及文件之间进行窗口切换。下面介绍任务栏的一些常用操作。

（1）任务栏上图标按钮的合并方式。

当用户打开很多个程序或文件时，任务栏区域会被占满，用户可以设置任务栏上图标按钮的合并方式。方法为：在任务栏的空白位置右击，在弹出的快捷菜单中选择"任务栏设置"命令。在"设置"窗口中的"合并任务栏按钮"下拉列表框中选择需要的选项，如图2-21所示。例如，始终合并按钮、任务栏已满时合并、从不合并等。

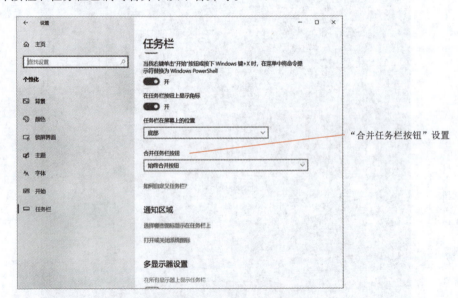

图2-21　合并任务栏按钮

（2）将程序锁定到任务栏。

如果某个程序需要经常使用，可以将这个程序的图标按钮固定在任务栏上，方便用户单击即可启动。方法为：在应用程序对应的图标位置右击，在弹出的快捷菜单中选择"固定到任务栏"

命令，如图 2-22 所示，即可将程序图标固定到任务栏，即使程序关闭，图标按钮也一直显示在任务栏上。直接拖动应用程序的图标按钮到任务栏上，也可以实现将程序图标固定到任务栏上。

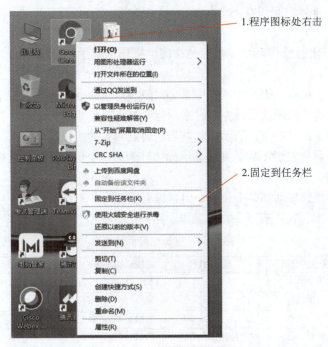

图 2-22　程序固定到任务栏

如果需要取消任务栏上固定的程序图标，可以在任务栏上右击应用程序图标，在弹出的快捷菜单中选择"从任务栏取消固定"命令。

（3）任务栏的高度和位置。

Windows 系统中，任务栏的默认位置是在桌面的底部，用户可以根据个人喜好调整任务栏的大小和位置。方法为：首先，在任务栏的空白位置右击，在弹出的快捷菜单中有"锁定任务栏"命令，取消命令前面的对号√，取消锁定任务栏。然后，通过鼠标拖动的方式，可以调整任务栏的位置到桌面的顶部、左边、右边。在任务栏边缘位置按住鼠标左键拖动，可以改变任务栏高度。

### 5. 文字输入方法

安装 Windows 10 系统后，系统自带输入法，并在桌面右下角的通知区域显示，如图 2-23 所示。输入法默认为英文输入状态，用户在输入信息时，按【Shift】键即可切换到中文输入法状态。

图 2-23　输入法

用户也可以安装其他输入法，根据输入法的安装向导提示，完成输入法的相关设置。如果需要切换输入法，可以单击输入法标记，在弹出的列表中选择合适的输入法。

在使用输入法时，还可以使用组合键进行设置，常见的组合键如下：

（1）不同输入法之间切换：按【Ctrl + Shift】组合键。

（2）同一个输入法中英文之间切换：按【Shift】键。

（3）英文输入和中文输入法之间切换：按【Ctrl+空格】组合键。

（4）全角/半角切换：按【Shift+空格】组合键。

（5）中英文标点符号之间切换：按【Ctrl+.】组合键。

### 6. 鼠标的操作

Windows 是图形化的操作系统，鼠标是在图形操作系统中用得最多的工具。鼠标的主要操作方法如下：

（1）单击：按一下鼠标左键，表示选中某个对象或启动命令按钮。

（2）双击：快速连续按两次鼠标左键，表示运行某个对象或执行程序。

（3）右击：按一下鼠标右键，表示启动与当前对象相关的快捷菜单。

（4）拖动：按住鼠标左键不放，并移动鼠标指针到另一个位置，表示选中一个区域，或者将对象移动到某个位置。

（5）指向：鼠标指针移动到某个位置，但是没有按键。

鼠标指针位置不同，往往有不一样的操作，用户可以根据鼠标的形状来判断，见表 2-1。

表 2-1 鼠标指针的形状

| 鼠标指针 | 表示的状态 | 鼠标指针 | 表示的状态 | 鼠标指针 | 表示的状态 |
| --- | --- | --- | --- | --- | --- |
| ↖ | 准备状态 | ↕ | 调整对象垂直大小 | + | 精确调整对象 |
| ↖? | 帮助选择 | ↔ | 调整对象水平大小 | I | 文本输入状态 |
| ↖▨ | 后台处理 | ↘ | 等比例调整对象 1 | ⊘ | 禁用状态 |
| ⌛ | 忙碌状态 | ↗ | 等比例调整对象 2 | ✏ | 手写状态 |
| ✢ | 移动对象 | ↑ | 其他选择 | 👆 | 链接状态 |

### 7. 窗口组成

Windows 10 操作系统采用多窗口技术，常见的窗口可以分为以下三类。

（1）应用程序窗口。应用程序窗口是应用程序运行时的工作窗口，如图 2-24 所示。其由标题栏、菜单栏、工具栏、最小化按钮、还原按钮、最大化按钮、关闭按钮、状态栏、控制按钮等组成。

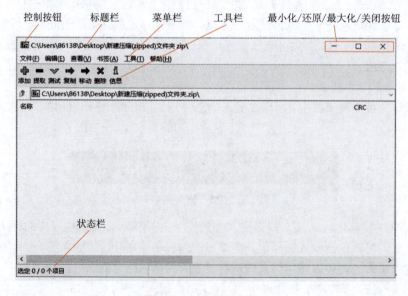

图 2-24 应用程序窗口

（2）文件夹窗口。文件夹窗口用来显示文件夹中的文件及文件夹，如图 2-25 所示。双击某个文件夹即可打开文件夹窗口。

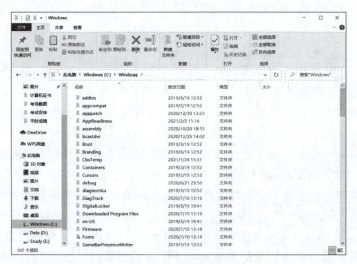

图 2-25　文件夹窗口

（3）对话框窗口。对话框窗口是系统和用户交互信息的场所，用来输入信息或进行参数设置，如图 2-26 所示。与其他窗口不同，多数对话框窗口无法实现最大化、最小化或调整大小，只能打开或关闭。

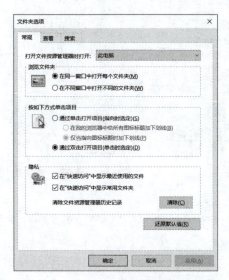

图 2-26　对话框窗口

8. 窗口的操作

（1）窗口的移动。将鼠标指向窗口上方的标题栏，按住鼠标左键，拖动鼠标到指定的位置。

（2）窗口的最大化和还原。在窗口右上角，单击"最大化"按钮，即可将窗口充满整个屏幕。已经最大化状态的窗口，在窗口右上角会出现"还原"按钮，单击"还原"按钮，窗口会恢复到最大化之前的大小。

在窗口的标题栏位置双击，窗口会在最大化和还原两个状态之间切换。

（3）窗口的最小化和还原。在窗口右上角单击"最小化"按钮，窗口会缩小为一个图标按钮并显示在任务栏上。单击任务栏上的最小化窗口图标按钮，即可还原窗口。

（4）窗口的关闭。在窗口右上角的三个按钮中，"关闭"按钮是最右面一个。单击"关闭"按钮，即可关闭窗口，也可使用【Alt+F4】组合键关闭窗口。

### 9. 菜单

菜单实际是一组操作命令的集合，通过鼠标点击就可以实现各种操作。Windows 10 菜单主要可以分为下拉菜单、快捷菜单两种。

（1）下拉菜单。大多数菜单都属于下拉菜单，此类菜单有固定的位置和明显的标志或名称，单击菜单名或图标标志即可打开菜单，如图 2-27 所示。

下拉菜单含有若干命令，为了便于使用，通常命令会按功能分组。当前能够执行的命令项以深色显示，无效的命令项以浅灰色显示；如果菜单命令旁边标有黑色三角形，则表示鼠标指向该命令后，会弹出相关的子菜单；如果菜单命令旁边标有"…"，则表示选择该命令后，会弹出对话框，让用户输入信息或做进一步选择。

（2）快捷菜单。在窗口的某个位置或某个对象上右击，会打开一个弹出式菜单，称为快捷菜单，又称右键菜单。此类菜单没有固定的位置或标志，有很强的针对性。右击操作对象，会弹出与该对象相关的快捷菜单，对不同的操作对象，菜单内容会有很大差别。例如，右击桌面弹出的快捷菜单和右击"此电脑"图标弹出的快捷菜单是不同的，如图 2-28 和图 2-29 所示。

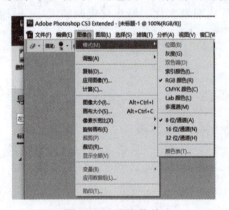
图 2-27 下拉菜单

图 2-28 桌面快捷菜单

图 2-29 "此电脑"快捷菜单

### 10. 菜单的操作

快捷菜单的打开方式通常都是在对象上右击。下拉菜单的打开方式，主要有以下两种：

（1）单击该菜单项名称。

（2）如果菜单名称后含有大写的英文字母，可以使用组合快捷键【Alt+英文字母】，打开菜单。

执行菜单中的某些命令，主要有以下方法：

① 打开菜单，单击命令项。

② 打开菜单，通过键盘上的方向键切换到对应的命令项，然后按【Enter】键。

③ 如果菜单中命令项的名称后有大写英文字母，可以在打开菜单后，直接按相应的字母键。

④ 如果菜单中命令项的名称后有组合键，则可以不用打开菜单，直接使用组合快捷键执行该命令。

## 2.2.3 管理文件与文件夹

### 1. 文件系统

操作系统中负责管理和存储文件信息的软件机构称为文件管理系统，简称文件系统。文件系统为用户提供了一种简便、统一的存取信息和管理信息的方法。用文件的概念组织管理计算机系统信息资源和用户数据资源，用户只需要给出文件的名称，使用文件系统提供的操作命令，就可以调用、编辑和管理文件。所以，文件系统使用户彻底摆脱了与外部存储器在物理上的联系，用户需要了解的仅仅是文件的逻辑概念以及系统提供的文件操作命令。

视频2.7：文件系统

常见的文件系统如下：

（1）FAT32。FAT32 是从 FAT 和 FAT16 发展而来的、采用 32 位的文件分配表。其优点是稳定性和兼容性好，能充分兼容 Windows 10 及以前版本，且维护方便。其缺点是安全性差，且最大只能支持 32 GB 分区，单个文件只能支持最大 4 GB。

（2）NTFS。NTFS 文件系统是一个基于安全性的文件系统，它是建立在保护文件和目录数据基础上，同时照顾节省存储资源、减少磁盘占用量的一种文件系统。Windows 10 操作系统通常使用 NTFS 文件系统。

（3）exFAT。exFAT 是扩展 FAT，即扩展文件分配表，是一种适合于闪存的文件系统。由于 FAT32 不支持 4 GB 及其更大的文件，NTFS 分区又是采用"日志式"的文件系统，需要记录详细的读写操作，因此需要不断读写，易伤害闪盘芯片。exFAT 只是一个折中的方案，支持 4 GB 及更大的文件，更适合 U 盘使用。

Windows 10 操作系统默认使用 NTFS 文件系统，NTFS 文件系统主要优点如下：

（1）安全性。NTFS 文件系统能够轻松指定用户访问或操作某一文件的权限大小。NTFS 能用一个随机产生的密钥把一个文件加密，只有文件的所有者和管理员掌握密钥，其他人即使能够登录到系统中，也没有办法读取它。

（2）容错性。NTFS 使用了一种称为事务登录的技术跟踪对磁盘的修改。因此，NTFS 可以在几秒内恢复错误。

（3）向下的可兼容性。NTFS 文件系统可以存取 FAT 文件系统和 HPFS 文件系统的数据，如果文件被写入可移动磁盘时，它将自动采用 FAT 文件系统。

（4）大容量。NTFS 彻底解决存储容量限制，最大可支持 16 EB。

（5）长文件名。NTFS 允许长达 255 个字符的文件名，突破 FAT 的 8.3 标准限制（FAT 规定主文件名为 8 个字符扩展名为 3 个字符）。

### 2. 盘符

计算机的外部存储器一般以硬盘为主。为了便于管理，一般会把硬盘进行分区，划分为多个磁盘分区，每个磁盘分区用盘符表示。硬盘的第一个分区的盘符是 C，如果还有其他分区，则分别为 D、E、……操作系统一般存放在 C 盘中。为了方便使用，用户可以将计算机中的信息分类存储在不同的逻辑盘中。例如，操作系统文件在 C 盘，软件存储在 D 盘，办公文件存储在 E 盘，音乐影像文件等存储在 F 盘。

### 3. 文件

文件是按一定格式存储在外存储器中的信息的集合，是操作系统中基本的存储单位。文件通常分为程序文件和数据文件两类。数据文件一般需要和程序

视频2.8：文件与文件夹

文件相关联,才能正常打开。例如,图像数据文件需要和图像处理程序文件相关联,才能打开看到图像;声音数据文件需要和声音播放程序文件相关联,才能打开听到声音。

为了区分计算机中的不同文件,而给每个文件设定一个指定的名称,即文件名,文件名由主文件名和扩展名组成。

(1) 文件名命名规则:

① 文件名最长可由 255 个字符组成。
② 文件名允许使用空格、数字、英文字母、汉字、特殊符号。
③ 文件名不能使用以下字符:/、\、|、?、*、<、>、:。
④ 文件名中可以使用多个分隔符".",以最后一个分隔符后面部分作为扩展名。
⑤ 文件名不区分大小写。

(2) 文件的扩展名。按照文件存储的内容格式,文件可分成不同的类型。文件的类型一般由扩展名表示。例如,example.docx,扩展名为 docx,代表这是 Word 文档格式文件。常见扩展名见表 2-2。

表 2-2 常见扩展名

| 扩 展 名 | 类型及含义 |
| --- | --- |
| doc、docx | Word 文档 |
| xls、xlsx | Excel 电子表格文件 |
| ppt、pptx | PowerPoint 演示文稿文件 |
| txt | 文本文档 |
| pdf | 便携式文档格式 |
| bmp | 位图文件 |
| jpg、jpeg、png、gif | 常见图形文件 |
| zip、rar | 压缩文件 |
| mp3、wav、avi | 影音文件 |
| exe、com | 可执行文件 |
| dll | 动态链接库文件 |
| html、htm | 超文本文件、网页文件 |

### 4. 文件夹

文件夹也称目录,是用来放置文件和子文件夹的容器。文件夹的名称要求与文件名相同,但是不需要扩展名。每个磁盘上必定有也只能有一个根文件夹,称为根目录,名为"\"。根目录下可以有很多子文件夹,整个结构像一棵倒置的树,如图 2-30 所示。

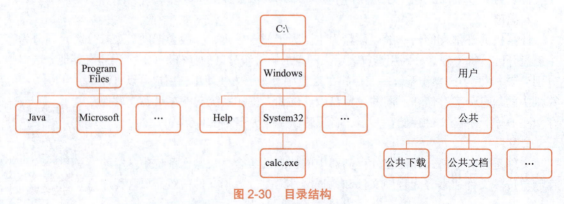

图 2-30 目录结构

### 5. 路径

路径用来指出文件存放在磁盘中的位置。路径可分为绝对路径和相对路径两种表示方式。

（1）绝对路径从根目录开始表示目标文件所在的位置。各级子文件夹直接用"\"分隔。例如，图 2-35 中 calc.exe 文件的绝对路径表示为"C:\Windows\System32\calc.exe"。

（2）相对路径从当前位置开始表示目标文件所在的相对位置。例如，在图 2-35 中，当前位置为 Java 文件夹中，则 calc.exe 文件的相对路径表示为"..\..\Windows\System32\clac.exe"，其中"..\"表示上一级文件夹（父目录）。

### 6. 通配符

为了使用户一次能指定符合条件的一批文件，系统提供了通配符"?"和"*"。其中，"?"代表任意的一个字符。例如，??f.docx 表示第 1、2 个字符为任意的一个字符、第 3 个字符是 f，扩展名为 docx 的一批文件。"*"代表 0 个或任意多个字符。例如，a*.* 表示 a 开头的所有文件。

### 7. 文件属性

文件属性定义了文件具有的某种独特的性质。常见的属性如下：

（1）系统属性：指该文件为系统文件，它将被隐藏起来。通常系统文件不能被查看，也不能被删除，是操作系统对重要文件的一种保护属性，防止这些文件被意外损坏。

（2）隐藏属性：该文件在系统中是隐藏的，在默认情况下用户不能看见这些文件。

（3）只读属性：表示该文件只能读取，不能修改。

（4）存档属性：表示该文件应该被存档，软件可以用该属性来确定文件应该做备份了。

### 8. Windows 文件资源管理器

文件资源管理器是 Windows 提供的用于管理文件和文件夹的系统工具。

打开文件资源管理器的方法：

方法 1：双击桌面上的"此电脑"图标。

方法 2：单击任务栏"固定程序区域"的"文件资源管理器"图标。

文件资源管理器窗口的组成如图 2-31 所示。

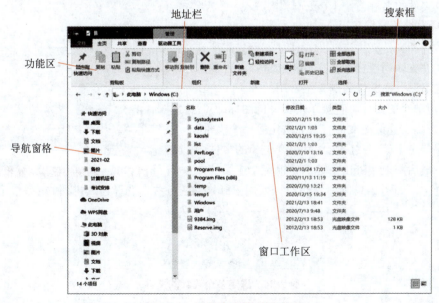

图 2-31　文件资源管理器窗口

（1）功能区，包含与文件资源管理器相关的操作，并按照功能划分在不同的选项卡中。
（2）地址栏，显示当前打开的文件夹路径。
（3）搜索框，可以帮助用户在计算机中搜索文件和文件夹。
（4）窗口工作区，显示当前磁盘或文件夹目录中存放的文件和文件夹。
（5）导航窗格，以树状目录结构展示当前计算机中的所有资源。

### 9. 创建文件和文件夹

在文件资源管理器中创建文件和文件夹常用的方法如下：

（1）利用功能区。在功能区，打开"主页"选项卡，在"新建"选项组中选择"新建文件夹"或"新建项目"中的某一类型文件，如图2-32所示，然后输入文件夹或文件的名称，按【Enter】键。

视频2.9：文件和文件夹的基本操作

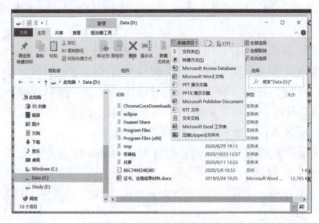

图2-32 新建文件或文件夹

（2）利用快捷菜单。在当前文件夹的窗口工作区的空白位置右击，在弹出的快捷菜单中选择"新建"命令，如图2-33所示，在打开的子菜单中可以选择"文件夹"或某一类型文件，然后输入文件夹或文件的名称，按【Enter】键。

### 10. 选择文件和文件夹

在对文件和文件夹做进一步操作前，首先需要选定文件和文件夹。用鼠标选择文件夹和选择文件的方法相同，这里以选择文件为例介绍常用的方法。

（1）选定单个的文件。直接单击文件的图标即可。

（2）选定多个连续的文件。首先选定第一个文件，之后按住【Shift】键，然后在最后一个选择的文件图标处单击，最后释放【Shift】键，一组多个连续的文件即可被选定，如图2-34所示。也可以使用鼠标拖动的方法，选择连续排列的多个文件。

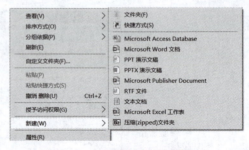

图2-33 利用快捷菜单新建文件

图2-34 选定多个连续的文件

（3）选定多个不连续的文件。首先按住【Ctrl】键，之后逐个单击需要选择的文件的图标，然后释放【Ctrl】键，一组多个不连续的文件即可被选定，如图2-35所示。

（4）选择全部文件。首先打开文件资源管理器上方的"主页"选项卡，在"选择"选项组中单击"全部选择"命令，即可全部选定。也可以按【Ctrl+A】组合键选择全部文件。

（5）反向选择，即取消已选择的文件，重新选择原本未选择的所有文件。打开文件资源管理器上方的"主页"选项卡，在"选择"选项组中单击"反向选择"命令，即可完成。

（6）取消已选定的文件。首先按住【Ctrl】键，然后单击需要取消选定的文件。如果需要全部取消，只需单击窗口的空白位置即可。

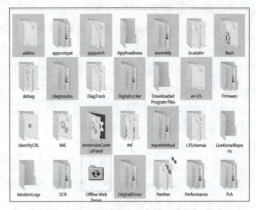

图2-35　选定多个不连续的文件

### 11. 文件和文件夹的移动和复制

在Windows中可以将文件和文件夹移动或复制到其他文件夹或磁盘中。文件夹的移动和复制与文件的移动和复制操作相同，这里以文件的移动和复制为例进行介绍。

文件的复制和移动的区别，主要在于原文件是否还在原位置。复制相当于建立副本，原文件仍在原来的位置，建立的副本会粘贴在目标文件夹中。移动即剪切，原文件不在原位置，而是剪切后粘贴在目标文件夹中。

移动和复制一般都是借助"剪贴板"完成。剪贴板是内存中的一块存储区域，用来存放最后一次"复制"或"剪切"的内容。"粘贴"是将剪贴板中的内容取出的操作。

常用的操作方法如下：

（1）利用功能区命令。选择要复制或移动的文件，单击"主页"选项卡，选择"剪贴板"选项组中的"复制"或"剪切"命令，如图2-36所示。然后切换目录到目标文件夹位置。再一次单击"主页"选项卡，选择"剪贴板"选项组中的"粘贴"命令，即可将文件移动和复制到目标文件夹中。

图2-36　"剪贴板"选项组

（2）使用快捷键。选择要复制或移动的文件，按【Ctrl+C】（复制）或【Ctrl+X】（剪切）组合键，然后切换目录到目标文件夹位置，按【Ctrl+V】（粘贴）组合键，即可将文件移动和复制到目标文件夹中。

（3）使用鼠标拖动。同时打开两个文件资源管理器窗口，一个切换到原文件所在的位置，一个切换到目标文件夹所在的位置。选择要复制或移动的文件。按住【Ctrl】键（如果是移动则不需要按【Ctrl】键），将选择的文件从原位置拖动到目标文件夹位置，然后释放【Ctrl】键，即可将文件移动或复制到目标文件夹中。

### 12. 重命名文件和文件夹

已经创建好的文件和文件夹可以重新修改名称，常见方法如下：

（1）使用功能区命令。首先选定要重命名的文件和文件夹。单击"主页"选项卡，选择"组织"选项组中的"重命名"命令，这时选定的文件和文件夹的名称为被选中的状态（蓝底白字），然后输入新的名称，按【Enter】键即可完成重命名。

（2）使用快捷菜单命令。首先选定要重命名的文件和文件夹。在图标位置右击，在弹出的快捷菜单中选择"重命名"命令，这时选定的文件和文件夹的名称为被选中的状态，然后输入新的名称，按【Enter】键即可。

（3）使用快捷键。首先选定要重命名的文件和文件夹。按【F2】键，这时选定的文件和文件夹的名称为被选中的状态，然后输入新的名称，按【Enter】键即可。

### 13. 删除文件和文件夹

用户可以删除不需要的文件和文件夹，以保持计算机系统的整洁并节约磁盘空间。如果要删除文件和文件夹，首先选定要删除的文件和文件夹，然后使用下面常见的方法：

（1）使用功能区命令。单击"主页"选项卡，选择"组织"选项组中的"删除"命令。

（2）使用快捷菜单。在文件和文件夹的图标位置右击，在弹出的快捷菜单中选择"删除"命令。

（3）使用快捷键。选中文件和文件夹后，按【Delete】键。

以上方法删除的文件和文件夹都放在回收站中（回收站已满除外）。如果想彻底删除，可以在做上述操作的同时按住【Shift】键，则删除的对象将不进入回收站。

### 14. 搜索文件和文件夹

在文件资源管理器窗口中可以使用搜索功能在当前文件夹中查找文件或文件夹。具体方法如下：

（1）搜索前先确定搜索的范围，例如，要在 C 盘 Windows 文件夹中搜索 calc.exe（计算器程序）文件，则先将目录切换到 C 盘 windows 文件夹位置，如图 2-37 所示。

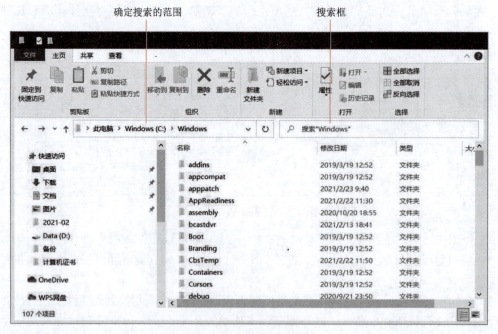

图 2-37　准备搜索文件或文件夹

（2）在右侧搜索框中输入 clac.exe，系统会自动搜索，并在窗口工作区显示搜索到的相关文件或文件夹，如图 2-38 所示。

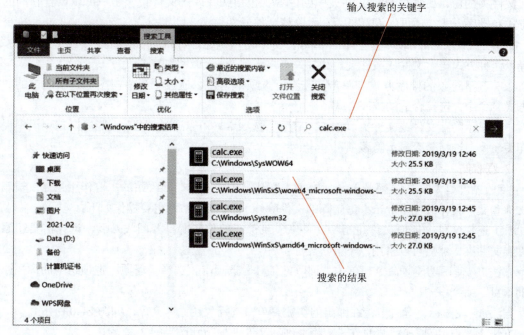

图 2-38　搜索结果

在使用搜索功能时，如果不清楚文件或文件夹名称，可以使用通配符"*"和"?"来代替。例如，查找以字母 c 开始的文件，则可以在搜索框中输入"c*.*"；如果查找所有文本文档文件，可以在搜索框中输入"*.txt"。

### 15. 查看文件和文件夹的属性

系统允许用户查看和修改文件和文件夹的一些相关属性。常用的方法如下：

（1）选择文件或文件夹，单击"主页"选项卡，选择"打开"选项组中的"属性"命令。

（2）在文件或文件夹图标位置右击，在弹出的快捷菜单中选择"属性"命令。

打开的属性对话框如图 2-39 所示。

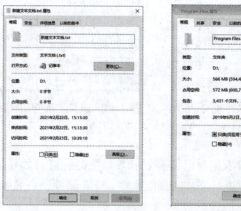

图 2-39　文件和文件夹属性对话框

通过属性对话框，用户可以查看文件或文件夹大小、位置、创建时间等相关信息。

### 16. 调整文件夹窗口工作区的显示环境

文件夹的窗口工作区显示文件夹中的内容，包括文件或子文件夹，用户可以设置它们的显示方式和排序方式，还可以设置是否显示隐藏文件或文件夹。

（1）调整对象的显示方式。单击"查看"选项卡，可以通过"布局"选项组中提供的相关命令，选择以何种方式显示文件或文件夹。

（2）调整对象的排序方式。单击"查看"选项卡，可以通过"当前视图"选项组中的"排序方式"命令，选择合适的排序方式。

（3）显示隐藏文件或文件夹。单击"查看"选项卡，可以通过"显示/隐藏"选项组中提供的相关命令，选择是否显示隐藏项目。

### 17. 回收站

"回收站"是 Windows 系统安装后桌面上默认显示的图标。回收站的主要作用是存放被删除的文件和文件夹（按住【Shift】键删除的文件除外）。对回收站的主要操作如下：

（1）还原文件。还原文件是将文件恢复到原来的位置。打开回收站后，选择需要还原的文件和文件夹，然后可以采用以下方法还原文件。

方法1：使用功能区命令，单击"回收站工具"选项卡，选择"还原"选项组中的"还原选定的项目"命令。

方法2：在图标位置右击，在弹出的快捷菜单中选择"还原"命令，如图2-40所示。

方法3：使用剪切和粘贴的方式，将文件和文件夹粘贴到适当的文件夹中。

（2）清空回收站。被删除的文件和文件夹存放在回收站中，实际上还是会占用磁盘空间。如果想彻底释放被占据的磁盘空间，需要清空回收站里的内容。常见方法如下：

方法1：打开回收站，单击"回收站工具"选项卡，选择"管理"选项组中的"清空回收站"命令。

方法2：打开回收站，将回收站中的文件全部选中删除。

方法3：在桌面上的回收站图标处右击，在弹出的快捷菜单中选择"清空回收站"命令，如图2-41所示。

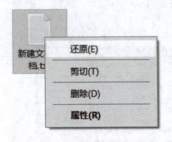

图2-40 选择"还原"命令

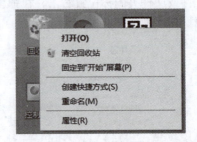

图2-41 选择"清空回收站"命令

### 2.2.4 Windows 10 操作系统的设置

Windows 10 操作系统允许用户根据自己的喜好修改系统的设置，如系统的外观、语言、时间、桌面等，还可以进行添加或删除程序、查看硬件设备等操作。

#### 1. Windows 设置

通过"Windows 设置"功能，可以轻松完成系统的个性化设置、应用程序设置、

视频2.10：
Windows设置

网络设置、系统安全设置等。下面介绍一些常用的功能。

首先打开"开始"菜单,在左侧选择"设置",如图 2-42 所示,即可打开"Windows 设置"窗口,如图 2-43 所示。

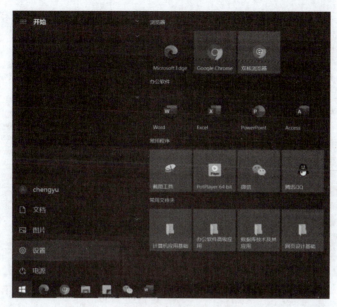

图 2-42 "开始"菜单中选择"设置"命令

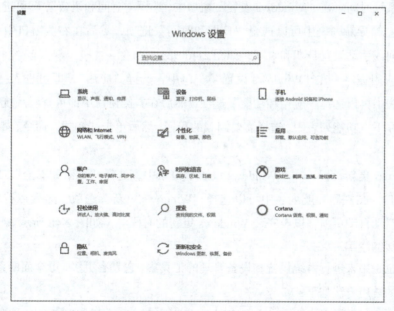

图 2-43 "Windows 设置"窗口

(1)自定义桌面背景。在"Windows 设置"窗口中,选择"个性化",即可进入"个性化"窗口。在左侧导航列表中可以选择"背景"选项,然后在右侧窗口中选择适当的图片,如图 2-44 所示,即可完成桌面背景的修改。

在"个性化"窗口,还可以进一步修改系统颜色、锁屏界面、主题、字体等。

（2）修改显示分辨率。在"Windows 设置"窗口中，选择"系统"，即可进入"系统"窗口。在左侧导航列表中可以选择"显示"选项，然后在右侧窗口中选择适当的显示分辨率，如图 2-45 所示，即可完成显示分辨率的修改。

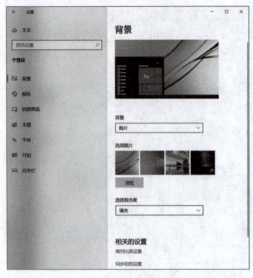

图 2-44　设置背景图片　　　　　　　　　图 2-45　设置显示分辨率

在"系统"窗口中，还可以完成声音设置、电源和睡眠设置、远程桌面设置等。

（3）修改系统时间。在"Windows 设置"窗口中，选择"时间和语言"，即可进入"时间和语言"窗口。在左侧导航列表中可以选择"日期和时间"选项，然后在右侧窗口中可以进一步选择自动设置时间或手动设置日期和时间，如图 2-46 所示。

（4）卸载应用程序。在"Windows 设置"窗口中，选择"应用"，即可进入"应用"窗口。在左侧导航列表中可以选择"应用和功能"选项，然后在右侧窗口中即可查看系统中已经安装好的应用程序。在下方功能列表中，选择需要卸载的程序，然后单击"卸载"命令，如图 2-47 所示，即可卸载应用程序。

（5）Windows 更新设置。在"Windows 设置"窗口中，选择"更新和安全"，即可进入"更新和安全"窗口。在左侧导航列表中可以选择"Windows 更新"选项，然后在右侧窗口中可以修改是否需要启动自动更新，以及安装 Windows 更新的时段等，如图 2-48 所示。

**2. 控制面板的使用**

控制面板也是用来进行系统设置和设备管理的工具集，它具有更多、更全面的系统设置工具。打开控制面板的常用方法如下：

（1）打开"开始"菜单，在所有程序列表中找到"Windows 系统"下的"控制面板"命令，如图 2-49 所示，单击即可打开控制面板窗口。

（2）使用 Windows 的搜索功能，搜索"控制面板"，如图 2-50 所示，单击"控制面板"命令，即可打开窗口。

"控制面板"窗口如图 2-51 所示。用户可以通过右上角的查看方式，将查看方式修改为"小图标",即可看到图 2-52 所示的所有控制面板项窗口。

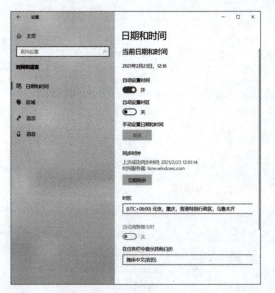

图 2-46 设置日期和时间

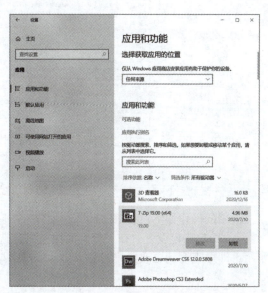

图 2-47 卸载应用程序

图 2-48 设置 Windows 更新

图 2-49 选择"控制面板"命令

图 2-50 搜索控制面板

图 2-51 "控制面板"窗口界面

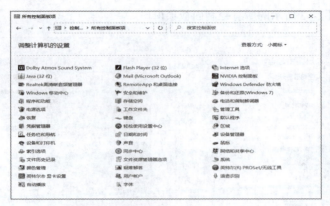

图 2-52 控制面板项显示方式为小图标

常用的操作如下:

(1)用户账户设置。在"控制面板"窗口中,选择"用户账户",进入"用户账户"窗口,如图 2-53 所示,即可查看到更改账户名称、更改账户类型、管理其他账户等设置命令。

图 2-53 "用户账户"窗口

(2)卸载应用程序。在"控制面板"窗口中,选择"程序和功能",即可进入"程序和功能"窗口,如图 2-54 所示。窗口右侧程序列表中显示了系统中安装的所有应用程序,单击应用程序名称,然后单击"卸载"命令,即可卸载应用程序。

(3)查看计算机系统的基本信息。在"控制面板"窗口中,选择"系统",即可进入"系统"窗口,如图 2-55 所示。在窗口右侧中可以查看有关计算机的基本信息,如系统版本、处理器、内存、计算机名等。

图 2-54 "程序和功能"窗口

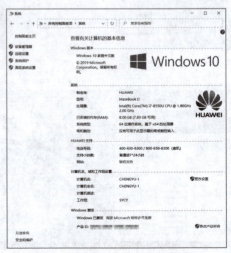

图 2-55 "系统"窗口

## 任务 2.1　管理文件及文件夹

### 1. 任务描述
根据任务要求，完成文件及文件夹的管理。

### 2. 任务要求
（1）用 Windows 的"记事本"创建文件 dreamy，存放于"C:\winks"文件夹中，文件类型为 txt，记事本编码设置为 ANSI，文件内容为"繁华如梦粤海云天"。

（2）在"C:\winks"目录下搜索（查找）文件夹 alook 并改名为 question。

（3）在"C:\winks"目录下搜索（查找）文件 yourguang.txt，并把该文件的属性改为"隐藏"，把"存档"或"可以存档文件"属性取消。

### 3. 任务效果参考（略）

## 任务 2.2　Windows 10 操作系统个性化设置

### 1. 任务描述
同学小张新买了笔记本电脑并安装了 Windows 10 操作系统，但系统默认的桌面背景、颜色模式不是自己喜欢的，且用户名也是默认的。请你帮助小张对桌面背景、颜色模式等进行个性化设置，并添加一个临时用户。

### 2. 任务要求
（1）通过个性化设置，预览心仪的桌面背景，并将颜色模式设置为"深色"。

（2）为了方便他人临时使用该计算机，请为本地计算机添加一个"临时用户"，密码设置为 123456。

（3）设置任务栏为屏幕靠右位置。

### 3. 任务效果参考
任务效果参考如图 2-56 所示。

图 2-56　任务效果参考

# 2.3　常用软件工具

## 2.3.1　系统自带的常用工具

Windows 10 操作系统安装后，自带了很多实用的系统工具和常用工具。例如，记事本、计算器、画图、截图、任务管理器等。

### 1. 记事本
记事本是 Windows 中常用的一种简单的文本编辑器，用户经常用它编辑一些格式要求不高的文本文档。记事本生成的文件一般为纯文本文件（扩展名为 txt），即只有文字及标点符号，没有格式。

记事本程序的打开方法：打开"开始"菜单，在所有程序列表中选择"Windows 附件"，然后选择"记事本"，即可打开记事本程序，如图 2-57 所示。

### 2. 计算器

Windows 10 操作系统自带一款强大的计算器工具，它有多种基本操作模式：标准型、科学型、程序员型等。单击左上角的模式切换按钮，即可进行多种模式的切换。

计算器工具的打开方法：打开"开始"菜单，在所有程序列表中选择"Windows 附件"，然后选择"计算器"，即可打开计算器程序，如图 2-58 所示。

图 2-57　记事本

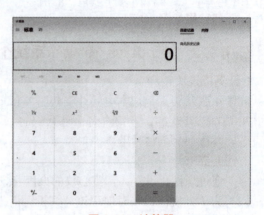

图 2-58　计算器

### 3. 画图

Windows 10 操作系统自带的画图工具是一款非常实用的图像工具，可以实现绘制图形、编辑图片等。

画图工具的打开方法：打开"开始"菜单，在所有程序列表中选择"Windows 附件"，然后选择"画图"，即可打开画图程序，如图 2-59 所示。

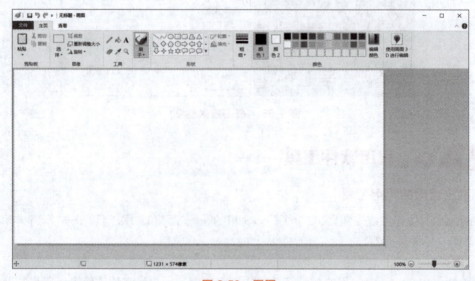

图 2-59　画图

## 4. 截图

Windows 10 操作系统自带的截图工具简单易用，可以根据需要截取各种图形。

截图工具的打开方法：打开"开始"菜单，在所有程序列表中选择"Windows 附件"，然后选择"截图工具"，即可打开截图工具程序，如图 2-60 所示。

## 5. 任务管理器

Windows 的任务管理器提供了有关计算机性能的信息，并显示了计算机上所运行的程序和进程的详细信息，如果连接到网络，那么还可以查看网络状态。在计算机运行过程中，如果某个程序没有响应，或者无法关闭，可以在任务管理器的"进程"选项卡中找到对应的进程，并结束任务。

任务管理器打开方法：在任务栏位置右击，在弹出的快捷菜单中选择"任务管理器"命令，如图 2-61 所示。

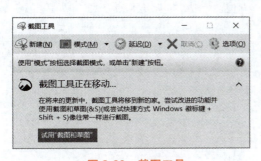

图 2-60　截图工具

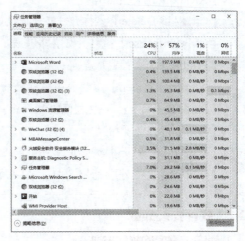

图 2-61　任务管理器

## 6. Windows 10 操作系统的搜索工具

Windows 10 操作系统提供了强大的搜索工具，可以搜索系统中提供的程序以及用户自己安装的应用程序。使用搜索工具的方法：首先打开"开始"菜单，然后输入需要搜索的程序名称，即可完成搜索。例如，如果需要搜索"计算器"工具，可以先打开"开始"菜单，然后输入"计算器"，即可在最佳匹配区域中查看到"计算器"工具，如图 2-62 所示。

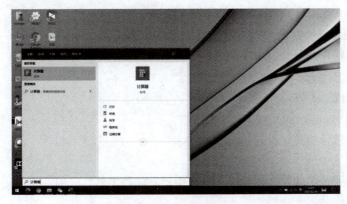

图 2-62　搜索计算器

> **知识链接**：常用的快捷键
>
> 【Ctrl+C】：复制；
> 【Ctrl+V】：粘贴；
> 【Ctrl+X】：剪切；
> 【Ctrl+S】：保存；
> 【Ctrl+F】：查找；
> 【Ctrl+Shift】：输入法间切换；
> 【Ctrl+空格】：常用输入法与英文输入法切换；
> 【Alt+Tab】：窗口切换；
> 【Alt+F4】：关闭窗口；
> 【Ctrl+Alt+Delete】：打开任务管理界面；
> 【Ctrl+Shift+Esc】：打开任务管理器；
> 【Print screen】：截取全屏；
> 【Alt+Print Screen】：截取当前活动窗口；
> 【Shift+Delete】：不经过回收站删除；
> 【Win】：打开开始菜单；
> 【Win+E】：打开资源管理器；
> 【Win+D】：最小化所有窗口，再一次使用即可还原。

### 2.3.2 软件安装卸载

#### 1. 有安装程序的软件安装

使用安装程序安装软件过程中，一般会弹出安装向导，需要进行一些关于安装位置、安装版本等的选择操作。安装软件时需注意：

（1）安装过程中，仔细查看安装向导的每一步。
（2）注意安装位置，可以根据需要选择合适的磁盘分区。
（3）注意文件夹名称，以方便查找。

#### 2. 绿色版软件安装

绿色软件指的是免安装的、可携带的软件，可以放在移动储存介质中，如U盘或移动硬盘等。这类软件一般无须安装，只要将文件解压到合适的文件夹内，即可通过运行文件夹中的可执行程序启动软件。需删除的时候，直接删除软件目录即可。

使用绿色软件需注意：

（1）软件来源网站是否可信。
（2）是否有捆绑安装。
（3）通过杀毒软件检查是否有病毒木马。

#### 3. 软件卸载

使用安装程序安装的软件，卸载时不能直接删除软件文件，一般需要使用专用卸载工具，否则会有残留文件，卸载不干净。

卸载方法有以下几种：
（1）使用控制面板，在"程序和功能"中找到程序，选择卸载程序。
（2）使用程序自带的卸载程序。一般在软件根目录中，卸载程序常见名为 Uninstall.exe。
（3）借助于专业的卸载软件，如腾讯电脑管家、360 软件管家等。

### 2.3.3　杀毒软件

杀毒软件是用于查杀计算机病毒、木马和恶意软件等计算机威胁的一类软件。杀毒软件通常集成监控识别、病毒扫描和清除、主动防御等功能，是计算机防御系统的重要组成部分。常见的杀毒软件有火绒安全软件、金山毒霸、360 杀毒软件、360 安全卫士、腾讯电脑管家、卡巴斯基、迈克菲、小红伞等。

### 2.3.4　压缩解压软件

压缩是一种通过特定的算法来减小计算机文件大小的机制。经过压缩软件压缩的文件称为压缩文件。压缩后的文件是另一种文件格式，不能直接打开使用。如果要使用其中的数据，需要先使用压缩软件把数据还原，这个过程称为解压缩。常见的压缩软件有 winRAR、360 压缩、Bandizip、7-ZIP、好压等。

### 2.3.5　协作工具

协作工具软件是利用网络、计算机、信息化，实现多个用户共享、协同编辑，具有方便、快捷、高效率等特点的一种在线软件。常见的协作工具软件有 WPS 在线文档、腾讯文档等。

### 2.3.6　笔记工具

记笔记是一个非常好的习惯，如工作笔记、读书笔记、错题笔记，做笔记的过程其实就是回忆和反思的过程，能够很好地帮助提升自我。笔记工具软件是一款非常实用的工具软件，使用笔记工具记录的形式更加丰富，除了单纯的文字外，还可以记录表格、图像、录音、视频等多媒体资料，并可以实现云端同步，具有协同和分享功能。常用的笔记工具软件有幕布、印象笔记、有道云笔记、OneNote 等。

### 2.3.7　远程工具

远程工具软件是一种基于网络的，由一台计算机（主控端）远程控制另一台或者多台计算机（被控端或服务端）的应用软件。远程工具一般分客户端程序（Client）和服务器端程序（Server）两部分，通常将客户端程序安装到主控端的计算机上，将服务器端程序安装到被控端的计算机上。使用时，客户端和服务器端会建立一个特殊的远程服务，通过这个远程服务，可以远程控制服务端计算机。远程工具软件主要用于远程办公、远程教育、远程维护、远程协助等。常见的远程工具软件有 QQ 远程协助、向日葵远程控制、ToDesk、TeamViewer 等。

## 任务 2.3　安装办公软件 WPS Office

#### 1. 任务描述

在本学期计算机基础课程学习过程中，WPS Office 办公软件操作技能学习是非常重要的一部分。在正式开始 WPS 办公软件学习之前，请安装最新版 WPS 办公软件并试运行。

### 2. 任务要求

（1）访问金山官方网站，下载 WPS Office 软件（下载时请选择需要的版本，如 Windows 版、Android 版、Mac 版等）。

（2）运行下载的软件安装包 WPS_Setup.exe 进行安装，安装路径为 D:\WPS Office，且添加桌面快捷方式。

（3）试运行安装后的 WPS Office 办公软件，根据需要选择登录或以访客身份访问。

### 3. 任务效果参考

任务效果参考如图 2-63 所示。

图 2-63　任务效果参考

## 任务 2.4　安装压缩软件并使用

### 1. 任务描述

压缩软件是日常工作中常用的软件工具，可以简单将其理解为对文件进行打包。请在 Windows 10 系统中安装压缩软件，并按任务要求完成文件的压缩和解压。

### 2. 任务要求

（1）下载压缩软件 WinRAR 并安装。

（2）在 "C:\winks\mine\jone" 目录下将文件 young.txt 用压缩软件压缩为 young.rar，压缩完成后删除文件 young.txt。

（3）将 "C:\winks" 下的文件夹 great 和 C:\winks\job\lin" 下的文件 great.ss 用压缩软件压缩为 great.rar（提示：文件夹 great 与文件 great.ss 在压缩文件中是并列的位置），将压缩文件保存到 "C:\winks\mine\rar"（如果 rar 文件夹不存在请自行创建）文件夹中。

### 3. 任务效果参考（略）

# 第3章
# 计算思维与信息素养

## 本章知识结构

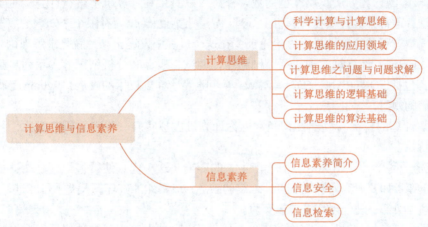

## 本章学习目标

- 掌握科学计算和计算思维的概念；
- 掌握利用问题求解的过程来解决问题；
- 了解计算思维的逻辑结构及算法结构；
- 理解信息素养的概念及评价的方法；
- 掌握规避信息风险的方法，并学会保护自己的信息安全；
- 掌握信息检索的几种方式，并能在实际生活中应用。

在人类进入信息时代、数字化生存逐渐成为常态的今天，一个国家的国民特别是青少年的信息素养将影响整个国家创新与发展的能力，也直接影响个体在社会中的生存机会和发展空间。同时，计算思维也引起广泛的重视，普及计算思维是国际大环境的需要，也是发展生产力的需要。

本章首先介绍计算思维的相关理论及方法，让学生学会应用计算思维来解决问题，然后介绍信息素养的相关知识，让学生能够掌握信息社会学习生活的规则和方法。

## 3.1 计算思维

### 3.1.1 科学计算与计算思维

**1. 科学计算**

（1）科学计算的定义。科学计算即数值计算，是指应用计算机处理科学研究和工程技术中所遇到的数学计算。在现代科学和工程技术中，经常会遇到大量复杂的数学计算问题，这些问题用一般的计算工具来解决非常困难，而用计算机来处理却非常容易。

（2）科学计算过程，主要包括建立数学模型、建立求解的计算方法和计算机实现三个阶段。

① 建立数学模型。建立数学模型就是依据有关学科理论对所研究的对象确立一系列数量关系，即一套数学公式或方程式。复杂模型的合理简化是避免运算量过大的重要措施。数学模型一般包含连续变量，如微分方程、积分方程。

② 建立求解的计算方法。离散型的数学模型可以直接在计算机上进行计算。对于包含连续型的数学模型，通常不能直接在计算机上处理，需要把问题转化为有限个未知数的离散形式。这时要对这种离散过程的合理性进行理论论证，在这个过程中发展出来的就是求解理论和方法。

③ 计算机实现。计算机实现包括编制程序、调试、运算和分析结果等一系列步骤。传统的程序设计语言包括 FORTRAN、C/C++、Java 等。随着计算机技术的发展，Python 等脚本语言也逐渐进入人们的视野。

（3）科学计算的特征。科学计算经常也称计算机虚拟实验。与实验研究相比，科学计算具有以下三个特点：

① 无损伤。科学计算不会对环境等产生大的影响，这一优点使得科学计算能够承担真实实验不能完成的事，如要研究海啸的破坏、地震的破坏、核爆炸的破坏，人类不可能进行真实实验，但可以进行科学计算，进行计算机虚拟实验。

② 全过程、全时空诊断。真实的实验，无论用多少种方法、多少种仪器，获得的系统演化的信息都是非常有限的，难以做到全过程、全时空诊断，而全过程、全时空的信息对于人们认识、理解与控制研究对象极为关键。与真实实验不同，科学计算完全可以做到全过程、全时空诊断。只要在应用程序中加入相关的输出程序，在进行科学计算时，研究人员就可以根据需要获得任何一个时刻、任何一个地点研究对象发展和演化的全部信息，使得研究人员可以充分了解和细致认识研究对象的发展与演化。

③ 低成本，短周期。科学计算可以用相对低成本的方式，短周期地、反复细致地进行，获得各种条件下研究对象的全面、系统的信息。

（4）科学计算流程。首先是为问题设计数学模型。当创建完数学模型后，接下来是开发算法。算法通常需要利用合适的编程语言和恰当的实现框架来实现。编程语言的选择是关键决策点，由应用的性能和功能需求决定。另一个重要的决策点是确定实现算法的框架。确定语言和框架之后，就可以实现算法并进行样本仿真了。可以对仿真的结果进行性能和准确率分析。如果实现的结果或效果不符合预期，则应该确定问题的根源。之后，需要回头改进数学模型，或者重新设计算法或其实现，并选择合适的编程语言和框架来实现算法。科学计算流程如图 3-1 所示。

**2. 计算思维**

（1）计算思维的定义。

思维作为一种心理现象，是人认识世界的一种高级反映形式。具体来说，思维是人脑对客观事物的一种概括的、间接的反映，它反映客观事物的本质和规律。

视频3.2：计算思维的定义与特征

科学思维是人类思维中运用于科学认识活动的部分，是对感性认识材料进行加工处理的方式与途径的理论体系，是在认识的统一过程中，对各种科学的思维方法的有机整合，是人类实践活动的产物。从人类认识世界和改造世界的思维方式出发，科学思维分为三类：理论思维、实验思维和计算思维，如图3-2所示。

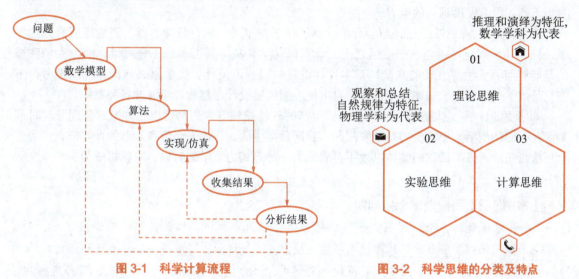

图 3-1　科学计算流程　　　　　　图 3-2　科学思维的分类及特点

计算思维（computational thinking，CT）起源于20世纪80年代，当时派珀特试图提倡和推动儿童学习编程。计算思维概念由美国卡内基·梅隆大学计算机科学系主任周以真教授于2006年提出。她认为，计算思维是运用计算机科学的基础概念进行问题求解、系统设计以及人类行为理解等涵盖计算机科学之广度的一系列思维活动。

> **【案例3-1】** 求 $n$ 的阶乘，用 $f(n)$ 表示，即 $f(n)=n!$。
>
> 用计算机求 $n!$ 有两种方法：递归方法和迭代方法。对于递归方法，写出递归形式 $f(n)=n\cdot f(n-1)$，也就是将计算 $f(n)$ 的问题分解成算 $f(n-1)$ 的问题，然后将计算 $f(n-1)$ 的问题分解成计算 $f(n-2)$ 的问题。依此类推，一直分解到 $f(1)$ 为止。由于 $f(1)=1$，因此可从 $f(1)$ 逐步回归计算到 $f(n)$。对于迭代方法 $f(1)=1$，根据 $f(1)$ 计算 $f(2)$，$f(3)$，…，$f(n-1)$，最后由 $f(n-1)$ 计算得到 $f(n)$。

（2）计算思维的特征。

计算思维的本质是抽象（abstraction）和自动化（automation）。抽象对应着建模，自动化对应着模拟。抽象就是忽略一个主题中与当前问题（或目标）无关的那些方面，以便更充分地注意与当前问题（或目标）有关的方面。计算思维中的抽象完全超越物理的时空观，并完全用符号来表示。其中，数字抽象只是一类特例。自动化就是机械地一步一步自动执行，以解题、设计系统和理解人类行为，其基础和前提是抽象。

计算思维具有下列的主要特征：

① 概念化，不是程序化。计算机科学不是计算机编程。像计算机科学家那样去思维意味着远不止能为计算机编程，还要求能够在抽象的多个层次上思维。

② 根本的，不是刻板的技能。根本技能是每一个人为了在现代社会中发挥职能所必须掌握的。刻板技能意味着机械重复。

③ 是人的，不是计算机的思维方式。计算思维是人类求解问题的一条途径，但绝非要使人类像计算机那样思考。计算机枯燥且沉闷，人类聪颖且富有想象力，是人类赋予了计算机激情。配置了计算设备，人们就能用自己的智慧去解决那些在计算时代之前不敢尝试的问题，实现"只有想不到，没有做不到"的境界。

④ 数学和工程思维的互补与融合。计算机科学在本质上源自数学思维，因为像所有其他科学一样，其形式化基础建筑于数学之上。计算机科学又从本质上源自工程思维，因为人们建造的是能够与真实世界互动的系统，基本计算设备的限制迫使计算机学家必须计算性地思考，不能只是数学性地思考。构建虚拟世界的自由使人们能够设计超越物理世界的各种系统。

⑤ 是思想，不是人造物。不只是人们生产的软件硬件等人造物将以物理形式呈现并时时刻刻触及人们的生活，更重要的是求解问题、管理日常生活、与他人交流和互动的计算概念。当计算思维真正融入人类活动的整体以致不再表现为一种显式之哲学的时候，它就将成为一种现实。

【案例3-2】哥尼斯堡七桥问题。

在哥尼斯堡的一个公园里，七座桥将普雷格尔河中两个岛以及岛与河岸连接起来，如图3-3所示。问：能否从这四块陆地中任意一块出发，恰好通过每座桥一次，再回到起点？

在很长时间里，这个问题一直没能得到解决，因为根据普通数学知识算出，若每座桥均走一次，这七座桥所有的走法一共有5 040种。为了解答这一问题，欧拉将问题抽象成图3-4所示的数学问题，答案就很明显了。欧拉的独到之处是把一个实际问题抽象成合适的"数学模型"，这就是计算思维中的抽象。

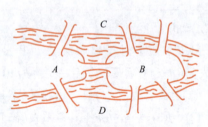 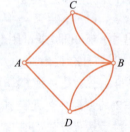

图3-3　哥尼斯堡七桥问题　　　　图3-4　哥尼斯堡七桥问题的抽象

（3）计算思维能力及培养。

计算思维能力就是在面对一个新问题时，能运用所有资源将其解决的能力。计算思维能力的核心是问题求解的能力。这种能力在发现问题、寻求解决问题的思路、分析比较不同的方案、验证方案的过程中得以验证。

① 计算思维与能力的关系。
- 计算思维与思维能力。

计算思维是人类求解问题的一条途径。过去，人们都认为计算机科学家的思维就是用计算机去编程，这种认识是片面的。计算思维不仅仅是程序化的，而是在抽象的多个层次上进行思维。

- 计算思维与应用能力。

计算机科学又从本质上源自工程思维，因为人们建造的是能够与实际世界互动的系统。目前，计算机应用已经深入各行各业，融入人类活动的整体，解决了大量计算时代之前不能解决的问题。

- 计算思维与创新能力。

创新是一个民族生存、发展和进步的原动力。计算思维能力的培养对每个人创新能力的培养至关重要。创新要靠科学素养和理解科学，靠科学的思想方法。

② 计算思维的培养。计算思维能力的培养可通过以下三个方法来实现：

- 深入了解计算机解决问题的思路，更好地应用计算机。
- 把计算机处理问题的方法用于各个领域，推动在各个领域中运用计算思维，更好地与信息技术相结合。
- 利用项目驱动或任务驱动教学模式，培养问题求解的抽象思维习惯和能力。

> **知识链接**：计算思维的操作性定义
>
> 2011年，国际教育技术协会（ISTE）和计算机科学教师协会（CSTA）给出了计算思维的操作性定义，并指出计算思维是一个用来解决问题的过程，它具有以下六个特点：①制定问题，能够使用外界工具如计算机和其他工具等帮助解决这个问题；②组织和分析数据，要符合逻辑；③通过抽象，如模型、仿真等，重现数据；④通过一系列有序的步骤也就是算法思想，支持自动化的解决方案；⑤识别、分析和实施可能的解决方案，找到最有效的方案，并且有效结合这些步骤和资源；⑥将该问题的求解过程进行推广并移植到更广泛的问题中。

## 3.1.2 计算思维的应用领域

随着人工智能、大数据、云计算、信息技术的发展，人类的思维方式正在发生变化，计算思维已经成为信息化时代必不可少的一部分。计算思维也从最早应用于计算机类学科中，如计算机编程、计算机应用等领域，逐步向其他学科、各个领域渗透，并潜移默化地影响和推动着各领域的发展，成为未来的发展趋势。

视频3.3：计算思维的应用

**1. 计算思维的应用领域**

（1）生物学。计算思维渗透到生物信息学中的应用研究，如从各种生物的 DNA 数据中挖掘 DNA 序列自身规律和 DNA 序列进化规律，可以帮助人们从分子层次上认识生命的本质及其进化规律。其中，DNA 序列实际上是一种用四种字母表达的语言。

（2）脑科学。脑科学是研究人脑结构与功能的综合性学科，以揭示人脑高级意识功能奥秘为宗旨，与心理学、理学、人工智能、认知科学和创造学等有着交叉渗透，是计算思维的重要体现。

（3）化学。计算机科学在化学中的应用包括化学中的数值计算、数据处理、图形显示、模式识别、化学数据库及检索、化学专家系统等。化学中，计算思维已经深入其研究的方方面面，绘制化学结构及反应式，分析相应的属性数据、系统命名及光谱数据等，无不需要计算思维支撑。

（4）法学。斯坦福大学的 CL 方法应用了人工智能、时序逻辑、状态机、进程代数、Petri

网等方面的知识。欺诈调查方面的POIROT项目为欧洲的法律系统建立了一个详细的本体论结构等。

（5）经济学。计算博弈论正在改变人们的思维方式。囚徒困境是博弈论专家设计的典型示例，囚徒困境博弈模型可以用来描述企业间的价格战等诸多经济现象。

（6）艺术。计算机艺术是科学与艺术相结合的一门新兴交叉学科，它包括绘画、音乐、舞蹈、影视、广告、书法模拟、服装设计、图案设计以及电子出版物等众多领域，均是计算思维的重要体现。

（7）其他领域。

① 工程学（电子、土木、机械、航空航天等）：计算高阶项可以提高精度，进而降低质量、减少浪费并节省制造成本；波音777飞机完全是采用计算机模拟测试的，没有经过风洞测试。

② 社会科学：统计机器学习被用于推荐和声誉服务系统，如Netflix和联名信用卡等。

**【案例3-3】** 导航路线的规划。

在没有导航软件的时候，人们想要规划从A点到B点的最近路线，可能要花费不少功夫，往往是根据经验进行判断，并不精确，很难有足够的时间和精力去寻找最优解。有了导航软件之后，导航路线的规划就变得简单且精确了，如图3-5所示。

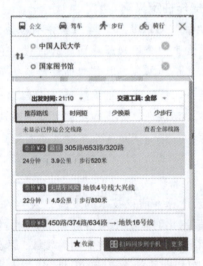

图 3-5　中国人民大学到国家图书馆路线规划

### 2. 计算思维的典型案例

（1）汉诺塔问题。印度古老传说：在贝拿勒斯，一块黄铜板上插着三根宝石针 $A$、$B$ 和 $C$。梵天在其中一根针上从下到上地穿好了由大到小的64片金片，这就是所谓的汉诺塔问题，如图3-6所示。

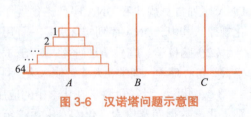

图 3-6　汉诺塔问题示意图

不论白天黑夜，总有一个僧侣在按下面的法则移动这些金片：一次只移动一片，不管在哪根针上，小片必须在大片上面。

如果把64片金片，由一根针上移到另一根针上，并且始终保持上小下大的顺序。这需要多少次移动呢？这里使用递归算法推演一下。

假设有 $n$ 片，移动次数是 $f(n)$，显然 $f(1)=1$，$f(2)=3$，$f(3)=7$，按此规律推导可得 $f(k+1)=2f(k)+1$，不难证明 $f(n)=2^n-1$。

当 $n=64$ 时，$f(64)=2^{64}-1=18\,446\,744\,073\,709\,551\,615$ 次，一年有 $31\,536\,000$ s，如果每秒移动一次，则 $18\,446\,744\,073\,709\,551\,615/31\,536\,000=5\,849$（亿年）。

（2）旅行商问题。旅行商问题（TSP）的描述：一位商人去 $n$ 个城市推销货物，所有城市走一遍后，再回到起点，问如何事先确定好一条最短的路线，使其旅行的费用最少。

城市数目为 4 时，组合路径数为 6，如图 3-7 所示。

城市数目为 $n$ 时，组合路径数为 $(n-1)!$。

当城市数目不多时，要找到最短距离的路线并不难。但随着城市数目的不断增大，组合路线数将呈指数级数规律急剧增长，以至到达无法计算的地步，这就是所谓的组合爆炸问题。

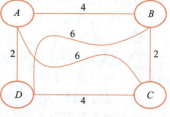

图 3-7 旅行商问题示意图

假如城市的数目增为 20 个，则组合路径数为

$$(20-1)! \approx 1.216 \times 10^{17}$$

若计算机以每秒检索 1 000 万条路线的速度计算也需要花上 386 年的时间。

### 3.1.3 计算思维之问题与问题求解

人类在认识自然和改造自然的过程中无时无刻不面临各种问题。要求回答或解答的题目、需要解决的矛盾和疑难，就是问题。思维产生于问题，只有意识到问题的存在，产生了解决问题的主观愿望，靠旧的方法手段不能奏效时，人们才能进入解决问题的思维过程。所以，问题求解是人们在生产、生活中面对新的问题时所引起的一种积极寻求答案的活动过程。基于计算思维的问题求解是计算科学的根本任务之一。计算科学随着问题的复杂化也发生了质的飞跃。既可用计算机完成数据处理、数值分析等问题，也可用计算机求解物理学、化学和心理学等领域的问题。

视频3.4：计算思维的问题求解流程

**1. 人类解决客观世界问题的思维过程**

计算机是人脑的延伸，要研究计算机解决问题的过程，需要从人解决问题的过程谈起。人类解决问题的思维过程如图 3-8 所示。

（1）发现问题。在人类社会的各个实践领域中，存在着各种各样的矛盾和问题，不断地解决这些问题是人类社会发展的需要。社会需要转化为个人的思维任务，即发现问题，是解决问题的开端和前提，并能产生巨大的动力，激励和推动人们投入解决问题的活动之中。历史上，许多重大发明和创造都是从发现问题开始的。能否发现重大的、有价值的问题，取决于下列多种因素。

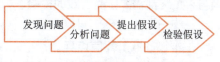

图 3-8 人类解决问题的思维过程

第一，依赖于个体对活动的态度。人对活动的积极性越高，社会责任感越强，态度越认真，越容易从司空见惯的现象中敏锐地捕捉到重大问题。

第二，依赖于个体思维活动的积极性。懒于思考、因循守旧的人难以发现问题，勤于思考、善于钻研的人才能从细微平凡的事件中发现关键性问题。

第三，依赖于个体的求知欲和兴趣爱好。好奇心和求知欲强烈、兴趣爱好广泛的人，往往不满足于已知的事实，力图探究现象中更深层的内部原因，经常发现意想不到的问题。

第四，取决于个体的知识经验。知识贫乏会使人对一切都感到新奇，刺激人提出许多不了解的问题，但所提的问题大都肤浅和幼稚，没有科学价值。知识经验不足限制和妨碍了对复杂问题的发现和提出。只有在某方面具有渊博知识的人才能发现和提出深刻而有价值的问题。

（2）分析问题。分析问题就是抓住关键，找出主要矛盾，确定问题的范围，明确解决问题方向的过程。一般来说，人们最初遇到的问题往往是混乱、笼统、不确定的，要顺利解决问题，就必须对问题所涉及的方方面面进行具体分析，以充分揭露矛盾，区分出主要矛盾和次要矛盾，使问题症结具体化、明朗化。

能否明确问题，首先取决于个体是否全面系统地掌握感性材料。只有在全面掌握感性材料的基础上，进行充分的比较分析，才能迅速找出主要矛盾；否则，感性材料贫乏，思维活动不充分，主要矛盾把握不住，问题也不会明朗。能否明确问题还依赖于个体的已有经验。经验越丰富，越容易分析问题，抓住主要矛盾，正确地对问题进行归类，找出解决问题的方法和途径。

（3）提出假设。解决问题的关键是找出解决问题的方案，即解决问题的原则、途径和方法。但这些方案不是简单地就能立即找到和确定的，而是先以假设的形式产生和出现。科学理论正是在假设的基础上，通过不断的实践发展和完善起来的。提出假设就是根据已有知识来推测问题成因或解决的可能途径。

假设的提出是从分析问题开始的。在分析问题时，人脑进行概略的推测、预想和推论，再有指向、有选择地提出解决问题的建议。假设的提出依赖一定的条件，已有的知识经验、直观的材料、尝试性的操作、语言的表述、创造性构想等都对其产生重要的影响。

（4）检验假设。所提出的假设是否切实可行，能否真正解决问题，还需要进一步检验。检验方法主要有两种。

一种是实践检验，这是一种直接的验证方法。它是按照假设去具体进行实验解决问题，再依据实验结果直接判断假设的真伪。如果问题得到解决就证明假设是正确的，否则假设就是无效的。例如，科学家通过做科学实验来检验自己的设想是否正确；人们常到实际生活中去做调查，了解情况，检验自己的设想是否符合实际。实践检验是最根本、最可靠的手段。

另一种间接验证方法则是根据个人掌握的科学知识通过智力活动来进行检验，即根据公认的科学原理、原则，利用思维进行推理论证，从而在思想上考虑对象或现象可能发生什么变化、将要发生什么变化，分析推断自己所立的假设是否正确。在不能立即用实际行动来检验假设的情况下，在头脑中用思维活动来检验假设起着特别重要的作用。如军事战略部署、解答智力游戏题、猜谜语、对弈、学习等智力活动，常用这种间接检验的方式来证明假设。当然，任何假设的正确与否最终都需要接受实践的检验。

> **【案例3-4】** 韩信点兵。
>
> 在一千多年前的《孙子算经》中有这样一道算术题："今有物不知其数，三三数之剩二，五五数之剩三，七七数之剩二，问物几何？"
>
> 经过分析问题，按照今天的话来说这个问题就是：一个数除以3余2，除以5余3，除以7余2，求这个数。
>
> 这个问题有人称之为"韩信点兵"。相传汉代大将韩信每次集合部队，都要求部下报三次数，第一次按1~3报数，第二次按1~5报数，第三次按1~7报数，每次报数后都要求最后一个人报告他报的数是几，这样韩信就知道一共到了多少人。
>
> 解决该问题的算法就是初等数论中的解同余式。

## 2. 借助计算机的问题求解过程

用计算思维实现问题求解，需要经过图3-9所示步骤。

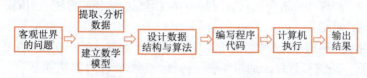

图3-9 借助计算机的问题求解流程

（1）通过分析题意，搞清楚问题的含义，明确问题的目标是什么，要求解的结果是什么，问题的已知条件和已知数据是什么，从而建立起逻辑模型，将一个看似很困难、很复杂的问题转化为基本逻辑（如顺序、选择和循环等）。

（2）对问题进行抽象，建立解决问题的数学模型。当所建的数学模型有多个模型可用时，需要对模型进行分析、归纳、假设等优化，选择最有效的模型。

（3）问题映射是将客观世界的实际问题映射成计算空间的计算求解问题，这样才能用计算机来求解。软件开发的过程就是人们使用各种计算机语言将现实世界映射到计算机世界的过程。

（4）将建立的数学模型转化成计算机所理解的算法和语言，也就是将数学模型映射或分解成计算机所理解的计算步骤。例如，计算机网络中路由器的算法可以看作一种最短路径算法的不足与另一种最短路径算法相对优点的争论问题。

（5）编写程序就是将所设计的算法翻译成计算机能理解的指令，即用某一种计算机语言描述算法，这就是计算程序。

（6）上机实践，完成问题求解。

在这个过程中，应始终以问题的抽象、问题的映射、问题求解算法设计等为主线索展开讨论。编写程序只不过是用一种计算机语言去实施问题求解，在问题求解的整个过程体现了计算思维的理念。程序设计是服务于问题求解的，而非问题求解是为了学会程序设计。

【案例3-5】输入一个年份，判断是否为闰年，并输出结果。

判断闰年的条件是：如果该年份能被4整除但不能被100整除，或者能被400整除，则该年份为闰年。判断一个数能否被另一个数整除，可以用取余运算，如果余数为0，则为整除。

算法流程图如图3-10所示。

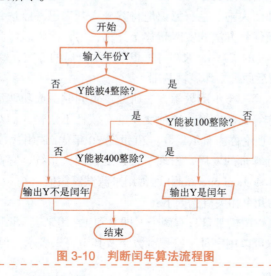

图3-10 判断闰年算法流程图

### 3. 两种问题求解过程的对比

传统意义下人类求解问题的思路和过程与借助计算机这一现代工具求解问题是有差异的。

人工解题过程：理解和分析所面临的问题→寻找解题的途径和方法→用笔、纸、计数器等工具进行计算→验证计算结果。

计算机解题过程：理解和分析所要求的问题→寻找解题的途径和方法→生成解题算法→选用一种算法语言根据算法编写程序→通过编辑、编译、连接产生计算机能够识别的指令序列→在计算机上执行该指令序列，检测结果。

人工解题与计算机解题的异同点见表 3-1。

表 3-1　人工解题与计算机解题的异同点

| 异同点 | 计算机解题 | 人工解题 |
| --- | --- | --- |
| 不同点 | 基本都要先确定数学模型（极个别问题除外），然后按数学模型进行计算 | 不一定需要数学模型，多半依靠解决同类问题的经验，一种方法行不通就换另一种，带有试探色彩 |
| | 借助计算机技术求解问题，需要一个语义明确、可行且有效的算法，并把算法描述出来，供程序设计者使用 | 传统意义下人类求解问题时，"心"中也有算法，即解决问题的方法和步骤，这些算法别人无法了解，只有"当事人"知道是怎么回事 |
| | 处理大量的数据，并且能够自动进行重复性操作，从而提高问题求解的效率，减少错误的可能性 | 善于分类、归纳、总结与推理，但对大量数据的处理与计算非常困难和低效 |
| | 擅长抽象的逻辑思维，刻板又机械，长时间重复也不会疲劳出错（除非硬件出故障） | 擅长形象思维，灵感（顿悟）与直觉有时候也很管用，但对数据很不敏感，长时间重复做一件事情容易疲劳和出错 |
| 相同点 | 都需要经过一定的流程，包含分析问题、找出解决问题方法、得出结果、验算结果等 | |

## 3.1.4　计算思维的逻辑基础

计算思维行使法则之中与人脑最为不同的一点在于思想与方法、思想与对象、对象与方法的分离，这也是计算机能达到高效与高性能运算的逻辑基础。

### 1. 逻辑运算定义

逻辑基础是指支撑事物运作的基本法则。因而，计算机思维的逻辑基础可以理解为，计算机在行使特定功能时，其运作方式背后的法则，即"分离"。

视频3.5：计算思维的逻辑基础

举例说明：所谓思想与方法的分离，是指在人脑中思想与方法的实现总是同时进行的，换言之，即使大脑总是有意识地将其分离开来思考以达到更高的效率，但效果总不遂人意。但是，通过硬件将方法的实践转移至计算机中，而将思考和总结方法的过程在人脑中实现（暂不考虑人工智能的实现），这样将思想与方法分离的方式无疑可以极大提升执行效率，而这也是计算机思维的背后原理，即逻辑基础。

逻辑运算又称布尔运算。布尔用数学方法研究逻辑问题，成功地建立了逻辑演算。他用等式表示判断，把推理看作等式的变换。这种变换的有效性不依赖人们对符号的解释，只依赖符号的组合规律。这一逻辑理论称为布尔代数。20 世纪 30 年代，逻辑代数在电路系统上获得应用，随后，由于电子技术与计算机的发展，出现了各种复杂的大系统，它们的变换规律也遵守布尔所揭示的规律。逻辑运算 (logical operators) 通常用来测试真假值。

逻辑运算经常用到的几个相关概念如下：

（1）逻辑常量与变量：逻辑常量只有两个，即 0 和 1，用来表示两个对立的逻辑状态。逻辑变量与普通代数一样，也可以用字母、符号、数字及其组合来表示，但它们之间有着本质区别，因为逻辑常量的取值只有两个，即 0 和 1，而没有中间值。

（2）逻辑运算：在逻辑代数中，有与、或、非三种基本逻辑运算。表示逻辑运算的方法有多种，如语句描述、逻辑代数式、真值表、卡诺图等。

（3）逻辑函数：由逻辑变量、常量通过运算符连接起来的代数式。同样，逻辑函数也可以用表格和图形的形式表示。

### 2. 逻辑运算表示方法

计算机中的逻辑运算又称"布尔运算"，常用的有五种：与运算、或运算、非运算、异或运算、同或运算。

逻辑运算只有两个布尔值：0，表示假值（False）；1，表示真值（True）。

（1）与（AND），运算符号为"×"、"·"或"∧"。

逻辑与运算的运算规则：全一为一，有零为零。即只有两个操作数都为 1 时，结果才为 1，其他情况均为 0（也可以说，只要有 0，结果就为 0），其真值表见表 3-2。

（2）或（OR），运算符号为"+"或"∨"。

逻辑或运算的运算规则：全零为零，有一为一。即只有两个操作数都为 0 时，结果才为 0，其他情况均为 1（也可以说，只要有 1，结果就为 1），其真值表见表 3-3。

表 3-2　逻辑与真值表

| 操作数 1 | 操作数 2 | 结果值 |
|---|---|---|
| 1 | 1 | 1 |
| 1 | 0 | 0 |
| 0 | 1 | 0 |
| 0 | 0 | 0 |

表 3-3　逻辑或真值表

| 操作数 1 | 操作数 2 | 结果值 |
|---|---|---|
| 1 | 1 | 1 |
| 1 | 0 | 1 |
| 0 | 1 | 1 |
| 0 | 0 | 0 |

（3）非（NOT），运算符号为"¬"。

逻辑非运算仅有一个运算操作数，所以是一元逻辑运算。运算规则：一变零，零变一。即操作数为 1 时结果为 0，操作数为 0 时结果为 1，其真值表见表 3-4。

（4）异或（XOR），运算符号为"⊕"。

逻辑异或运算的运算规则：相异为一，相同为零。即两个操作数不一样时结果为 1，两个操作数相同时结果为 0，其真值表见表 3-5。

表 3-4　逻辑非真值表

| 操作数 | 结果值 |
|---|---|
| 1 | 0 |
| 0 | 1 |

（5）同或（XNOR），运算符号为"⊙"。

逻辑同或运算的运算规则：相同为一，相异为零。其与异或运算规则相反，即两个操作数值相同时结果为 1，两个操作数不一样时结果为 0，其真值表见表 3-6。

表 3-5　逻辑异或真值表

| 操作数 1 | 操作数 2 | 结果值 |
|---|---|---|
| 1 | 1 | 0 |
| 1 | 0 | 1 |
| 0 | 1 | 1 |
| 0 | 0 | 0 |

表 3-6　逻辑同或真值表

| 操作数 1 | 操作数 2 | 结果值 |
|---|---|---|
| 1 | 1 | 1 |
| 1 | 0 | 0 |
| 0 | 1 | 0 |
| 0 | 0 | 1 |

### 3. 逻辑运算性质

常用逻辑运算定理如下：

交换律原 $A \cdot B = B \cdot A$，对偶式 $A+B=B+A$；
结合律原等式 $A(BC)=(AB)C$，对偶式 $A+(B+C)=(A+B)+C$；
分配律原等式 $A(B+C)=AB+AC$，对偶式 $A+BC=(A+B)(A+C)$；
自等律原等式 $A \cdot 1=A$，对偶式 $A+0=A$；
0-1 律原等式 $A \cdot 0=0$，对偶式 $A+1=1$；
互补律原等式 $A \cdot \overline{A}=0$，对偶式 $A+\overline{A}=1$；
重叠律原等式 $A \cdot A=A$，对偶式 $A+A=A$；
吸收律原等式 $A+AB=A$，对偶式 $A \cdot (A+B)=A$。

#### 4. 逻辑推理

推理是利用现有知识得出结论、做出预测或构建解释的过程。推理的三种方法是演绎推理、归纳推理和反演推理。演绎（deductive reasoning）、归纳（inductive reasoning）与反演（abductive reasoning，诱因推理、溯因推理）是科学研究甚至日常工作中的重要逻辑思维。

（1）演绎推理：结论保证正确。

演绎推理从一个一般规则的断言开始，并从那里得到一个有保证的具体结论。演绎推理从一般规则转移到具体应用：在演绎推理中，如果原始断言为真，那么结论也必须为真。

例如，数学是演绎的：如果 $x=4$，且 $y=1$，那么 $2x+y=9$。

在这个例子中，$2x+y$ 等于 9 是合乎逻辑的必然；$2x+y$ 必须等于 9。事实上，形式符号逻辑使用的语言与上面的数学等式非常相似，有自己的运算符和语法。

结论是正确的（真）或不正确的（假），取决于原始前提的真实性（因为任何前提都可能是真的或假的）。同时，独立于前提的真或假，演绎推理本身（从前提到结论的"连接点"的过程）要么有效，要么无效。即使前提为假，推理过程也可能有效。

> **【案例3-6】** 加州应对干旱计划。
>
> 西方没有干旱这样的东西。
>
> 加利福尼亚在西部。
>
> 加州永远不需要制订应对干旱的计划。
>
> 在上面的例子中，虽然推理过程本身是有效的，但结论是错误的，因为前提，即西方没有干旱，是错误的。如果三段论的任何一个命题都是错误的，那么它就会得出错误的结论。像这样的三段论看起来非常合乎逻辑——事实上，它是合乎逻辑的，但是，如果上述任何一个主张是错误的，那么基于它的政策决定（加州永远不需要制订应对干旱的计划）可能无法服务于公众利益。

假设命题是正确的，那么演绎推理的严格逻辑可以给出绝对确定的结论。然而，演绎推理不能真正增加人类的知识（它是非示范性的），因为演绎推理产生的结论是重言式陈述，包含在前提中，几乎不言而喻（这个断言值得推敲，因为由演绎得出的结论往往能解决具体问题）。因此，虽然通过演绎推理，人们可以进行观察并扩展含义，但不能对未来或其他未观察到的现象进行预测。

（2）归纳推理：结论仅仅是可能的。

归纳推理从特定且范围有限的观察结果开始，然后根据积累的证据得出可能但不确定的一般结论。可以说归纳推理是从具体到一般。许多科学研究是通过归纳法进行的：收集证据，寻找模式，形成假说或理论来解释所看到的东西。

归纳法得出的结论不是逻辑上的必然；任何归纳证据都不能保证这一结论。这是因为没有办法知道所有可能的证据是否都已经收集到了，也没有进一步的未观察到的证据可能会使假设失效。因此，尽管可能将科学研究的结论报道为绝对结论，但科学文献本身使用了更为谨慎的语言。

> **【案例3-7】** 医学问题的描述。
>
> 下面例子中加着重号的字表示谨慎，即归纳得出的可能结论的语言。
>
> 我们所看到的是这些细胞为肿瘤血管提供营养并治愈伤口周围血管的能力。研究结果表明，这些成体干细胞可能是临床治疗的理想细胞来源。例如，我们可以设想使用这些干细胞治疗癌症肿瘤。

因为归纳结论不是逻辑上的必然，因此归纳得到的论点并不完全是真理。然而，它们显得有说服力：也就是说，证据似乎是完整的、相关的，并且总体上令人信服，因此结论可能是正确的。

与演绎推理的一个重要区别是，虽然归纳推理不能得出绝对确定的结论，但它（归纳推理）实际上可以增加人类的知识。它可以对未来事件或尚未观测到的现象进行预测。

例如，爱因斯坦在五岁时观察到袖珍指南针的运动，并对指南针周围空间中看不见的东西导致指南针移动的想法着迷。这一观察结果，再加上额外的观察结果（如移动的火车）以及逻辑和数学工具的结果（演绎推理），形成了一条符合他的观察结果的规则，并可以预测尚未观察到的事件。

（3）反演推理：尽力而为。

反演推理通常从一组不完整的观察结果开始，然后对该观察结果进行最可能的解释。反演推理产生了一种日常决策，它能最大限度地利用手头的信息，而这些信息往往是不完整的。

医学诊断是反演推理的一种应用：考虑到这组症状，什么样的诊断能最好地解释大多数症状？

虽然令人信服的归纳推理要求可能阐明该主题的证据相当完整，无论是肯定的还是否定的，但反演推理的特点是证据或解释或两者都缺乏完整性。例如，患者可能无意识或未能报告每种症状，导致证据不完整，或者医生可能得出的诊断无法解释某种症状。尽管如此，医生必须做出最好的诊断。

反演推理过程可以是创造性的、直观的，甚至是革命性的。例如，爱因斯坦的工作不仅仅是归纳和演绎的，还涉及想象力和形象思维的创造性飞跃，而仅仅通过观察移动的火车和坠落的电梯似乎难以证明这一点。事实上，爱因斯坦的大部分工作都是作为"思维实验"完成的。到目前为止，他关于时空的卓越结论似乎是正确的，并继续在经验上得到验证。

### 3.1.5 计算思维的算法基础

计算机与算法有着不可分割的关系，可以说，没有算法就没有计算机，计算机无法独立于算法而存在，因此算法被誉为计算机的灵魂。但是，算法不一定依赖计算机而存在。算法可以是抽象的，实现算法的主体可以是计算机，也可以是人。只是多数时候，很多算法对于人来说过于复杂，计算工作量太大且常常重复，人脑难以胜任，算法就通过计算机来实现。

视频3.6：算法的概念与特性

### 1. 算法的概念

算法是对事物本质的数学抽象，看似深奥却体现着点点滴滴的朴素思想。因此，学习和研究算法能锻炼思维，使思维变得更加清晰、更有逻辑，对日后的学习和生活都会产生深远的影响。

算法定义为"在有限步骤内解决数学问题的程序"。如果运用在计算机领域中，我们也可以把算法定义成"为了解决某项工作或某个问题所需要的有限数量的机械性或重复性指令与计算步骤"。算法不但是人类使用计算机解决问题的技巧之一，也是程序设计中的精髓。算法常出现在规划和设计程序的第一步，因为算法本身就是一种计划，每一条指令与每一个步骤都是经过规划的，在这个规划中包含解决问题的每一个步骤和每一条指令。

在日常生活中有许多工作可以使用算法来描述，如员工的工作报告、宠物的饲养过程、厨师的食谱、学生的课程表等。各种搜索引擎都必须借助不断更新的算法来运行。特别是在算法与大数据的结合下，这门学科演化出"千奇百怪"的应用。例如当拨打某个银行信用卡客户服务中心的电话时，很可能会先经过后台算法的过滤，帮我们找出一名最"合我们胃口"的客服人员来与我们交谈。

**【案例3-8】生活中的算法应用——整理物品。**

人们在生活中都会对日常生活物品进行收纳和整理（见图3-11），看似简单的工作中也蕴含着算法。例如，在使用到某个物品时，通过设计一定的"搜索策略"有助于快速从存储结构中找到它。还可以根据使用频率来指定"优化策略"，优化之前的存储结构，使查找过程更加方便快捷。

图 3-11　日常收纳整理

### 2. 算法的基本特性

计算机科学家 Knuth 把算法的基本特性归纳为五项，如图 3-12 所示。

（1）有穷性（finiteness）。一个算法必须在执行有穷步之后结束，即任何算法必须在有限时间内完成。算法的执行步数是有限的，解必须在有限步内得到，不能出现"死循环"，任何不会终止的算法都是没有意义的。算法执行时间应该合理，这种合理性应该具体问题具体分析。例如，如果一个算法在计算机上要运行上千年，那就失去了实用价值，尽管它是有穷的。

图 3-12　算法的五项特性

（2）确定性（definiteness）。组成算法的每个步骤都是确定的、明确无误的。也就是说，算法中的每一步必须有确切的含义，理解时不能产生二义性，不能模棱两可，不能含糊不清。

**【案例3-9】西红柿炒鸡蛋。**

例如，生活中假定照着菜谱学做西红柿炒鸡蛋（见图3-13）。

这道菜的做法如下：

第1步：锅中放入少许油，加鸡蛋炒散。

第2步：放入切好的西红柿，煎炒到适当的时候放水。

第3步：翻炒一会，加入少量调味品。

第4步：淋入适量香油，出锅。

生活中可以按照这样的菜谱做菜，但让计算机执行这样的"算法"就不行，因为其中有"少许""适当""少量""适量"等不确定性的词汇。如果把这个菜的做法看作一个"算法"，那么这个算法是不满足确定性的。

图 3-13　西红柿炒鸡蛋

（3）可行性（effectiveness）。算法中的每一步操作都应是可以执行的，或者都可以分解成计算机可执行的基本操作。

【案例3-10】典型的不可行的操作。

（1）"公鸡下蛋"式的操作。比如，以 0 做分母，即便在数学中也是不可行的。

（2）想当然的操作。例如，算法中某一步要求方程 $f(x)=0$ 的根。计算机只是帮助人们计算，至于如何计算则是算法设计者或程序员的事。也就是说，如果人们不知道怎么求解一个问题，那么计算机也无能为力。

但像两个变量交换这样的算法步骤"$A \Leftrightarrow B$"是可行的，因为它可以分解成下面三个可执行的基本操作"$T \Leftarrow A, A \Leftarrow B, B \Leftarrow T$"。

（4）输入（input）。算法开始前，允许有若干输入量，也可以没有输入量。

（5）输出（output）。每种算法必须有确定的结果，产生一个或多个输出。"只开花不结果"的算法是没有意义的。

可见，算法是一个过程，这个过程由一套明确的规则组成，这些规则制定了一个操作的顺序，以便通过有限的步骤提供特定类型问题的解答。

### 3. 算法的表示

面对一个待求解的问题，求解的方法首先源于人的大脑，经思考、论证而产生。算法表示（描述）就是把这种大脑中求解问题的方法和思路用一种规范的、可读性强的、容易转换成程序的形式（语言）描述出来。

算法描述出来是为了交流和共享，一是提交给程序设计人员，作为编写程序代码的依据；二是供算法研究、设计与学习使用。常用的算法描述方法有自然语言、流程图、N-S 图、伪代码和程序设计语言五种。

视频3.7：算法的表示

（1）自然语言描述算法。

自然语言就是人们日常使用的各种语言，可以是汉语、英语、日语等。用自然语言描述算法的优点是通俗易懂，当算法中的操作步骤都是顺序执行时比较直观、容易理解。

【案例3-11】计算5！算法的自然语言描述。

第1步：令$t=1$；

第2步：令$i=2$；

第3步：使$t$与$i$相乘，将结果放在$t$中；

第4步：使$i$值加1；

第5步：若$i$的值不大于5，返回重新执行第三步至第五步；若$i$的值大于5，则算法结束。

用自然语言描述算法，其缺点也相当明显，主要表现在以下三个方面。

① 易产生歧义。自然语言往往要根据上下文才能判别其含义，书写没有严格的标准，只有人类才能理解和接受。

② 语句比较烦琐冗长，并且很难清楚地表达算法的逻辑流程。如果算法中包含判断、循环处理，尤其是这些处理的嵌套层数增多，自然语言描述其流程既不直观又很难表达清楚。

③ 自然语言表示的算法不便翻译成计算机程序设计语言。因此，自然语言常用于粗略地描述某个算法的大致情况。

（2）用流程图表示算法。

流程图（flow diagram）是一种相当通用的算法表示法，就是使用某些特定图形符号来表示算法的执行过程。为了让流程图具有更好的可读性和一致性，目前较为通用的是 ANSI（美国国家标准协会）制定的统一图形符号。表 3-7 列出了流程图中常见的图形符号。

表 3-7 流程图中常见的图形符号

| 名 称 | 说 明 | 符 号 |
| --- | --- | --- |
| 起止符号 | 表示程序的开始或结束 | ▭ |
| 输入/输出符号 | 表示数据的输入或输出结果 | ▱ |
| 过程符号 | 程序中的一般步骤，流程图中最常用的图形 | □ |
| 条件判断符号 | 条件判断的图形 | ◇ |
| 文件符号 | 导向某份文件 | ▭ |
| 流向符号 | 符号之间的连接线，箭头方向表示程序执行的流向 | ↓ → |
| 连接符号 | 上下流程图的连接点 | ○ |

结构化程序设计方法中规定的三种基本程序流程结构（顺序结构、选择结构和循环结构）都可以用流程图明晰地表达出来（见图3-14）。

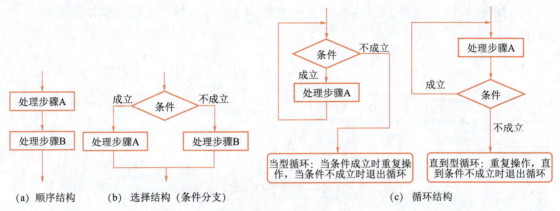

图 3-14 用流程图表示的基本程序流程结构

为了让他人容易阅读，绘制流程图应注意以下几点：
① 采用标准通用符号，符号内的文字尽量简明扼要。
② 绘制方向应自上而下，从左到右。
③ 连接线的箭头方向要清楚，线条避免太长或交叉。

【案例3-12】判断奇数和偶数。

判断 x 是奇数和偶数的流程图如图3-15所示。

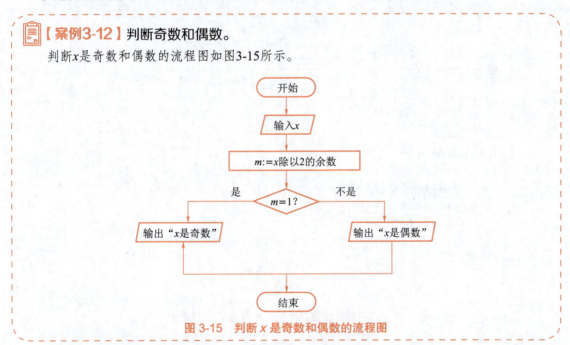

图 3-15 判断 x 是奇数和偶数的流程图

（3）用 N-S 图描述算法。

虽然用流程图描述的算法条理清晰、通俗易懂，但是在描述大型复杂算法时，流程图的流向线较多，影响对算法的阅读和理解。1973 年，美国学者 I. Nassi 和 B. Shneiderman 提出一种在流程图中完全去掉流程线，全部算法写在一个矩形框内，在框内还可以包含其他框的流程图形式，称为 N-S 图（以两个人的名字的头一个字母组成）。它比文字描述直观、形象、易于理解；比传统流程图紧凑易画，尤其是它废除了流程线，整个算法结构由各个基本结构按顺序组成，不可能出现流程无规律的跳转，而只能自上而下地顺序执行，表示的算法都是结构化的算法。

N-S 图使用矩形框来表达各种处理步骤和三种基本结构（见图 3-16），全部算法都写在一个矩形框中。

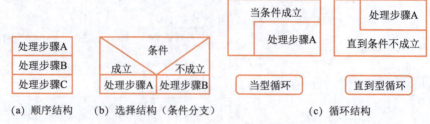

图 3-16 用 N-S 图表示的基本程序流程结构

【案例3-13】分别用自然语言、流程图和 N-S 图解决同一问题的算法描述。

问题：找出自然数1~1 000之间7的倍数分别用自然语、流程图和N-S图描述，如图3-17所示。

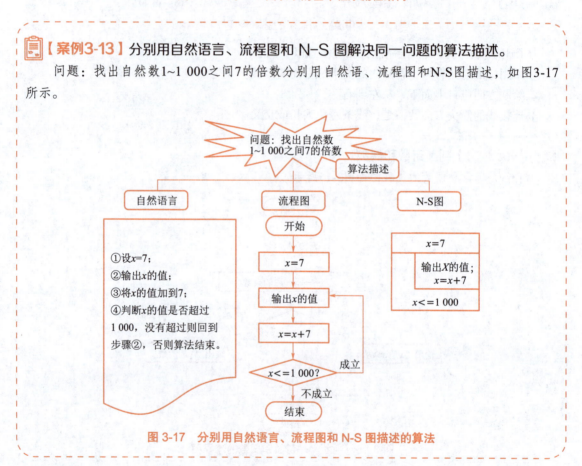

图 3-17 分别用自然语言、流程图和 N-S 图描述的算法

（4）伪代码。

为了避免自然语言的含混不清和防止歧义性，人们往往采用意义准确唯一且已形式化的类计算机语言来描述算法。伪代码是用在更简洁的自然语言算法描述中，用程序设计语言的流程控制结构来表示处理步骤的执行流程和方式，用自然语言和各种符号来表示所进行的各种处理及所涉及的数据（见图 3-18）。它是介于程序代码和自然语言之间的一种算法描述方法。这样描述的算法书写比较紧凑、自由，也比较好理解（尤其在表达选择结构和循环结构时），也更有利于算法的编程实现（转化为程序）。

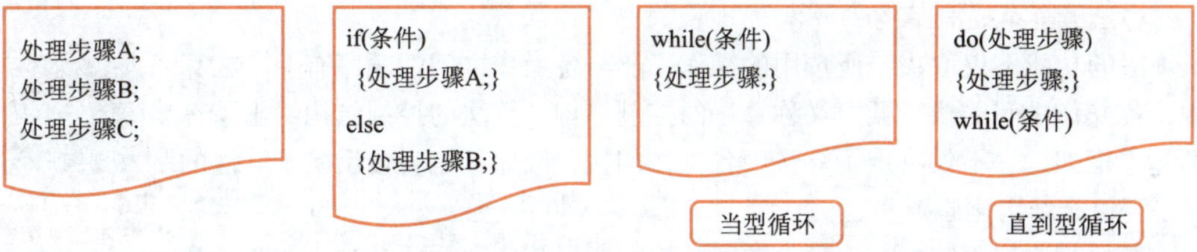

```
处理步骤A;          if(条件)              while(条件)           do(处理步骤)
处理步骤B;            {处理步骤A;}          {处理步骤;}          {处理步骤;}
处理步骤C;          else                                        while(条件)
                      {处理步骤B;}
```

|  (a) 顺序结构  |  (b) 选择结构（条件分支）  |  当型循环    直到型循环   |
|---|---|---|
| | | (c) 循环结构 |

**图 3-18  常见的三种流程结构的伪代码**

由于伪代码在语法结构上的随意性，目前并不存在一个通用的伪代码语法标准。人们以某些高级程序设计语言为基础，如 Pascal、C 语言等，经简化后进行伪代码的编写，这种编写出来的语言称为"类 Pascal 语言""类 C 语言"等。

**【案例3-14】** 输入三个数，判断能否构成三角形。

要构成三角形，必须要任意两边之和大于第三边。

算法主体用伪代码描述如下：

```
scanf(a,b,c);
if(a≤0 or b≤0 or c≤0)
    printf("输入不合法，无法构成三角形!");
else
    if((a+b>c) and (a+c>b) and (b+c>a))
        printf("可以构成三角形");
    else
        printf("无法构成三角形!");
```

（5）程序设计语言。

程序设计语言又称计算机语言，是一种人工语言即人为设计的语言，如 Pascal、VB、C、C++ 等。用计算机语言来描述算法，得到的结果既是算法也是程序，直接可以上机运行。算法最终都要通过程序设计语言描述出来（编程实现），并在计算机上执行。

计算机语言的语法非常严格，描述出来的过程过于复杂，对于学习算法设计的初学者来说，过早陷入程序设计语言的语法泥潭，难以抓住问题的本质。此外，计算机语言很多，且各有特点，到底用哪一种语言来描述算法，把算法变成程序又用哪一种语言，都要根据具体情况来分析。

**【案例3-15】** 求三个数中的最大数。

用 C 语言描述的算法如下：

```c
#include <stdio.h>
main()
{
    int x,y,z,max;
    scanf("%d,%d,%d",&x,&y,&z);
    if(x>y)
        max=x;
    else
        max=y;
    if(z>max)
        max=z;
    printf("最大值为:%d\n",max);
}
```

#### 4. 算法的基本控制结构

算法的功能不仅取决于所选用的操作，还与各操作之间的顺序有关。在算法中，各操作之间的执行顺序又称算法的控制结构。算法的控制结构给出了算法的基本框架，它不仅决定了算法中各操作的执行顺序，也直接反映了算法的设计是否符合结构化原则。

视频3.8：算法的基本控制结构

一般的算法控制结构有三种：顺序结构、选择结构和循环结构，如图 3-19 所示。

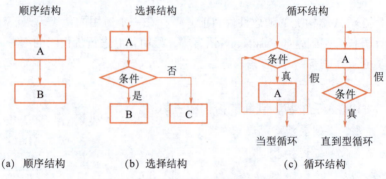

(a) 顺序结构　　(b) 选择结构　　(c) 循环结构

图 3-19　算法的三种控制结构示意图

（1）顺序结构。顺序结构是算法中最简单的一种结构。使用顺序结构的算法，使求解问题的过程按照顺序由上至下执行。顺序结构的特点是每条语句都执行，而且只执行一次。

【案例3-16】已知圆的半径，求圆的周长和面积。

已知圆的半径，求圆的周长和面积顺序结构流程图如图3-20所示。

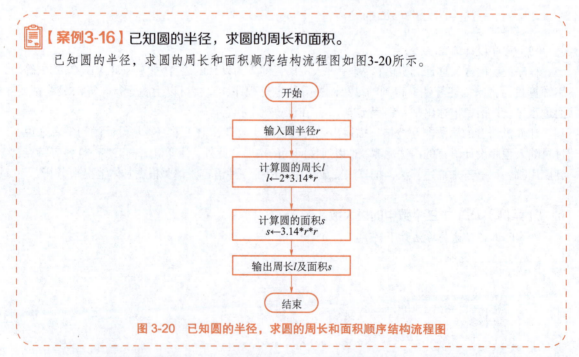

图 3-20　已知圆的半径，求圆的周长和面积顺序结构流程图

（2）选择结构。选择结构又称条件结构、分支结构或判断结构，在程序执行过程中，可能会出现对某门功课成绩的判断，大于或等于 60 分为"及格"，否则为"不及格"，这时就必须采用选择结构实现。选择结构的特点是程序中不是每条语句都被执行，根据条件选择语句的执行。

【案例3-17】从键盘输入一个整数，判断是否是偶数，若是，则输出"Yes"；否则输出"NO"。

判断是否是偶数选择结构流程图如图3-21所示。

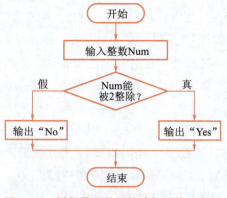

图 3-21　判断是否是偶数选择结构流程图

（3）循环结构。在程序中有许多重复的工作，因此没有必要重复编写相同的一组命令。此时，可以通过编写循环结构，让计算机重复执行这一组命令。循环结构的特点是程序中循环体内的语句能重复执行多次，直到条件为假结束。循环结构又称重复结构，即在一定条件下，反复执行某一部分的操作。循环结构又分为直到型循环结构和当型循环结构。

① 直到型循环结构。条件成立时，反复执行某一部分的操作。当条件不成立时退出。

② 当型循环结构。先执行某一部分的操作，再判断条件，当条件成立时，退出循环；条件不成立时，继续循环。

【案例3-18】计算$s=1+2+3+\cdots+100$。

流程图如图3-22所示。

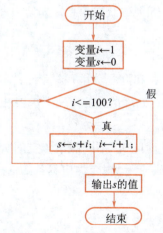

图 3-22　计算 $s=1+2+\cdots+100$ 的值的流程图

#### 5. 算法的评价

所谓算法评价,就是对问题求解的算法优劣的评定。目的在于从解决同一问题的不同算法中选出较为合适的算法,或是对原有算法进行改造、加工,使其更优。

算法评价的标准:

(1)算法的正确性:正确的算法能对每一个输入数据产生对应的正确结果并且终止。

(2)算法的复杂度:包括时间复杂度和空间复杂度,体现在运行该算法需要的计算机资源的多少。度量一个程序的执行时间通常有事后统计法和事前分析估算法。一个程序在计算机上运行时所消耗的时间取决于很多因素。算法的空间复杂度是指执行这个算法所需要的内存空间。

(3)算法的通用性:一个算法应设计为解决一类问题,而不是只为解决某个特定问题。

(4)算法的稳健性:当输入的数据为非法数据时,算法应恰当地做出反应或进行相应处理。度量一个程序的执行时间通常有事后统计法和事前分析估算法。

(5)算法的可读性:算法应该易于理解交流,实用价值高。

## 3.2 信息素养

信息素养是一种对信息社会的适应能力。信息素养已经成为现代人的基本素养之一。作为21世纪核心素养的重要组成部分,信息素养成为当前备受关注的热点问题,信息素养教育引起了世界各国越来越广泛的重视。青年学生的信息素养水平,不仅是衡量国家教育信息化水平的重要指标,同时也是建设教育强国、实现教育现代化的关键要素。

### 3.2.1 信息素养简介

#### 1. 信息素养的内涵

信息素养(information literacy)的本质是全球信息化需要人们具备的一种基本能力。信息素养包括:文化素养、信息意识和信息技能三个层面,即能够判断什么时候需要信息,并且懂得如何去获取信息,如何去评价和有效利用所需的信息。

信息素养涉及各方面的知识,是一个涵盖面很宽的能力,它包含人文的、技术的、经济的、法律的诸多因素,和许多学科有着紧密的联系。随着时代的进步,信息素养已经从简单的搜集、处理信息的定义上扩展开来,成为一个有丰富内涵的定义。信息素养的内涵与外延如图 3-23 所示。

视频3.9:信息素养的概念与要素

信息素养的内涵在不同时期(时间)、不同国家(空间)之间存在着较大差异。随着大数据、人工智能等新兴技术的广泛深入应用,对个体应具备的信息素养提出了新的要求,如图 3-24 所示。

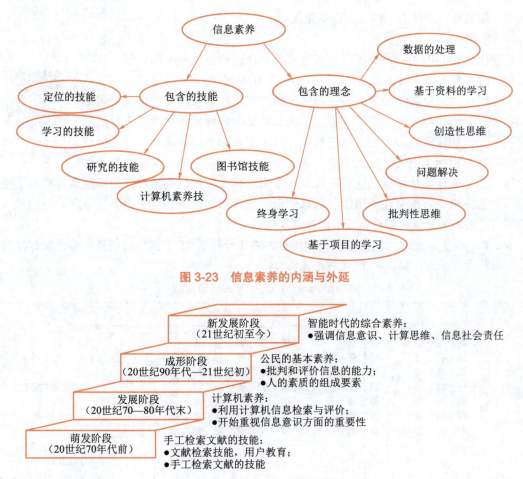

图 3-23 信息素养的内涵与外延

图 3-24 不同发展阶段的信息素养要求

## 2. 信息素养的要素

信息素养是一种基本能力，既需要通过熟练的信息技术，也需要通过完善的调查方法、通过鉴别和推理来完成，涉及信息知识与技术、信息法律和道德伦理等。一般认为信息素养包含以下四个要素：

（1）信息意识。信息意识是指对新信息的敏锐，保持追求新知识的热情，对信息在科学研究与实践以及人们从事的各项活动中的性质、价值及功能等的认识。

（2）信息知识。信息知识是指与信息相关的理论知识（如信息处理的方法与原则等）、信息技术知识（如计算机软件、硬件、应用等方面的知识，以及互联网、大数据、人工智能等新一代信息技术的知识）、信息道德知识（指人们需要遵循的信息管理政策、法律法规、信息伦理准则等）。

（3）信息能力。信息能力是信息素养的核心，是信息社会中人们在开展各项社会及职业活动时借助现代信息技术实现社会信息资源有效挖掘及利用的能力，具体包括信息捕捉获取、分析鉴别、处理加工、交流表达的能力。

（4）信息道德。信息道德是指人们在信息活动中应遵循的道德规范和行为规范，如保护知识产权、尊重个人隐私、抵制不良信息等。

信息素养的四个要素共同构成一个不可分割的统一整体，其中信息意识是先导，信息知识是基础，信息能力是核心，信息道德是保证。

### 3. 信息素养的评价指标

伴随信息素养内涵的不断演进，信息素养的评价指标也在不断改变，从注重低阶信息素养的培养向注重高阶信息素养的培育转变。

视频3.10：信息素养的评价指标

工业时代，大众媒体的单向传播特性，使得该阶段信息素养评价主要聚焦于信息使用、查找与获取、理解与吸收、评价等低阶素养，重在考察人对信息的解读、分析和评价能力。到了信息时代，赋予了人们更强的能动性，使得信息素养的评价指标也随之扩展到信息交流与分享、加工与整合以及生产与制作等方面，信息道德与法律也在这一阶段受到重视。智能时代的到来对人的信息素养提出了更高要求，信息安全、人机交互与协作、信息创新、信息思维以及终身学习等高阶素养开始进入人们的视野，并成为衡量人能否适应智能社会发展的关键指标。

表3-8呈现了智能时代信息素养评价指标，对比分析了15个典型的信息素养评价标准与模型所包含的测评指标，提炼出17个核心指标。

表 3-8 智能时代信息素养评价指标

| 时代 | 信息使用 | 信息查找与获取 | 信息理解与吸收 | 信息存储与管理 | 信息评价 | 信息呈现与分享 | 信息加工与整合 | 信息需求 | 信息交流 | 信息生产与制作 | 信息意识与态度 | 信息道德与法律 | 信息安全与监控 | 人机交互与协作 | 信息创新 | 信息思维 | 终身学习 | 相关标准与模型 |
|---|---|---|---|---|---|---|---|---|---|---|---|---|---|---|---|---|---|---|
| 智能时代 | √ | √ | √ | √ | √ | √ | √ | √ | √ | √ |  |  |  |  |  |  |  | 媒体和信息素养指标（UNESCO, 2010） |
|  |  | √ |  | √ |  | √ | √ | √ | √ | √ |  |  |  |  | √ |  |  | 全球媒体信息素养评估框架（UNESCO, 2013） |
|  | √ | √ | √ | √ | √ | √ | √ |  |  |  |  |  |  |  |  |  |  | 国际计算机与数字素养评估框架（IEA, 2018） |
|  |  | √ |  |  | √ |  |  | √ |  |  |  |  |  |  | √ | √ |  | 美国高等教育信息素养框架（ACRL, 2015） |
|  | √ | √ |  | √ |  | √ |  |  | √ | √ | √ | √ |  | √ | √ | √ | √ | 国际教育技术协会学生标准（ISTE, 2016） |

> **知识链接：信息素养VS信息技术技能**
>
> 信息技术支持信息素养，通晓信息技术强调对技术的理解、认识和使用技能。而信息素养的重点是内容、传播、分析，包括信息检索以及评价，涉及更宽的方面。它是一种了解、搜集、评估和利用信息的知识结构，既需要通过熟练的信息技术，也需要通过完善的调查方法、鉴别和推理来完成。信息素养是一种信息能力，信息技术是它的一种工具。
>
> 信息素养与运用信息技术的技能有关，但对个人、教育系统和社会而言，有着更广的内涵。信息技术的技能使个人通过对计算机、软件、数据库和其他技术的运用，从而实现各种各样学术性的、工作上的或个人的目标。具备信息素养的个人必然需要发展一些信息技术的技能。

#### 4. 信息素养能力表现

信息素养能力表现见表 3-9。

表 3-9 信息素养能力表现

| 序号 | 能力 | 能力描述 |
|---|---|---|
| 1 | 运用信息工具 | 能熟练使用各种信息工具，特别是网络传播工具 |
| 2 | 获取信息 | 能根据自己的学习目标有效地收集各种学习资料与信息，能熟练地运用阅读、访问、讨论、参观、实验、检索等获取信息的方法 |
| 3 | 处理信息 | 能对收集的信息进行归纳、分类、存储记忆、鉴别、遴选、分析综合、抽象概括和表达等 |
| 4 | 生成信息 | 在信息收集的基础上，能准确地概述、综合、履行和表达所需要的信息，使之简洁明了、通俗流畅并且富有个性特色 |
| 5 | 创造信息 | 在多种收集信息的交互作用的基础上，迸发创造思维的火花，产生新信息的生长点，从而创造新信息，达到收集信息的终极目的 |
| 6 | 发挥信息的效益 | 善于运用接收的信息解决问题，让信息发挥最大的社会效益和经济效益 |
| 7 | 信息协作 | 使信息和信息工具作为跨越时空的、"零距离"的交往和合作中介，使之成为延伸自己的高效手段，同外界建立多种和谐的合作关系 |
| 8 | 信息免疫 | 浩瀚的信息资源往往良莠不齐，需要有正确的人生观、价值观、甄别能力以及自控、自律和自我调节能力，能自觉抵御和消除垃圾信息及有害信息的干扰和侵蚀，并且完善合乎时代的信息伦理素养 |

#### 5. 提升个人信息素养的建议

随着信息技术与人们学习、工作、生活的深度融合，普遍认为信息素养已经是一个人在信息社会中一种基本的适应能力。大学生可以从以下方面提高自己的信息素养。

（1）掌握计算机、互联网的基本使用，具备基本的日常学习、办公应用的信息技术处理能力，能解决工作、学习及生活中常见的问题。

（2）了解信息技术的基本理论、知识和方法；了解现代信息技术在自己专业领域应用的基本知识。

（3）具备利用各种资源的能力，善于挖掘有用信息和浓缩有效信息，能够对信息内容进行深层加工，对信息去伪存真、去粗存精，掌握调查分析方法，独立思考，正确评价信息、应用信息。

（4）必须建立信息安全意识，尊重知识产权，遵守网络道德，遵守相关法律，合法地发布和利用信息。

### 3.2.2 信息安全

当前，大数据正在成为信息时代的核心战略资源，对国家治理能力、经济运行机制、社会生活方式产生深刻影响。与此同时，各项技术应用背后的数据信息安全风险日益凸显。近年来，有关数据泄露、数据窃听、数据滥用等安全事件屡见不鲜，保护信息安全已引起各国高度重视。党的二十大报告强调："加强个人信息保护。"

#### 1. 信息安全的定义及发展

（1）信息安全的定义。

信息安全，最早由国际标准化组织（ISO）的定义为：为数据处理系统建立和采用的技术、管理上的安全保护，为的是保护计算机硬件、软件、数据不因偶然和恶意的原因而遭到破坏、更改和泄露。

目前公认的信息安全指的是在信息产生、传输、交换、处理和存储的各个环节中，保证信息的机密性、完整性以及可用性不被破坏。假如信息资产遭到

视频3.11：
信息安全的定义
及发展

了损害，将可能会影响国家的安全、企业和组织的正常运作，以及个人的隐私和财产。信息安全的任务，就是要采取措施（技术手段及有效管理）让这些信息资产免遭威胁。

（2）信息安全的发展。

信息安全的发展可分为三个阶段，如图 3-25 所示。

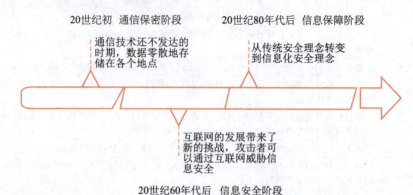

图 3-25　信息安全发展的三个阶段

第一个阶段为通信保密阶段。20 世纪初期，当时的网络还未普及，所有的数据或者说信息都是零散地保存在各个地方，没有网络即无法线上窃取数据信息，因此在通信保密阶段的信息安全只需要保证信息的物理安全以及通过密码来保证信息的保密安全即可。

第二个阶段为信息安全阶段。20 世纪 60 年代后，互联网的发展带来了许多信息安全的挑战，攻击者可以通过互联网来远程窃取重要信息数据，安全信息的重点也从原来的保密性、完整、可用性变为了保密性、完整、可用性、可控性以及不可否认性这五个原则和目标。

第三个阶段为信息保障阶段。20 世纪 80 年代后，从单纯的信息的安全阶段转变为业务的安全保障阶段。在这个阶段中，不仅仅要保障数据信息的安全不被破坏，还要建立一个安全的体系，以及相应的管理体系与管理人员。

> **知识链接**：中国企业在信息安全方面始终保持着良好记录
>
> 华为早就坦坦荡荡地向世界公开宣布，愿意签署无后门协议，也愿意在任何国家建立网络安全评估中心，接受外方检测。华为为全球170多个国家提供服务，没有任何国家拿得出华为产品存在安全威胁或者"后门"的证据。

**2. 信息安全的内容及风险**

（1）信息安全的内容。

信息安全包括硬件安全、软件安全、运行服务安全和数据安全四个部分。

① 硬件安全，即网络硬件和存储媒体的安全，要保护这些硬设施不受损害，能够正常工作。

② 软件安全，即计算机及其网络上的各种软件不被篡改或破坏，不被非法操作或误操作，功能不会失效，不被非法复制。

③ 运行服务安全，即网络中的各个信息系统能够正常运行并能正常地通过网络交流信息。通过对网络系统中的各种设备运行状况的监测，发现不安全因素能及时报警并采取措施改变不安全状态，保障网络系统正常运行。

视频3.12：
信息安全的内容
及风险

④数据安全,即网络中存在及流通数据的安全。要保护网络中的数据不被篡改、非法增删、复制、解密、显示、使用等。它是保障网络安全最根本的目的。

(2)信息安全的风险。

①计算机病毒的威胁。随着Internet技术的发展、企业网络环境的日趋成熟和企业网络应用的增多,病毒感染、传播的能力和途径也由原来的单一、简单变得复杂、隐蔽,尤其是Internet环境和企业网络环境为病毒传播、生存提供了环境。

②黑客攻击。黑客攻击已经成为近年来经常出现的问题。黑客利用计算机系统、网络协议及数据库等方面的漏洞和缺陷,采用后门程序、信息炸弹、拒绝服务、网络监听、密码破解等手段侵入计算机系统,盗窃系统保密信息,进行信息破坏或占用系统资源。

③信息传递的安全风险。企业和外部单位,以及国外有关公司有着广泛的工作联系,许多日常信息、数据都需要通过互联网来传输。网络中传输的这些信息面临着各种安全风险,如被非法用户截取从而泄露企业机密,非法用户假冒合法身份,发布虚假信息,给正常的生产经营秩序带来混乱,造成破坏和损失。

④身份认证和访问控制存在的问题。企业中的信息系统一般供特定范围的用户使用,信息系统中包含的信息和数据也只对一定范围的用户开放,没有得到授权的用户不能访问。为此,各个信息系统中都设计了用户管理功能,在系统中建立用户、设置权限、管理和控制用户对信息系统的访问。这些措施在一定程度上能够加强系统的安全性,但在实际应用中仍然存在一些问题,如部分应用系统的用户权限管理功能过于简单,不能灵活实现更详细的权限控制;各应用系统没有统一的用户管理,使用起来非常不方便,不能确保账号的有效管理和使用安全。

**3. 信息安全技术**

(1)入侵检测技术:在出现程序漏洞时用户必须要及时处理,可以通过安装漏洞补丁来解决问题。此外,入侵检测技术也乐意更加有效地保障计算机网络信息的安全性,该技术是通信技术、密码技术等技术的综合体。合理利用入侵检测技术用户能够及时了解到计算机中存在的各种安全威胁,并采取一定的措施进行处理。

视频3.13:
信息安全的技术
与目标

(2)防火墙以及病毒防护技术:用户可以使用防火墙有效控制外界因素对计算机系统的访问,确保计算机的保密性、稳定性以及安全性。病毒防护技术是指通过安装杀毒软件进行安全防御,并且及时更新软件,如金山毒霸、360安全防护中心、电脑安全管家等。病毒防护技术的主要作用是对计算机系统进行实时监控,同时防止病毒入侵计算机系统对其造成危害,对病毒进行截杀与消灭,实现对系统的安全防护。

(3)数字签名以及生物识别技术:数字签名技术主要针对电子商务,该技术有效地保证了信息传播过程中的保密性以及安全性,同时能够避免计算机受到恶意攻击或侵袭等问题发生。生物识别技术是指通过对人体的特征识别来决定是否给予应用权利,主要包括指纹、视网膜、声音等方面。

(4)信息加密处理与访问控制技术:信息加密技术是指用户可以对需要进行保护的文件进行加密处理,设置有一定难度的复杂密码,并牢记密码保证其有效性。访问控制技术是指通过用户的自定义对某些信息进行访问权限设置,或者利用控制功能实现访问限制,该技术能够使得用户信息被保护,也避免了非法访问此类情况的发生。

(5)安全防护技术:包含网络防护技术(防火墙、UTM、入侵检测防御等),应用防护技术

（如应用程序接口安全技术等）、系统防护技术（如防篡改、系统备份与恢复技术等），即防止外部网络用户以非法手段进入内部网络、访问内部资源、保护内部网络操作环境的相关技术。

（6）安全审计技术：包含日志审计和行为审计，通过日志审计协助管理员在受到攻击后查看网络日志，从而评估网络配置的合理性、安全策略的有效性，追溯分析安全攻击轨迹，并能为实时防御提供手段。通过对员工或用户的网络行为审计，确认行为的合规性，确保信息及网络使用的合规性。

（7）安全检测与监控技术：对信息系统中的流量以及应用内容进行2~7层的检测并适度监管和控制，避免网络流量的滥用、垃圾信息和有害信息的传播。

（8）解密和加密技术：在信息系统的传输过程或存储过程中进行信息数据的加密和解密。

（9）身份认证技术：用来确定访问或介入信息系统用户或者设备身份的合法性的技术，典型的手段有用户名口令、身份识别、PKI证书和生物认证等。

#### 4. 信息安全的目标及发展

（1）信息安全目标。

所有的信息安全技术都是为了达到一定的安全目标，其核心包括保密性、完整性、可用性、可控性和不可否认性五个安全目标。

① 保密性（confidentiality）是指阻止非授权的主体阅读信息。它是信息安全一诞生就具有的特性，也是信息安全主要的研究内容之一。通俗地讲，就是说未授权的用户不能够获取敏感信息。对纸质文档信息，只需要保护好文件，不被非授权者接触即可。而对计算机及网络环境中的信息，不仅要制止非授权者对信息的阅读，也要阻止授权者将其访问的信息传递给非授权者，以致信息被泄露。

② 完整性（integrity）是指防止信息被未经授权地篡改。它是保护信息保持原始的状态，使信息保持其真实性。如果这些信息被蓄意地修改、插入、删除等，形成虚假信息，将带来严重的后果。

③ 可用性（availability）是指授权主体在需要信息时能及时得到服务的能力。可用性是在信息安全保护阶段对信息安全提出的新要求，也是在网络化空间中必须满足的一项信息安全要求。

④ 可控性（controlability）是指对信息和信息系统实施安全监控管理，防止非法利用信息和信息系统。

⑤ 不可否认性（non-repudiation）是指在网络环境中，信息交换的双方不能否认其在交换过程中发送信息或接收信息的行为。

（2）信息安全发展

① 新数据、新应用、新网络和新计算成为今后一段时期信息安全的方向和热点，给未来带来新挑战。物联网和移动互联网等新网络的快速发展给信息安全带来了更大的挑战。物联网将会在智能电网、智能交通、智能物流、金融与服务业、国防军事等众多领域得到应用。物联网中的业务认证机制和加密机制是安全上最重要的两个环节，也是信息安全产业中保障信息安全的薄弱环节。移动互联网快速发展带来的是移动终端存储的隐私信息的安全风险越来越大。

② 传统的网络安全技术已经不能满足新一代信息安全产业的发展，企业对信息安全的需求不断发生变化。传统的信息安全更关注防御、应急处置能力，但是，随着云安全服务的出现，基于软硬件提供安全服务模式的传统安全产业开始发生变化。在移动互联网、云计算兴起的新形势下，简化客户端配置和维护成本，成为企业新的网络安全需求，也成为信息安全产业发展面临的新挑战。

③ 未来，信息安全产业发展的大趋势是从传统安全走向融合开放的大安全。随着互联网的发展，传统的网络边界不复存在，给未来的互联网应用和业务带来巨大改变，也给信息安全带来了新挑战。融合开放是互联网发展的特点之一，网络安全也因此变得正在向分布化、规模化、复杂化和间接化等方向发展，信息安全产业也将在融合开放的大安全环境中探寻发展。

### 3.2.3 信息检索

随着社会信息化的高速发展，人们开始进入大数据时代，如何在海量的信息中，精确找到目标信息，并能合理地利用该类信息获取价值，是提高当代大学生核心竞争力的有效途径。信息检索作为人类获得信息的主要手段与技术，在人类的知识传播和科学研究中具有承上启下的作用，是人类知识组织的超链接。近年来，随着社会政治经济的飞速发展，尤其是互联网技术的应用与发展，信息的增长与传播速度达到了前所未有的高度，也正因为如此，信息检索的作用更加凸显。

#### 1. 信息检索的定义及分类

（1）信息检索的定义。

信息检索起源于图书馆的参考咨询和文摘索引工作，19 世纪下半叶起步，至 20 世纪 40 年代，索引和检索成为图书馆独立的工具和用户服务项目。信息检索是知识管理的核心支撑技术，伴随知识管理的发展和普及，应用到各个领域，成为人们日常工作生活的重要组成部分。

视频3.14：
信息检索的分类与方法

信息检索有广义和狭义的之分。广义的信息检索全称为"信息存储与检索"，是指将信息按一定的方式组织和存储起来，并根据用户的需要找出有关信息的过程。狭义的信息检索为"信息存储与检索"的后半部分，通常称为"信息查找"或"信息搜索"，是指从信息集合中找出用户所需要的有关信息的过程。狭义的信息检索包括三个方面的含义：了解用户的信息需求、信息检索的技术或方法、满足信息用户的需求。

（2）信息检索的分类。

信息检索按照存储与检索对象、载体和实现查找的技术及检索途径可以分为不同的类型，见表 3-10。

表 3-10 信息检索类型划分

| 序号 | 检索类型 | 名称 |
| --- | --- | --- |
| 1 | 存储与检索对象 | 文献检索、数据检索、事实检索 |
| 2 | 载体和实现查找的技术 | 手工检索、机械检索、计算机检索 |
| 3 | 检索途径 | 直接检索、间接检索 |

> **知识链接**：信息检索是科学研究的向导
>
> 美国在实施"阿波罗登月计划"中，对阿波罗飞船的燃料箱进行压力实验时，发现甲醇会引起钛应力腐蚀，为解决此问题付出了数百万美元。事后查明，早在十多年前，就有人研究出了解决方案，方法非常简单，只需在甲醇中加入 2% 的水即可，检索这篇文献的时间是 10 多分钟。在科研开发领域里，重复劳动在世界各国都不同程度地存在。据统计，美国每年

> 由于重复研究所造成的损失,约占全年研究经费的38%,达20亿美元。日本有关化学化工方面的研究课题与国外重复的,大学占40%、民间占47%、国家研究机构占40%,平均重复率在40%以上。

#### 2. 信息检索四大要素

(1)信息检索的前提:信息意识。信息意识是人们利用信息系统获取所需信息的内在动因,具体表现为对信息的敏感性、选择能力和消化吸收能力,从而判断该信息是否能为自己或某一团体所利用,是否能解决现实生活实践中某一特定问题等一系列的思维过程。

(2)信息检索的基础:信息源。信息源即为满足某种信息需要而获得信息的来源。依据不同的方式,信息源有以下分类:

① 按照数字化记录形式可划分为书目信息源、普通图书信息源、工具书信息源、报纸期刊信息源、特种文献信息源、数字图书馆信息源、搜索引擎信息源。

② 按文献载体可划分为印刷型、缩微型、机读型、声像型等。

③ 按出版形式可划分为图书、报刊、研究报告、会议信息、专利信息、统计数据、政府出版物、档案、学位论文、标准信息(它们被认为是十大信息源,其中后八种称为特种文献。教育信息资源主要分布在教育类图书、专业期刊、学位论文等不同类型的出版物中)。

④ 按文献内容和加工程度可划分为一次信息、二次信息、三次信息。

(3)信息检索的核心:信息获取能力。信息获取能力包括了解各种信息来源、掌握检索语言、熟练使用检索工具、能对检索效果进行判断和评价等。

(4)信息检索的关键:信息利用。获取学术信息的最终目的是通过对所得信息的整理、分析、归纳和总结,根据自己学习、研究过程中的思考和思路,将各种信息进行重组,创造出新的知识和信息,从而达到信息激活和增值的目的。

#### 3. 信息检索的方法

信息检索方法包括普通法、追溯法和分段法三种。

(1)普通法是利用书目、文摘、索引等检索工具进行文献资料查找的方法。运用这种方法的关键在于熟悉各种检索工具的性质、特点和查找过程,从不同角度查找。普通法又可分为顺检法和倒检法。顺检法是从过去到现在按时间顺序检索,费用多、效率低;倒检法是逆时间顺序从近期向远期检索,它强调近期资料,重视当前的信息,主动性强,效果较好。

(2)追溯法是利用已有文献所附的参考文献不断追踪查找的方法。在没有检索工具或检索工具不全时,此法可获得针对性很强的资料,查准率较高,查全率较差。

(3)分段法是追溯法和普通法的综合,它将两种方法分期、分段交替使用,直至查到所需资料为止。

信息检索流程如图3-26所示。

① 确定研究内容并进行需求分析。针对待研究的问题,分析检索目标,明确检索要求,包括明确课题的主题内容、研究要点、学科范围、语种范围、时间范围和需要检索的文献类型等。

② 选择检索工具。提供线索的指示型检索工具(二次文献):书目、馆藏目录、索引、文摘、工具书指南;提供具体信息的参考工具(三次文献):词典、引语工具书、百科全书、类书、政书、传记资料、手册、机构名录、地理资料、统计资料、年鉴、表谱图册、政府文献等。

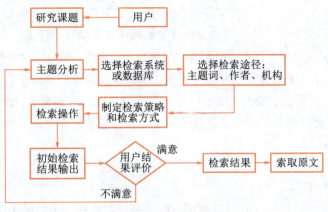

图 3-26 信息检索流程

③ 检索信息。依据检索工具的特点，制定检索策略和检索的方式，获取信息。

④ 分析和整理检索结果。对检索结果，评估检索质量，筛选出符合课题要求的相关文献信息。必要时可调整检索策略，或选择其他信息检索系统再次检索。

> **知识链接：文献检索工具与服务平台**
>
> （1）SCI（science citation index）是一部国际性索引，包括自然科学、生物、医学、农业、技术和行为科学等，主要侧重基础科学。所选用的刊物来源于94个类、40多个国家、50多种文字，这些国家主要有美国、英国、荷兰、德国、俄罗斯、法国、日本、加拿大等，也收录一定数量的中国刊物。
>
> （2）EI是美国工程信息公司（engineering information inc.）出版的著名工程技术类综合性检索工具。收录文献几乎涉及工程技术各个领域。例如，动力、电工、电子、自动控制、矿冶、金属工艺、机械制造、土建、水利等。
>
> （3）ISTP由美国科学情报研究所编辑出版。该索引收录生命科学、物理与化学科学、农业、生物和环境科学、工程技术和应用科学等学科的会议文献，包括一般性会议、座谈会、研究会、讨论会、发表会等。其中工程技术与应用科学类文献约占35%，其他涉及学科基本与SCI相同。
>
> （4）Seek68文献馆针对海量中外文献数据库整合汇总检索平台。中外文献基本都可以检索下载到。
>
> （5）百度学术是一个提供海量中英文文献检索的学术资源搜索平台，涵盖了各类学术期刊、学位、会议论文，旨在为国内外学者提供最好的科研体验。
>
> （6）中国知识资源总库（CNKI），也称中国知网，是国家知识基础设施的概念，由世界银行于1998年提出。经过多年与期刊界、出版界及各内容提供商达成合作，中国知网已经发展成为一个综合类的学术数据库，收录的文献涵盖期刊、博士论文、硕士论文、会议论文、报纸、工具书、年鉴、专利、标准、国学、海外文献资源等。
>
> （7）万方数据知识服务平台由万方数据公司开发，是一个涵盖期刊、会议纪要、论文、学术成果、学术会议论文等多种文献类型的大型网络数据库，收录的文献以中文文献为主。

搜索引擎根据一定的策略、运用特定的计算机程序从互联网上搜集信息，并对信息进行组织和处理后，为用户提供检索服务，将相关的信息展示给用户。搜索引擎有综合和专类两种。

① 综合（通用）搜索引擎：是将所有网站上的大量信息进行整合，如百度等。

② 专类（垂直）搜索引擎：更专注于特定的搜索领域和搜索需求，如价格搜索、旅游搜索、小说搜索、视频搜索等。相比通用搜索引擎，垂直搜索引擎更加"专、精、深"，且具有行业色彩。

#### 4. 信息检索的工具

因特网的迅猛发展使其所含的信息数量急剧增长，在这样一个浩瀚无边的信息空间里，快速查找并获取所需要的信息已成为人们最迫切的需求之一。为了帮助人们从网络信息的汪洋大海之中将对自己有价值的部分搜寻、挑选出来，信息检索工具应运而生。

视频3.15：信息检索的工具

信息检索工具实际上就是一种计算机系统，它经由因特网实现信息的检索，检索的内容一般都是已传入并存储在因特网网络结构内的各种信息。信息检索工具按其检索方式与所对应的检索资源大体分为以下几种类型：

（1）FTP（文件传输协议）类的检索工具。这是一种实时的联机检索工具，用户首先要登录到对方的计算机，登录后即可以进行文献搜索及文献传输有关的操作。使用FTP几乎可以传输任何类型的文件，如文本文件、二进制文件、图像文件、声音文件、数据压缩文件等。在这类检索工具中，Archie是最常用的。Archie是自动标题检索软件，它借助于FTP来访问。用户只需告诉其要检索文件名的有关信息便可获得文件所在的主机名、路径。有了这些信息后，用户可以利用FTP获得自己想要的文件。与一般检索工具不同的是，它不用主题来实现相应的检索，而只能根据文件名和目录名进行检索。

（2）基于菜单式的检索工具。这类检索工具是一种分布式信息查询工具，它将用户的请求自动转换成FTP或Telnet命令，在一级一级的菜单引导下，用户可以选取自己感兴趣的信息资源。这对于不熟悉网络资源、网络地址和查询命令的用户是十分简便的方法。在这类检索工具中最常见的是Veronica和Jughead。Veronica用于检索可由Go-pher菜单访问的信息资源，是与Gopher配套的检索工具。它根据用户给出的检索词进行检索，可检索文件名、目录名、文档及其他信息资源。

（3）基于关键词的检索工具。WAIS（wide area information serve）信息服务软件是基于关键词的检索工具。使用WAIS，用户不必操心检索信息在网络中的哪台计算机上，也不用关心如何去获取这些文件。WAIS检索步骤如下：先从WAIS给出的数据库中选择自己希望检索的数据源名称；在选定的数据源范围内进行关键词检索，系统会自动进行远程检索；查询完成后，WAIS在显示检索结果时，将结果与检索词按相关度权数大小排列，供用户选择；WAIS不仅可以显示文件的出处，而且可以显示文件中的信息，供用户联机浏览。

（4）基于超文本式的检索工具。WWW是一种基于超文本方式的信息查询工具，通过将位于全世界因特网上的各站点的相关数据库信息有机地编织在一起，从而提供一种界面友好的信息查询接口，用户只需要提出查询要求，至于到什么地方查询以及如何查询均由WWW自动完成。WWW上的检索工具按其搜索的数据库类型可划分为指南类和检索类。指南类的数据库包括了 Web 文档标题索引树、URL 和描述信息的数据库，而且包含部分文档的关键词、摘要，甚至全文信息。这类程序库是由程序来创建和维护的，用户可以依靠这些程序定期访问 LycoS、Web2Crawler、Alta、Vista、Excite、InfoSeek 等。WWW 上的检索工具不仅可以搜索 WWW 上的信息，也可以搜索因特网上的其他信息资源，如 FTP、Gopher、新闻组等。

（5）多元搜索引擎。多元搜索引擎是将多个搜索引擎集成在一起，并提供一个统一的检索界面，且将一个检索提问同时发送给多个搜索引擎，同时检索多个数据库，再经过聚合、去重之后输出检索结果。其优点是省时；其缺点是由于不同搜索引擎的检索机制、所支持的检索算法、对提问式的解读等均不相同，导致检索结果的准确性差，且速度慢。

### 5. 信息检索的技巧

在日常的学习和生活中，人们常常需要去检索一些需要的信息，但在面对海量的信息时，又该如何提高自己的检索效率呢？接下来重点介绍信息检索的策略以及常用的技巧。

（1）选择信息源。检索信息源决定了能够获得想要信息的基础概率。比如，想去找一些权威的研究论文，那么肯定不会去微信；如果想知道附近哪个地方有好吃的，也不会去专利网站。我们要在正确的地方找信息，首先需要基于信息源的类型。

① 研究类，如专业期刊、专利网站等，每个行业都有自己的专业期刊，而对于期刊类还有专门的论文检索方法。

② 通用类，如必应、百度等，它们背后链接了大量的信息，且自身自带一些很好的检索式。

③ 生活类，如各种生活类 App 等。

（2）构建检索式——关键词。关键词需要和要检索的内容有很强相关性，且具有实质意义。不建议使用句子去搜索。对于怎么去确定关键词，保证结果尽量准确、全面，有以下几个原则：

① 关键词通常要具有较高的"特异性"和"指向性"，也就是说和普通的词有较高的区分度。对于一些比较陌生的领域，不知道用哪个词时，可以先找一篇相关的内容，从它的题目和摘要中提取关键词。

② 注意关键词相似的表达方式。比如，对于声学专业，检索中可能就会用到 sound、acoustic、sonic、audio 等。

③ 关键词不局限于词语，还可以是图片和声音等。

（3）构建检索式——运算符。确定了关键词（可能是多个）之后，接下来就是通过运算符将这些关键词进行组合，从而提高检索的精度和效果。运算符有很多种，重点介绍以下几种：

① 布尔运算（AND、OR、NOT）。这是最常用的，也是所有搜索引擎和检索系统都会有的功能，具体用法见表 3-11。

表 3-11 布尔运算符

| 运算符 | 说明 |
| --- | --- |
| AND | 检索结果必须同时满足两个条件，检索包含所有关键字的文献。例如：<br>标题：运动 AND 健身<br>检索标题中同时含有运动和健身的文献 |
| OR | 检索结果只要满足其中任意一个条件即可，用于检索同义词或者词的不同表达形式。例如：<br>标题：运动 OR 锻炼 OR 健身<br>检索标题中只要包含其中任何一个关键词的文献 |
| NOT | 在满足前一个条件的检索结果中不包括满足后一个条件的检索结果，以排除含有某一特定关键字的数据。例如：<br>标题：运动 NOT 健身<br>检索含有运动的数据，排除含有健身的文献 |

②完整包含（双引号""）。如果想让某段话"完整复现"在检索结果中，就加上双引号（注意大部分情况是需要是英文的双引号），可以缩小检索范围，让结果更加准确，如图 3-27 所示。其格式为 "A"。

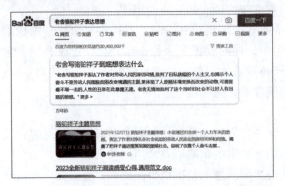 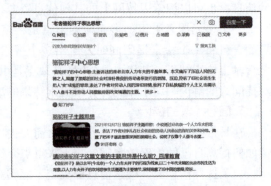

　　　　（a）未使用双引号　　　　　　　　　　　　（b）使用双引号

图 3-27　使用双引号后检索对比

③星号（*）。通配符"*"可代替任何文字，一般可以用来搜索只记得一部分的成语、诗句，或者是一些描述广泛的东西，如图 3-28 所示。其格式为 A * B。

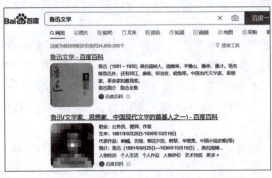 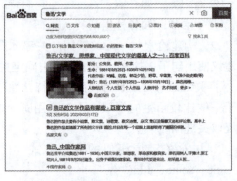

　　　　（a）未使用双引号　　　　　　　　　　　　（b）使用双引号

图 3-28　使用双引号后检索对比

④文档类型（filetype）。如果想直接找相关文档，搜索特定文件格式，这个很有效，如图 3-29 所示。其格式为 A filetype:pdf（A 后有空格，符号为英文状态）。

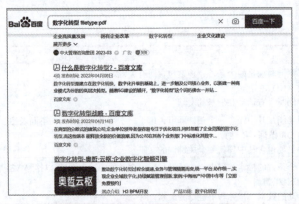

图 3-29　查找数字化转型的 pdf 文档

⑤ 限定时间。搜索特定时间段的资料，如图 3-30 所示。其格式为 A 2017..2018（时间段间的符号同为英文状态下）。

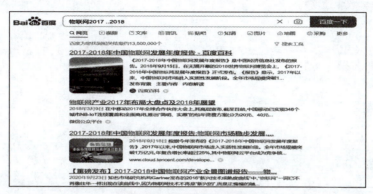

图 3-30　限定时间查找

⑥ site。搜索某网页中的内容。如果想在特定的网站搜索，可以使用 site，如只是人民网的新闻，如图 3-31 所示。其格式为关键词 site 网址（注意有两个空格）。

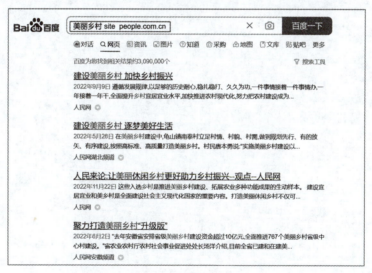

图 3-31　站内查找

# 第 2 篇

# WPS办公软件

WPS是由北京金山办公软件股份有限公司自主研发的文字编辑系统，是集合文字、表格、演示、PDF编辑、智能脑图、流程图等功能于一体的办公软件。它集编辑与打印为一体，具有丰富的全屏幕编辑功能，而且提供各种控制输出格式及打印功能，使打印出的文稿即美观又规范，能满足各界文字工作者编辑、打印各种文件的需要和要求。WPS Office具有内存占用低、运行速度快、云功能多、强大插件平台支持、提供在线存储空间及文档模板的优点。

本篇重点介绍WPS文字、WPS表格、WPS演示以及部分WPS特色功能。在此之前，首先介绍WPS的"首页"和"新建"这两个特殊的标签。

### 1. WPS的"首页"

WPS的"首页"是一个特殊的标签页，始终默认置于标签栏的最左侧，用于快速开始和延续各类工作任务。主要包括：

（1）全局搜索框：搜索文档、应用、模板、技巧等。

（2）设置：可以进行意见反馈、皮肤设置、全局设置等。

（3）账号：未登录账号时，单击此处可打开登录窗口；登录成功后则显示用户名和头像，以及用户的会员状态。同时可以单击打开个人中心进行账号管理。

（4）主导航：可快速定位和访问文档或服务，包括核对固定服务区域（如文档、日历）、自定义区域（如稻壳、应用等）。可进入应用中心预置应用到主导航。

（5）文件列表：帮助快速访问和管理文件。

（6）文件详情面板：用于显示选定文件的相关协作状态或快捷命令。

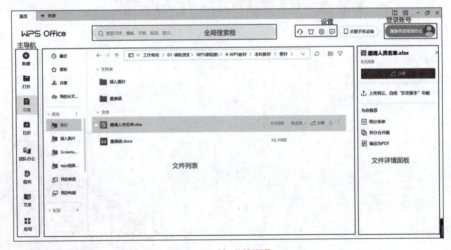

WPS的"首页"

### 2. WPS的"新建"

WPS的"新建"与其他办公软件"新建"不同，WPS的"新建"界面同样是一个特殊的标签页的形式，提供了包括WPS文字、WPS表格、WPS演示、流程图、脑图、PDF文档等在内的多种办公文档类型的创建。尽管不同版本WPS的"新建"标签页略有差异，但基本都包括：

（1）个人资料：显示WPS账号和会员等相关信息。

（2）文档类型选区：选择要创建的文档类型。

（3）模板搜索框：可快速搜索想要的模板。

（4）空白文档：可新建所选类型的空白文档。

（5）模板类型选区：可分类查找需要的模板，并快速创建模板文档，提高效率。

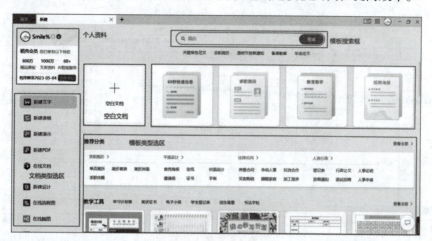

WPS 的"新建"

### 3. WPS 工作界面

WPS 不同组件的工作界面有着基本一致的机构，主要区域包括：

（1）标签栏：用于标签切换和窗口控制，包括标签区（访问/切换/新建文档）、窗口控制区（切换/关闭/缩放工作窗口）、账号管理区（登录/切换/管理账号）。

（2）"文件"菜单：固定在界面左上角，除了提供常用的新建、保存、打印等命令外，整合了最近使用的文件列表，方便快速打开最近使用过的同类型文档。

（3）快速访问工具栏：用于放置高频使用的命令，以便快速找到并使用其功能。一般包括"保存"、"输出为 PDF"、"打印"、"打印预览"、"撤销"和"恢复"六个命令按钮，同时可通过右侧拓展菜单选择并自定义该工具栏中的快速访问工具。

（4）选项卡：WPS 拥有海量的编辑功能，并分类别整理到了不同的选项卡下，单击选项卡标签可以切换到不同的选项卡功能面板，各选项卡下包含不同的命令控件。WPS 选项卡分为"标准选项卡"和"上下文选项卡"。

①标准选项卡：可以根据编辑需要自主切换的选项卡（一直固定存在的），WPS 不同组件的标准选项卡略有不同。

②上下文选项卡：因为文档中的部分内容或对象具有自身的特殊操作，因此当选中或编辑它们时，选项卡区域会自动加载用于执行特定操作的附加选项卡，这类选项卡被称为"上下文选项卡"，如"页眉页脚""文本工具"选项卡等。

（5）选项卡功能面板：存放各选项卡下的具体功能按钮。

（6）快捷搜索框：主要用于搜索功能入口和使用帮助，位于选项卡右侧。

（7）协作状态区：用于展示文档的云同步状态和协作状态，并可以快速发起文档协作和分享。

（8）编辑区：内容编辑和呈现的主要区域，包括文档页面、标尺、滚动条等，WPS 表格还包括名称框、编辑栏、工作表标签栏，WPS 演示组建还包括备注窗格。

（9）导航窗格和任务窗格：提供视图导航或高级编辑功能的辅助面板，一般位于编辑界面的两侧，执行特定命令操作时将自动展开显示。

（10）状态栏：显示文档状态，并提供视图控制。

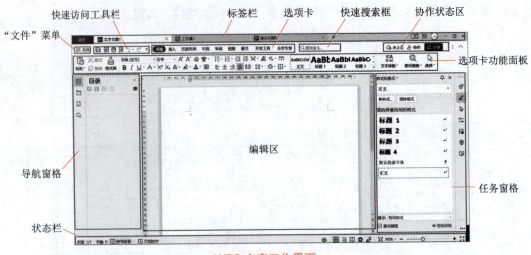

WPS 文字工作界面

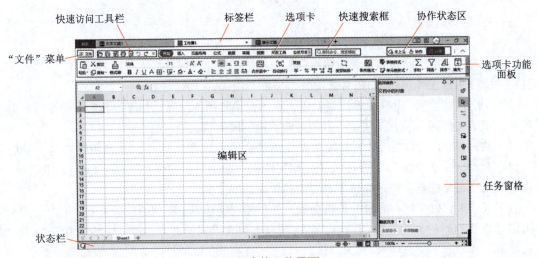

WPS 表格工作界面

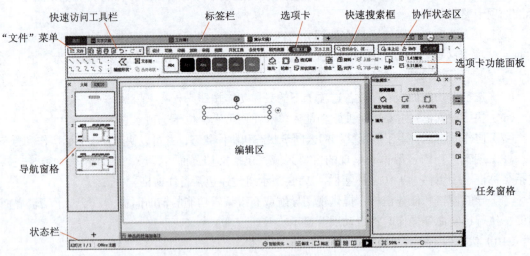

WPS 演示工作界面

# 第 4 章

# WPS文字

## 本章知识结构

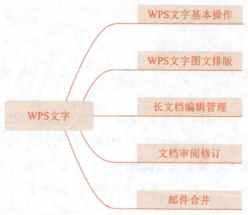

## 本章学习目标

- 认识并熟悉 WPS 文字工作界面、视图方式；
- 掌握 WPS 文档基本操作，如新建、保存、查找替换、文字段落格式等；
- 能够对文档进行充实美化，包括图形、图片、文本框、艺术字、智能图形、表格和图表的插入和设置；
- 能够对长文档进行编辑和管理，包括新建和应用样式、分隔符、超链接和分栏等的操作；
- 掌握文档审阅的常用方法如文档修订、添加批注等内容；
- 了解邮件合并、宏及控件的使用方法。

　　WPS 文字是 WPS Office 使用最广泛的组件，它是一个文字处理器应用程序，提供了许多易于使用的文档创建工具，同时提供了丰富的功能集用于创建复杂文档，使简单的文档变得更具吸引力。

　　本章首先介绍 WPS 文字的基本操作，然后重点对文档充实美化、长文档编辑管理等内容进行介绍，使读者通过内容的学习掌握文档编辑美化和排版的基本方法和流程。

## 4.1 WPS 文字基本操作

### 4.1.1 创建保存文档

**1. 文档创建**

WPS 文字工具用于制作和编辑办公文档，通过它可轻松进行文字的输入、编辑、排版和打印操作。使用 WPS 制作文档的第一步操作是新建一篇文档，包括创建空白文档、模板文档和创建新模板三种。

（1）新建空白文档。

① WPS 未启动：

方法 1：单击计算机系统"开始"菜单下的 WPS Office 软件，或双击桌面 WPS Office 快捷图标，在弹出的 WPS 首页选择"新建"→"新建文字"→"空白文档"。

方法 2：在桌面空白处右击弹出快捷菜单，选择"新建"→"DOCX 文档"命令即可创建。

② WPS 已启动：

方法 1：选择 WPS 文字左上方"文件"菜单下的"新建"命令。

方法 2：单击标题栏最右侧的新建标签"+"。

方法 3：若正使用 WPS 文字编辑文档，可按【Ctrl+N】组合键快速实现文档新建。

（2）新建模板文档。

在进行文档编辑时，可以利用一些 WPS 文字自带的模板文档提升处理速度和效果，这时可以根据自己需要的文档风格来创建模板文档。打开 WPS"新建"标签，在新建文字下分类别存放着各式各样的模板，根据实际情况选择创建即可。当然，如果在本机上保存有其他模板，也可通过"文件"菜单→"新建"命令→"本机上的模板"命令导入新建。

> **知识链接：自建新模板**
>
> 使用WPS文字时，有时候会需要使用固定模板，这时候需要自己新建一个模板。首先新建一个WPS文字文档；然后打开该WPS文字，将标题、正文、页面布局、样式、大小等格式进行个性化调整；最后将其另存为WPS模板文件（.wpt），一个新的模板就创建完成了。

**2. 文档打开**

当需要编辑某个文档时，可通过以下方式将文档打开：

方法 1：快速双击已有的文档，或选择文档并通过右键快捷菜单选择"打开"命令。

方法 2：选择 WPS 左上方"文件"菜单→"打开"命令，在弹出的"打开文件"对话框中选中对应文件夹下的文档，选择"打开"命令即可，如图 4-1 所示。

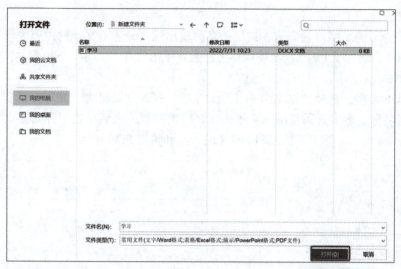

图 4-1 打开文档

### 3. 文档保存与另存

编辑完文档后，需要对其进行保存操作，可以是保存和另存。

（1）文档保存。文档保存是对新建文档按特定名称和路径进行存储，或对原有文档操作后进行操作保存。

方法 1：单击页面左上方快捷访问工具栏中的"保存"按钮。

方法 2：选择"文件"下拉菜单中的"保存"命令。

方法 3：按【Ctrl+S】组合键。

（2）文档另存。编辑处理过的文档有时还需要进行重新选择路径或重命名另存操作。具体操作方法是：选择"文件"菜单→"另存为"命令，打开"另存文件"窗口，首先选择保存的路径，然后输入文档名称，之后根据需要选择格式，如图 4-2 所示，最后单击"保存"按钮即可。

图 4-2 文档保存与另存

**4. 文档输出**

WPS 文字为了满足用户的需求，提供了多种输出模式，当对文档的内容编辑完成后，可以选择输出为 PDF、图片或 PPTX。具体操作方法是：单击打开"文件"下拉菜单，根据需要选择输出方式，如图 4-3 所示。

以输出 PDF 为例，选择"输出为 PDF"命令后，打开"输出为 PDF"对话框。根据提示设置输出后文档名称、输出页码范围、输出格式、输出路径，最后单击"开始输出"按钮等待输出即可，如图 4-4 所示。输出为长图和 PPTX 的方法和输出 PDF 相同。

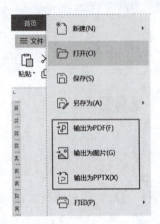
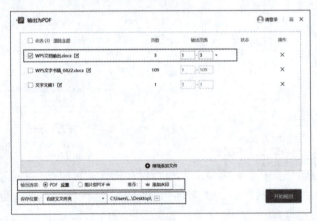

图 4-3 文档输出　　　　　　　　图 4-4 输出为 PDF

【案例4-1】使用WPS按指定要求完成有关操作，并将文档保存到C:\kaoshi\doc文件夹下。

（1）利用免费模板"小清新城市信纸"新建文档。

（2）将文档保存到C:\kaoshi\doc，文件名为30101002.docx。

（3）在源文件夹输出PDF文档，命名为30101002.pdf。

### 4.1.2 编辑处理文本

**1. 文本输入**

视频4.2：编辑处理文本

文本输入是 WPS 文字处理中最基本的操作，其操作步骤通常分为两步：首先是确定插入点，然后进行文本输入。

（1）定位插入点。打开 WPS 文字，只要在想到输入文本的位置单击，就会呈现闪烁的竖线，该位置就是插入点，它表示输入时文本将出现的位置，如图 4-5 所示。

图 4-5 定位插入点

（2）文本输入。确定插入点后，即可输入相关内容，可以是文字、数字、英文字母及特殊字符等。如果需要输入一些特殊符号和字符，这时候执行的操作是：单击"插入"选项卡→"符号"命令，然后选择自己需要的特殊字符，如图4-6所示。

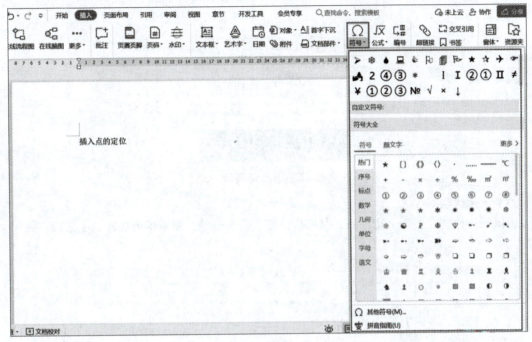

图4-6 输入符号

**2. 文本选取**

对文本进行编辑处理须遵循"先选取，后编辑"的原则，也就是先选中文本对象才能进行操作。WPS文字中文本选取包括选择某区间文本、选择多个不连续文本、快速选择整行、快速选择整段、快速选择整篇五种类型。

（1）选取某区间文本。

方法1：单击将光标定位到要选取文字开始的位置，然后按住【Shift】键，在结束的位置再次单击，即完成对某区间文字的选取。

方法2：先将光标定位于开始位置，然后按住鼠标左键不放，拖动鼠标到结束位置再松开鼠标。效果如图4-7所示。

图4-7 选择某区间文字

（2）选取多个不连续文本。

先选中第一处文字，然后按住【Ctrl】键，再利用按住鼠标左键拖动选择的方式选择不同位置的不连续的文字即可。效果如图4-8所示。

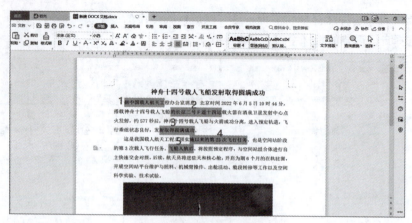

图 4-8　选择多个不连续的文本

（3）快速选取整行。

将鼠标指针放在左侧页边距处，鼠标指针变成箭头形状，单击即可快速选中某行，如图 4-9 所示。

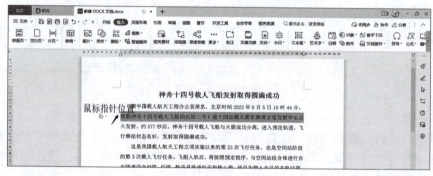

图 4-9　快速选取整行

（4）快速选中某段。

将鼠标指针放在左侧页边距处，鼠标指针变成箭头形状，快速双击即可快速选中某段文字。

（5）快速选择整篇。

方法 1：按【Ctrl+A】组合键，即可完成整篇文档的选择。

方法 2：将鼠标指针放在左侧页边距处，连续三击即可完成整篇文档的选择。

### 3. 文本复制移动与删除

（1）文本复制粘贴。

文本复制也称拷贝，与其搭配使用的是文本粘贴，指的是将文本复制一份完全一样的，然后将复制的内容粘贴到本文档的另一个位置或另一个文本中，而原来的文本位置和内容依然保留。文本复制粘贴有以下两种常用方式：

方法 1：首先选中要复制的文本内容，然后利用快捷键【Ctrl+C】完成复制。然后将光标定位于需要粘贴的位置，利用快捷键【Ctrl+V】即可完成内容的粘贴。

方法 2：选中需要复制的内容，右击，在弹出的快捷菜单中选择"复制"命令。然后将光标定位于需要粘贴的位置，右击并在弹出的快捷菜单中选择"粘贴"或"选择性粘贴"命令完成，如图 4-10 所示。

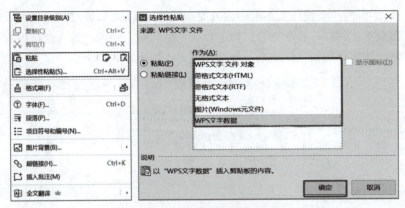

图 4-10　粘贴与选择性粘贴

（2）文本移动。

文本移动也就是某处文本内容移动到其他位置的操作。文本移动有如下两种常用方式：

方法1：选中需要移动的文本内容，利用快捷键【Ctrl+X】剪切，或者右击，在弹出的快捷菜单中选择"剪切"命令，然后将光标定位到目标位置，右击并在弹出的快捷菜单中选择"粘贴"命令即可完成文字的移动。

方法2：首先选中需要移动的文本内容，将鼠标指向被选中的文本后按住鼠标左键拖动到目标位置，然后释放鼠标即可完成文本的移动。

（3）文本删除。

当需要对文本内容进行删除操作时，可以删除单个字符或删除大段文本。

① 删除单个字符。

将光标定位到某字符的左边，按【Delete】键删除光标右边的字符。

将光标定位到某字符的右边，按【Backspace】键删除光标左边的字符。

② 删除大段文本。

首先，选中需要删除的文本内容，然后按【Delete】键或【Backspace】键。

【案例4-2】使用WPS打开30101003.docx文件，并按指定要求完成以下操作。

（1）在文档第一段录入标题，内容为：我国公安部网安局启动打击整治"网络水军"专项工作。

（2）将文档中的第三段（含内容"近年来，公安机关……初步成效。"）文字删除（只删除内容，保留段落占位符）。

（3）将倒数第一段内容移动到倒数第二段之前，使两段内容互换位置。

（4）保存文件。

### 4.1.3　查找替换内容

#### 1. 查找

当想要在一大段文字中快速找到某个词或者某句话，查找功能便能快速定位需要的内容，提高工作效率。其操作方法是：

单击"开始"选项卡→"查找替换"下拉菜单→"查找"命令，在弹出的

视频4.3　内容查找替换

"查找和替换"对话框的"查找"文本框中输入要查找的内容,然后通过"查找上一处"或者"查找下一处"按钮查找。例如,要在整篇文档中查找"空间站"一词,输入查找内容后,单击"查找下一处"按钮,就能查找到"空间站"所处的位置,如图4-11所示。

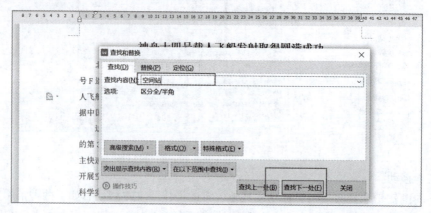

图4-11 查找

除了基本的文本内容查找,还可以对指定格式的文本内容、特殊格式等进行查找。

#### 2. 替换

很多时候可能需要将文本中多次出现的词用另一个词或者符号进行替换,或者对文档的字段格式进行替换,如果是手动替换将会耗费大量时间且易出现遗漏,这时可以使用替换功能进行快速批量替换。

替换包括简单的字或者词语的替换、字体格式替换以及其他特殊替换等。

(1)简单字词替换。

首先,单击"开始"选项卡→"查找替换"工具→"替换"命令,打开"查找和替换"对话框;然后在"替换"选项卡的"查找内容"文本框中输入需要被替换的文本,在"替换为"文本框中输入替换后的文本,最后根据需要单击"替换"或者"全部替换"按钮,如图4-12所示。

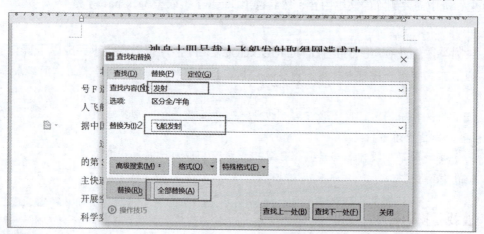

图4-12 字词替换

(2)字体格式替换。

例如,将文档中红色字体格式替换为仿宋、常规、蓝色,具体操作如下:

首先，在"查找和替换"对话框的"替换"选项卡，将光标定位到"查找内容"文本框，单击"格式"菜单→"字体"命令，在打开的"查找字体"对话框将字体颜色设置为"红色"后单击"确定"按钮，"查找内容"文本框下就增加了"格式"设定。

然后，将光标定位于"替换为"文本框，按照上述方法，设置"替换为"字体格式为"仿宋、常规、蓝色"。最后，根据需要单击"替换"或"全部替换"按钮，如图 4-13 所示。

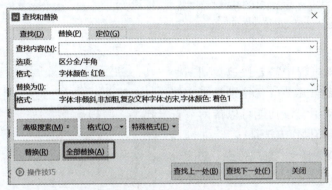

图 4-13　字体格式替换

替换前后效果如图 4-14 所示。

（a）替换前　　　　　　　　　　　（b）替换后

图 4-14　替换前后效果

> **知识链接：特殊内容替换**
>
> WPS 文字处理中还经常用到批量删除图片、删除空白行、删除所有数字、提取字符串中的数字、结尾新增内容等，此时可以通过特殊内容替换完成。具体的操作步骤见表 4-1。

表 4-1　特殊内容替换

| 项 目 | 操 作 |
| --- | --- |
| 删除所有图片 | 按【Ctrl+H】组合键调出替换文本框，将光标放在"查找内容"文本框中，然后单击"特殊格式"并选择"图形"，在"查找内容"中就会显示"^g"，然后直接单击"全部替换"按钮即可将所有的图片都删除 |
| 删除所有空白行 | 按【Ctrl+H】组合键调出替换对话框，将光标放在"查找内容"文本框中，然后单击"特殊格式"，单击两次"段落标记"则会显示"^p^p"，然后将光标放在"替换为"文本框中，选择一个"段落标记"，然后单击"全部替换"按钮即可 |
| 删除所有数字 | 按【Ctrl+H】组合键调出替换对话框，将光标放在"查找内容"文本框中，然后单击"特殊格式"，选择"任意数字"，然后直接单击"全部替换"按钮即可，这样所有的数字就都删除掉了。还可在"特殊格式"中选择"任意字母"将字符串中所有的字母都删除掉 |

续表

| 项目 | 操作 |
|---|---|
| 提取字符串中的数字 | 按【Ctrl+H】组合键调出替换对话框，在"查找内容"文本框中输入 [!0-9]，"替换为"文本框中不需要输入内容，单击"高级搜索"按钮，勾选"使用通配符"，单击"确定"按钮，则除了数字之外的所有数据都替换掉 |
| 结尾新增内容 | 按【Ctrl+H】组合键调出替换对话框，将光标放在"查找内容"文本框中，然后在特殊格式中选择"段落标记"，将光标放在"替换为"文本框中，输入新增内容，然后在"特殊格式"中选择"段落标记"，单击"全部替换"按钮即可完成 |

### 3. 定位

有时在文本编辑过程中需要快速找到某些内容，如第几页或者第几节等，特别是当文档页面过多时，这时使用定位功能可以帮助节省时间，提高效率。具体操作方法是：

单击"开始"选项卡→"查找替换"功能→"定位"命令，进入"定位"选项卡，如图 4-15 所示；然后选择"定位目标"，设置"输入页号"，利用"+"和"-"可将相关内容前移或者后退，如"+4"表示前移四项，最后单击"定位"按钮即可。

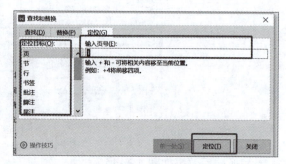

图 4-15 定位

【案例4-3】使用WPS打开30101004.docx文件，并按指定要求完成以下操作。

（1）将文档中全部"科技"一词替换为"科学技术"，字体颜色为标准蓝色。
（2）替换文档中全部"创新"词组的格式为突出显示（黄色高亮）。
（3）保存文件。

## 4.1.4 设置字符格式

字符格式化就是对文本的字体、字符间距、文本效果等进行格式设置，遵循"先选中，再设置"的原则。

### 1. 字体基本格式

字体基本格式包括字体、字号、字形、颜色、下画线等。具体操作方法如下：

方法1：选定文本后释放鼠标，在选定区域右上方会显示浮动快捷命令，可以直接选择字体、字号、字体颜色等进行设置，如图 4-16 所示。

视频4.4：处理文字格式

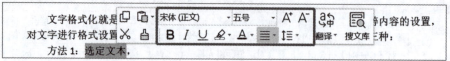

图 4-16 字符格式化（1）

方法2：选定文本，在"开始"选项卡的字体格式功能面板通过快捷按钮进行字体效果设置，如图 4-17 所示。

图 4-17　字符格式化（2）

方法 3：选定文本后，单击"字体"对话框按钮⌐，或右击，从弹出的快捷菜单中选择"文字"命令，在弹出的"字体"对话框中进行设置，如图 4-18 所示。

### 2. 字符间距设置

字符间距指两个字符间的间隔宽度，包含了对加宽或紧缩所有选取字符的间距和对大于某个磅值的字符进行字距调整两个方面的设置。具体操作方法如下：

首先选中需要设置格式的文字，打开"字体"对话框，切换至"字符间距"选项卡，如图 4-19 所示。然后根据需要设置缩放、间距和位置，数值可以直接在方框中填写，单位可以通过单击小三角下拉按钮下拉选择，设置完成后单击"确定"按钮即可。

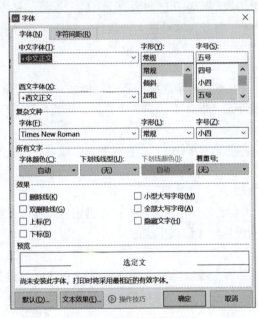

图 4-18　字符格式化（3）

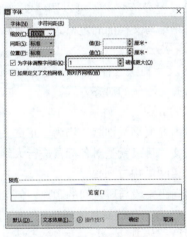

图 4-19　字符间距

【案例4-4】使用WPS打开30101007.docx文件，并按指定要求完成以下操作。

（1）设置第1段文档标题的字符间距缩放120%，字符间距加宽0.12厘米，位置下降4磅。

（2）设置第6段文字（含"《粤港澳大湾区发展规划纲要》……"）的字体格式为：隶书、加粗倾斜，字号为四号，字体颜色为"巧克力黄，着色2，深色25%"。

（3）将倒数第2段的"文化自信"字体效果设置为：字体颜色为标准深红，字形加粗，添加标准色绿色单波浪线下画线，加着重号"．"。

（4）保存文件。

### 4.1.5 设置段落格式

段落格式化即设置段落外观格式，包括段落缩进、段落对齐、段落间距、行间距等。段落格式化操作与字符格式化操作类似。

方法1：选定需要进行格式化的段落后释放鼠标，在选定区域右上方会显示浮动快捷命令，可以直接选择对齐方式和间距进行快速设置。

方法2：选中需要进行格式化的段落，利用"开始"选项卡的段落格式功能面板快速设置，如图4-20所示。

视频4.5：设置段落格式

图 4-20 段落格式化（1）

方法3：选中需要进行格式化的段落，单击段落格式功能面板右下方的"段落"对话框按钮 ；或右击并在弹出的快捷菜单中选择"段落"命令，即可进入"段落"对话框进行设置，如图4-21所示。

#### 1. 段落缩进

通过设置段落缩进，可以调整文档正文内容与页边距之间的距离。例如，每个段落首行缩进2字符是编写文档的固定格式，但默认情况下段落是不会缩进2字符的，需要自己进行设置。

#### 2. 段落对齐

WPS文字提供五种对齐的方式，分别是左对齐、居中对齐、右对齐、两端对齐和分散对齐，通常左对齐为默认的对齐方式。

#### 3. 大纲级别

文本内容大纲级别默认均为"正文文本"，在实际操作过程中，可根据内容自定义大纲级别。常见的长文档目录就是对各标题进行大纲级别设置后才得以生成的。

#### 4. 段落间距和行间距

段落间距是段与段之间的距离，包括段前间距、段后间距；行间距是文本行之间的垂直距离，如1倍、1.5倍、2倍或其他间距。

#### 5. 换行和分页

段落中的"换行和分页"设置对WPS文字排版具有重要的意义。具体操作方法如下：

首先选中需要设置的段落，弹出"段落"对话框，然后切换至"换行和分页"选项卡，这个时候，可以根据自己的需要进行设置，最后单击"确定"按钮即可，如图4-22所示。

（1）孤行控制：当段落要跨页时，它可以保证在前页的末尾和后页的开头一定是两行以上，不是一行（孤行）。当段落是两行时，只能整体出现在前页或者后页，不会前页和后页各有一行。如果段落仅有一行，该设置没有意义。

（2）与下段同页：勾选该选项后，该段落则会和下一段在同一页。通常使用在小标题段落，保证标题和下边的内容始终出现在同一页面。

（3）段中不分页：使用该设置的段落，所有行都在同一页内。当段落在页尾时，如果空间不足以容下整个段落，则段落跳到下一页的开头位置。如果段落内容超过一页，该设置无效。

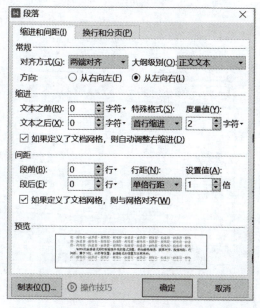
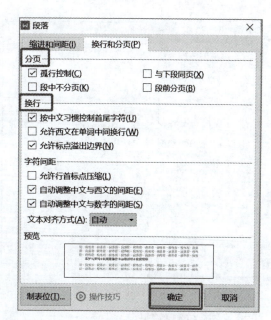

图 4-21　段落格式化（2）　　　　　图 4-22　换行和分页

（4）段前分页：使用该设置的段落，始终保持在一页的开头位置。通常应用在大标题中，如书中的章标题，一般要求每章另起一页的时候，可以勾选该选项。

**【案例4-5】** 使用WPS打开30101008.docx文件，并按指定要求完成以下操作。
（1）把标题"宋词中的都市人文精神"设置为居中对齐，段后13磅。
（2）设置第2段前后各缩进4字符。
（3）设置第3段段前间距22磅，段后间距22磅。
（4）设置第4段悬挂缩进2字符，1.5倍行距，段落的对齐方式为分散对齐。
（5）保存文件。

### 4.1.6　添加项目符号和编号

#### 1. 项目符号

对文档内容添加项目符号可以让文本内容有层次，起到突出文本内容的效果。WPS 文字添加项目符号包括添加预设项目符号和自定义项目符号。

（1）预设项目符号。

方法 1：选定需要添加项目符号的内容，单击"开始"选项卡→"项目符号"下拉箭头，选择合适的预设项目符号类型，如图 4-23 所示。

方法 2：选定需要添加项目符号的内容，右击，在弹出的快捷菜单中选择"项目符号和编号"命令，可弹出"项目符号和编号"对话框，如图 4-24 所示，选择需要的项目符号类型后单击"确定"按钮即可。

视频4.6：添加项目符号、编号

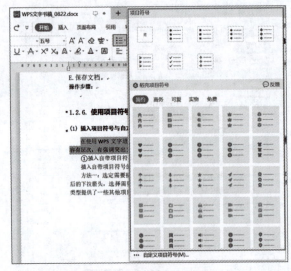

图 4-23　添加预设项目符号（1）　　　　图 4-24　添加预设项目符号（2）

（2）自定义项目符号。

在实际操作过程中，当预设项目符号不能达到想要的文档排版效果，可添加自定义项目符号有效匹配文档内容，使版面更加美观。具体操作方法如下：

选中需要添加项目符号的内容，打开"项目符号和编号"对话框，在"项目符号"栏目下选择一种预设项目符号类型，单击"自定义"按钮打开"自定义项目符号列表"对话框，如图 4-25 所示。

① 单击"字符"按钮，弹出"符号"对话框，进一步筛选字符类型，每个字符都有相应的字符代码，如图 4-26 所示，确定字符后单击"插入"按钮。

② 单击"字体"按钮可对当前项目符号的字体格式进行设置。

③ 打开"高级"选项，可以设置项目符号和文字位置。

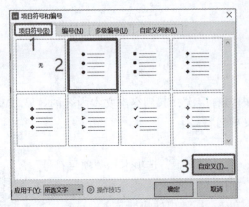

图 4-25　自定义项目符号

## 2. 项目编号

文档编辑过程中可能需要依据文档内容添加类似于（1）（2）（3）…的项目编号，使文档内容条理清晰。和项目符号一样，WPS 自带多种类型的预设项目编号，通过"开始"选项卡→"编号"下拉列表可选择需要的编号类型；或者选中相应的文本内容，通过快捷菜单选择"项目符号和编号"命令打开"项目符号和编号"对话框,并切换至"编号"选项卡选择编号类型,如图4-27所示;当预设编号无法满足需要时,同样可以自定义项目编号。

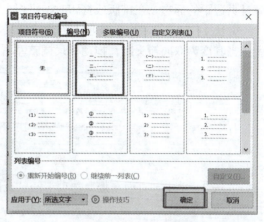

图4-26 符号选择

图4-27 插入项目编号

自定义项目编号与自定义项目符号操作类似。选中需要添加项目编号的内容,在"项目符号和编号"对话框的"编号"选项卡中选择任意编号类型,单击"自定义"按钮,在"自定义编号列表"对话框中可以设置项目编号的格式、字体、样式等,如图4-28所示。

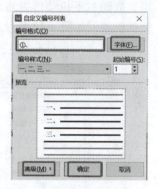

图4-28 自定义项目编号

【案例4-6】使用WPS打开C:\winks\30101010.docx文件,并按指定要求完成以下操作。

(1)为文中三处黑色标题"冰雪文化源远流长""以冰雪为'物料'创新景观""'数字冰雪'延展文化体验"添加项目符号(Wingdings,字符代码84,来自十进制),符号颜色为"浅绿,着色6"。

(2)为文中第3~6段四个特点"季节的约束性""自然的创造性""广泛的参与性""艺术的实践性"添加项目编号①②③④。

(3)保存文件。

## 4.1.7 文档页面设置

文档页面的整体布局是指通过对文档纸张大小、页边距、纸张方向以及页面背景格式的调整,保证文档页面的一致性和规范性,避免事后因页面纸张大小调整导致文档内容散乱,造成不必要的重复性工作。文档页面设置包括页边距、纸张大小、纸张方向、页面主题、页面背景、文档水印、边框和底纹等内容。

视频4.7:文档页面设置

### 1. 页边距

页边距是指文档内容与页面边缘之间的距离。WPS 界面中看到的四个角上的灰色直角符号就是页边距的标志。在排版或打印时，可根据内容布局来调整页边距。页边距的设置方法如下：

方法 1：勾选"视图"选项卡下的"标尺"复选框显示标尺，然后将鼠标指针放在水平标尺上，当其变为双向箭头时，拖动标尺调整左右页边距，如图 4-29 所示。

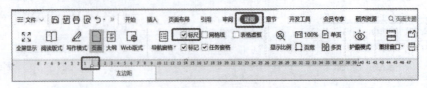

图 4-29　通过标尺设置页边距

方法 2：单击"页面布局"选项卡→"页边距"下拉按钮，可以选择普通、窄、适中、宽等预设页边距效果。

方法 3：通过设置"页面布局"选项卡→"页边距"右侧上、下、左、右的距离值自定义页边距，或通过下拉菜单中的"自定义页边距"命令打开"页面设置"对话框，设置页边距和装订线的位置，如图 4-30 所示。

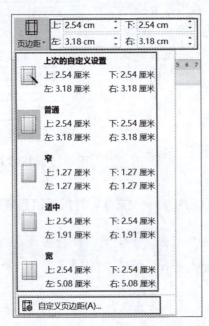
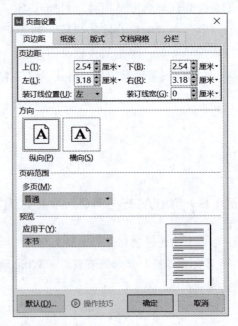

图 4-30　选择预设页边距或自定义

### 2. 纸张大小

WPS 文字默认纸张大小为 A4，但在排版不同的文档时，如不同大小的书籍、信纸、论文等，需要根据要求调整文档纸张的大小。其操作方法如下：

单击"页面布局"选项卡→"纸张大小"下拉按钮，选择列表中的预设纸张大小。当预设纸张大小无法满足需要时，可以选择列表最后的"其他页面大小"命令打开"页面设置"对话框的"纸张"选项卡，自定义纸张高度和宽度，如图 4-31 所示。

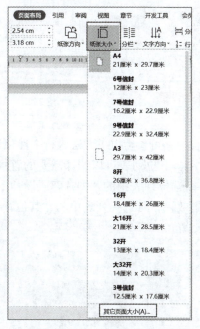
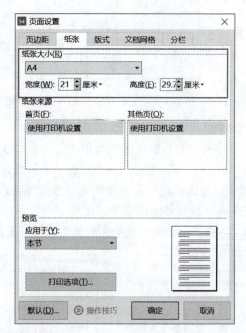

图 4-31　设置纸张大小

## 3. 纸张方向

通常 WPS 文字默认纸张方向为纵向，根据文档编排需要，往往需要将一页或多页的纸张方向调整为横向。其操作方法是：单击"页面布局"选项卡→"纸张方向"下拉按钮，在列表中选择"横向"或者"纵向"命令即可，如图 4-32 所示。

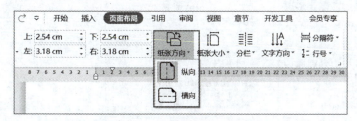

图 4-32　设置纸张方向

> **知识链接：单独设置页面方向**
>
> 在文档排版过程中，如何使一个多页文档中的某一页呈现横向，其他页面为纵向？具体的操作方式是：在该页的开始位置和结束位置分别插入一个"分节符"，就可以单独设置该页的页面方向为横向。

## 4. 页面主题

如果文档内容比较多且要求统一风格，一项项内容格式处理比较麻烦，此时可以应用主题快速更换。WPS 文字提供了很多主题供选择使用。其具体操作方法如下：单击"页面布局"选项卡→"主题"下拉按钮，根据自己的需要选择其中一项主题即可，同时还可以单独对颜色、字体、效果等进行设置，如图 4-33 所示。

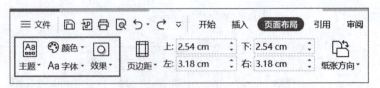

图 4-33 页面主题设置

### 5. 页面背景

WPS 文字文档背景默认为纯白色,实际编排过程中,可参考以下方法进行个性化设置。

单击"页面布局"选项卡→"背景"下拉按钮,在下拉列表可以选择需要的背景颜色,如图 4-34 所示;当需要用指定图片作为背景效果,可以选择列表中的"图片背景"命令,并根据提示打开图片;当需要使用渐变、纹理、图案等背景效果,可选择列表中的"其他背景"命令,在弹出的"填充效果"对话框中完成其他背景效果设置。

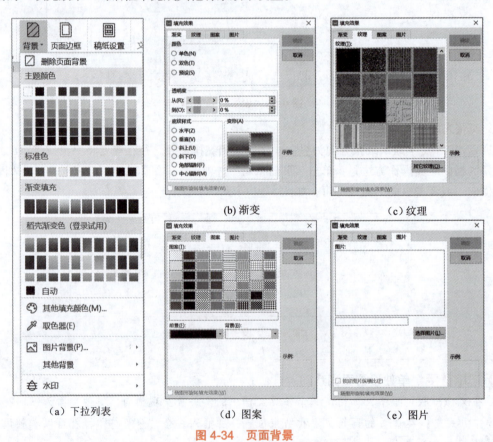

图 4-34 页面背景

### 6. 文档水印

水印是一种数字保护的手段,在图像上添加水印即能证明本人的版权,还能对版权的保护做出贡献。WPS 文字提供了为文档添加水印的功能,可添加预设水印、自定义水印或删除水印。

(1)添加预设水印。单击"插入"选项卡→"水印"下拉按钮,如图 4-35 所示,选中"预设水印"下的某种水印即可。

(2)自定义水印。在"水印"下拉列表单击"自定义水印"下的"点击添加"命令,或单击列表下方的"插入水印"命令,弹出"水印"对话框自定义水印效果,如图 4-36 所示,可以设置图片水印或者文字水印。以文字水印为例,输入文字内容,然后对字体、字号及颜色等进行设置。还可以选择应用的位置。在右侧预览框可以看到水印的预览效果,所有设置完成后,单击"确定"按钮。

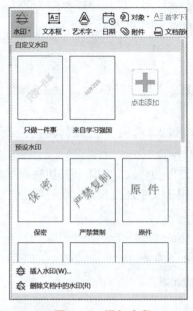

图 4-35　添加水印

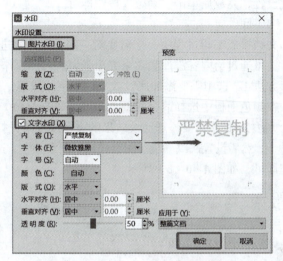

图 4-36　自定义水印设置

### 7. 边框和底纹

编辑文档过程中,为了满足文档排版美化要求,需要给整篇文档、某个段落、某节或者某些文字添加边框效果。WPS 文字关于边框的内容主要分为两部分:字段边框和页面边框。

(1)字段边框。

字段边框指的是为文档中的段落或文字添加边框线效果。具体操作如下:

选中需要添加边框的段落或文本内容,如图 4-37 所示,单击"开始"选项卡→"边框"下拉按钮,在下拉列表中选择应用预设边框样式即可。如果要自定义其他边框样式,单击列表下方的"边框和底纹"命令,在弹出的"边框和底纹"的"边框"选项卡中对字段边框颜色、样式、宽度和应用于进行个性化设置,如图 4-38 所示。

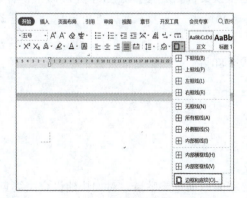

图 4-37　字段边框设置

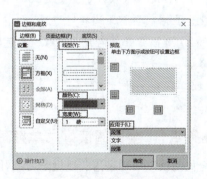

图 4-38　自定义字段边框

（2）页面边框。

页面边框不同于字段边框设置，可以对节或整篇文档添加边框。操作方法如下：

单击"页面布局"选项卡→"页面边框"工具，即可弹出"边框和底纹"对话框，如图4-39所示。在该对话框的"页面边框"选项卡对线型、颜色、宽度以及"应用于"位置进行个性化设置，完成后单击"确定"按钮即可。

（3）底纹。

文档排版编辑过程中，当需要对一些重点内容进行强调显示时，可通过给内容添加底纹来突出强调。具体操作如下：

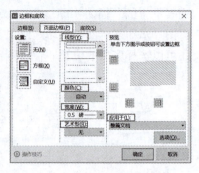

图4-39 页面边框设置

方法1：选中需要添加底纹效果的文字或段落，选择"开始"选项卡→"底纹颜色"下拉列表，在颜色面板中选择适合的颜色即可，如图4-40（a）所示。

方法2：选中需要添加底纹效果的文字或段落，打开"边框和底纹"对话框并切换到"底纹"选项卡，然后设置底纹颜色、图案样式、图案颜色，选择应用于文字还是段落，最后单击"确定"按钮即可，如图4-40（b）所示。

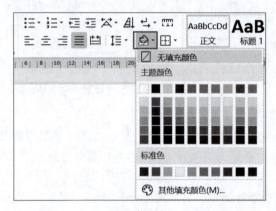

（a）下拉列表

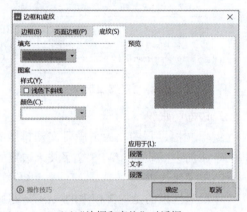

（b）"边框和底纹"对话框

图4-40 底纹效果设置

【案例4-7】使用WPS打开30101012.docx文件，并按指定要求完成以下操作。

（1）自定义纸张大小：宽为30厘米、高为20厘米；上、下页边距均为3厘米，装订线位置为上；页眉、页脚距边界均为2厘米。

（2）页面背景颜色为"浅绿，着色6，浅色80%"；页面边框为艺术型中的第4种，宽度为10磅。

（3）保存文件。

## 任务 4.1　全民阅读好书单整理

"全民阅读"活动是落实建设学习型社会要求的一项重要举措，对加快建设全民终身学习的学习型社会、学习型大国具有重要意义。党的二十大报告提出："加强国家科普能力建设，深化全民阅读活动。"自 2006 年活动开展以来,全民阅读活动在全国各地蓬勃发展,活动规模不断扩大,内容不断充实,方式不断创新,影响日益扩大。

### 1. 任务描述

某单位宣传部为营造"爱读书、读好书、善读书"的阅读氛围,整理了有关阅读和好书推荐的文档资料,现需按要求整理后分享给单位员工。

### 2. 任务要求

(1)将文档纸张大小设置为 A4,纸张方向为纵向,页面背景为"纸纹 2"纹理填充。

(2)设置文档第 2~5 段段落格式为:首行缩进 2 字符、1.5 倍行距,段前段后各 0.5 行。

(3)利用替换功能将文档"阅读"两字符格式批量修改为标准蓝色、加粗、加着重号"."。

(4)将文档最后 11 段(从"钱钟书……"到最后)行间距设置为 1.5 倍,并添加项目符号:符号字体为 Wingdings,字符代码 38,来自 Symbol(十进制),字体颜色为标准蓝色,项目符号位置缩进 3 字符。

(5)为文档第 2 段添加段落边框底纹效果,边框线型为点虚线(第 2 种),颜色为标准颜色浅蓝,宽度为 1 磅;底纹图案为 5%,颜色为"矢车菊兰,着色 1,浅色 80%"。

(6)为文档添加文字水印"书香中国",字体为华文行楷,字号为 60,垂直对齐为"底端对齐"。

### 3. 任务效果参考

任务效果参考如图 4-41 所示。

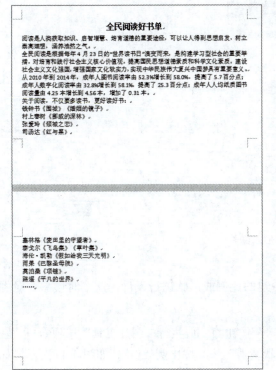
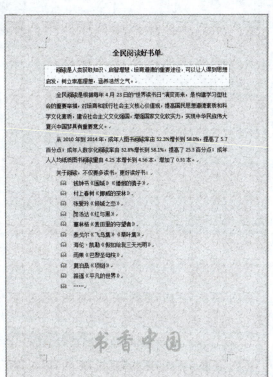

图 4-41　任务效果参考

## 4.2 WPS 文字图文排版

### 4.2.1 插入图片

日常文档编辑过程中，插入图片呈现图文并茂的效果能使文档更丰富，设置适合的图片效果可以使图片更加赏心悦目。WPS 文字中不仅能插入图片，还能根据文档需要对图片大小、布局、效果等进行个性化设置。

**1. 插入图片**

视频4.8：插入图片

在 WPS 文字中插入图片可以是本地图片、来自扫描仪、手机传图以及 WPS 自带的稻壳素材中的图片。以插入本地图片为例，具体操作如下：

首先将光标定位于需要插入图片的位置，然后单击"插入"选项卡→"图片"下列按钮→"本地图片"命令，在弹出的"插入图片"对话框中找到需要插入的图片，选中图片后单击"打开"命令即可完成本地图片的插入，如图 4-42 所示。

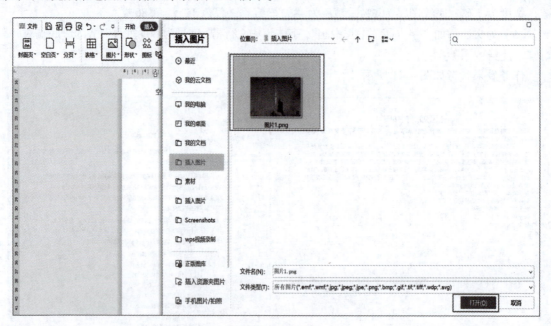

图 4-42　插入图片

**2. 图片裁剪**

对于插入文档中的图片，有时候需要按照一定的比例或形状进行设计，这个时候需要对图片进行裁剪。具体的操作如下：

选中需要裁剪的图片，单击图片右侧的"裁剪"按钮，或执行"图片工具"选项卡→"裁剪"命令，都会呈现图片裁剪选项，可以"按形状裁剪"或"按比例裁剪"，如图 4-43 所示。如果是"按比例裁剪"，直接选择相应的裁剪比例即可；如果是"按形状裁剪"，选中相应的形状后，可以通过拖动形状四周的黑色调节按钮进行移动和调整。

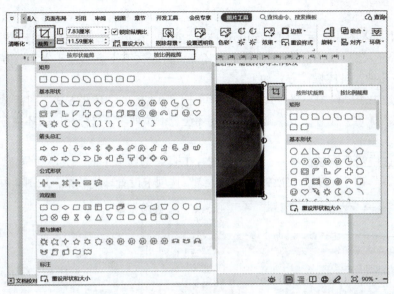

图 4-43　图片裁剪

### 3. 图片布局

在 WPS 文字中，对插入的图片进行布局，包括大小、位置和文字环绕方式。下面分别进行操作指导和介绍。

（1）图片大小。

方法 1：选中需要调整的图片，将鼠标指针放在图片四个角的任意一处，当鼠标指针变成双向箭头，按住鼠标左键进行拖动，可以等比例改变图片的大小；将鼠标放在图片四条边中任意一边的正中间位置，当鼠标指针变成双向箭头时，按住鼠标左键拖动改变图片的高度和宽度。

方法 2：选中需要调整的图片，找到"图片工具"选项卡，然后可以直接对图片的宽度和高度进行调整，如图 4-44（a）所示。

方法 3：选中需要调整的图片，单击"图片工具"选项卡中的"大小和位置"窗格启动器，在弹出的"布局"对话框中，切换到"大小"选项卡，可以对图片的高度、宽度、旋转角度、缩放情况、锁定纵横比等进行更加详细的设置，如图 4-44（b）所示。

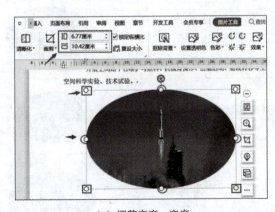

（a）调整高度、宽度

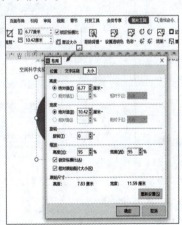

（b）"布局"对话框

图 4-44　调整图片大小

（2）图片文字环绕。

在 WPS 中插入图片之后，为了达到美观排版的效果，需要对图片和文字的环绕方式进行设置。环绕方式包括嵌入型、四周环绕型、紧密型环绕、衬于文字下方、浮于文字上方、上下型环绕和穿越型环绕几种。具体操作方式如下：

方法1：选中需要设置环绕方式的图片，单击图片右侧的"环绕方式"图标，选择对应的环绕方式，或者通过"图片工具"选项卡→"环绕"下拉列表，选择相应的环绕方式，如图4-45所示。

方法2：选中需要调整的图片，单击"图片工具"选项卡下的"大小和位置"窗格启动器，在弹出的"布局"对话框中，切换到"文字环绕"选项卡设置环绕效果，如图4-46所示。

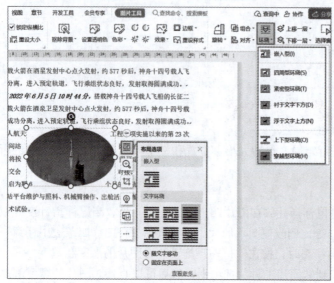

图 4-45　环绕方式（1）

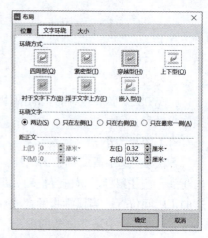

图 4-46　环绕方式（2）

下面对几种环绕方式进行简单比较，见表4-2。

表 4-2　环绕方式的比较

| 环绕方式 | 类型描述 | 案例 |
| --- | --- | --- |
| 嵌入型 | 默认方式为嵌入型，图片是根据光标位置，指定嵌入到文字层。它可以拖动图形，但只能从一个段落标记移动到另一个段落标记处 | |
| 四周型环绕 | 文字会环绕在图形周围，使文字和图形之间产生有规则形状的间隙。同时，还可以将图形拖动到文档中的任意位置 | |
| 紧密型环绕 | 和"四周型环绕"方式一样，都可以将文字环绕到图形周围。但会使文字和图形之间不产生间隙，使文字和图片十分紧密 | |

续表

| 环绕方式 | 类 型 描 述 | 案 例 |
|---|---|---|
| 衬于文字下方 | 它会将图片置于文本底层，可用这种方式在文档中插入图片水印或者文档背景 | |
| 浮于文字上方 | 它会将图片置于文本顶层，可用这种方式遮盖文档中的文本内容 | |
| 上下型环绕 | 它可以将图片位于两行文字的中间，且两旁没有文字环绕。可以随意拖动图片位置 | |
| 穿越型环绕 | 它可以将文字围绕图形的环绕顶点 | |

（3）图片位置。

首先需要将图片的文字环绕方式设置为除"嵌入型"以外的其他环绕方式，然后进行位置调整。具体操作方法如下：

方法 1：选中图片，按住鼠标左键将其拖动到目标位置。

方法 2：选中图片，单击"图片工具"选项卡→"对齐"下拉菜单，可以对图片的水平对齐和垂直对齐方式进行快速设置。

方法 3：选中图片，单击"图片工具"选项卡下的"大小和位置"窗格启动器，弹出"布局"对话框，切换到"位置"选项卡对水平和垂直位置及参数值进行设置，如图 4-47 所示。

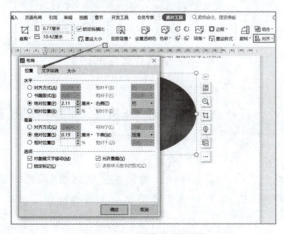

图 4-47 图片位置设置

### 4. 图片样式效果

对于插入的图片，往往需要对其亮度、对比度、边框样式，以及阴影、发光、三维格式等效果进行设置，增强美观性。具体操作方法如下：

方法1：选中图片，切换至"图片工具"选项卡，在图片效果功能面板根据需要选择快速设置样式效果，如可以抠除背景、设置透明色、改变色彩、提高或者减弱图片亮度、为图片添加边框、设置效果等，如图4-48所示。

方法2：选中图片，右击，在弹出的快捷菜单中选择"设置对象格式"命令，在窗口右侧的"属性"窗格中对图片的效果进行详细设置，如图4-49所示。

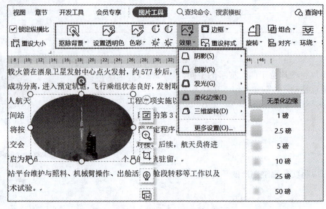

图 4-48　图片样式设置（1）

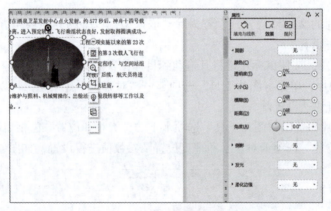

图 4-49　图片样式设置（2）

> 【案例4-8】使用WPS打开30101014.docx文件，并按指定要求完成以下操作。
>
> （1）在文档第5段（含"文庙是为纪念孔子……"）开头处前插入一幅名为30101014.jpg的图片，设置图片效果为：柔化边缘5磅。
>
> （2）图片文字环绕方式为上下型环绕，图片高度绝对值8厘米、宽度绝对值14厘米，设置图片水平位置相对于页边距、水平对齐方式为居中，垂直位置为距下侧页面9厘米。
>
> （3）保存文件。

## 4.2.2 插入形状

文档编辑过程中，会遇到需要插入形状的情况。适当插入形状可以让文档看起来更加美观。文档中可以插入的形状包括线条、矩形、流程图、标注等。

视频4.9：插入形状

### 1. 插入形状

单击"插入"选项卡→"形状"下拉按钮，如图4-50所示，在预设形状样式列表中单击选中现有预设样式，鼠标指针呈现十字形，按住鼠标左键拖动可进行形状的绘制，最后释放鼠标即可。

> **知识链接**：插入多个形状及绘制图
>
> （1）当文档中已经插入一个形状，需要再次插入多个一模一样的形状时，可直接使用"复制""粘贴"完成。具体操作如下：
>
> 方法1：选中形状，同时按住【Ctrl】键和鼠标左键进行拖动，即可以完成形状复制。
>
> 方法2：选中形状，右击，在弹出的快捷菜单中选择"复制"命令，然后再次右击，在弹出的快捷菜单中选择"粘贴"命令即可。
>
> （2）绘制圆的方法：选中"基本形状-椭圆"绘制圆形的同时，按住【Shift】键。

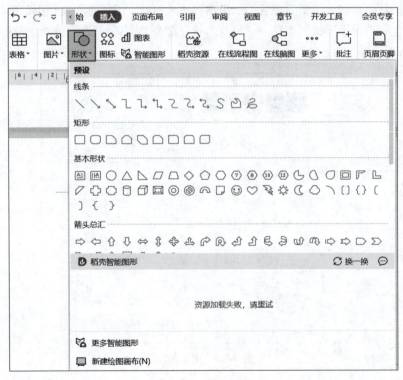

图 4-50  插入形状

### 2. 编辑形状

（1）添加文字。

通常情况下，在文档中插入形状是为了更好地进行图文排版。在形状上添加文字不仅能突出重点，而且还能在一定程度上起到更好的排版效果。具体操作如下：

选中插入的形状，右击并在弹出的快捷菜单中选择"添加文字"命令，此时看到形状内部闪烁的光标，同时选项卡自动切换到"文本工具"选项卡，录入文字信息后，可以对文字效果进行字体格式、段落格式、文本效果等设置，如图4-51所示。（注意：如果是首次形状内编辑文字内容，则右击并在弹出的快捷菜单中选择"添加文字"命令，否则选择"编辑文字"命令）

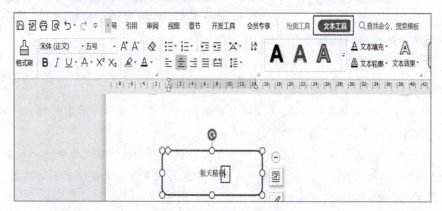

图 4-51 添加 / 编辑文字

（2）更改形状。

文档中的形状效果格式编辑完成后，如果需要更改形状，只需选中文档中的形状，单击"绘图工具"选项卡→"编辑形状"工具→"更改形状"命令，从右侧列表中选择更改后的形状即可，如图4-52所示。

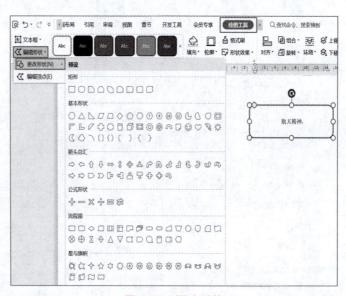

图 4-52 更改形状

（3）编辑顶点。

对于插入的形状，除了通过形状上的黄色四边形锚点初步调整形状的样式之外，还可以通过编辑顶点的方式对形状进行大范围调整。具体操作如下：选中形状，单击"绘图工具"选项卡→"编辑形状"工具→"编辑顶点"命令，如图4-53所示，此时形状四周出现了很多实心和空心的锚点，通过选中某一锚点进行拖动，就可以更改形状样式效果。

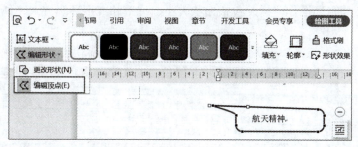

图 4-53 编辑顶点

**3. 设计形状格式**

WPS 文字文档中插入的形状，其格式都是根据文档主题默认呈现，实际操作过程中，往往需要对形状格式进行个性化设置，以达到更好的美化排版效果。具体操作如下：

方法 1：使用预设样式。选中形状，选择"绘图工具"或"文本工具"选项卡下的预设样式，可以快速完成形状格式优化，如图 4-54 所示。

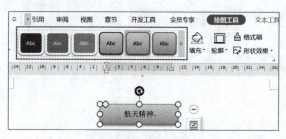

图 4-54 预设样式

方法 2：自定义形状格式。当预设样式不能满足需要时，可通过"绘图工具"或"文本工具"选项卡下的"形状填充""形状轮廓""形状效果"等对其格式进行个性化设计。同时可单击"设置形状格式"窗口启动器打开任务窗格，对形状格式进行微调，如图 4-55 所示。

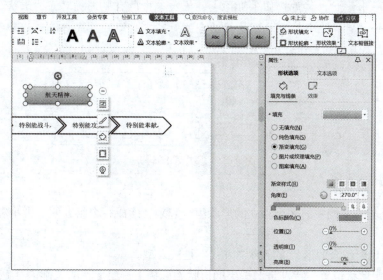

图 4-55 设置形状格式任务窗格

**4. 形状布局**

形状布局与图片布局操作一样，包括形状大小、位置和文字环绕方式，如图 4-56 所示。具体操作如下：

方法 1：通过"绘图工具"选项卡下的对齐、环绕、旋转、高度、宽度等快捷方式设置。

方法 2：打开"布局"对话框，根据需求切换位置、文字环绕和大小栏目进行布局设置。

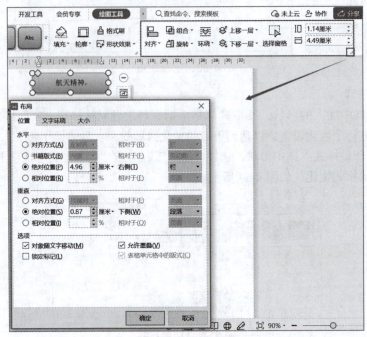

图 4-56 布局设置

> **知识链接：多个形状对齐效果**
>
> 先选中第一个形状，然后按住【Shift】键依次单击所有要进行对齐的形状，通过"绘图工具"选项卡→"对齐"下拉菜单，选择适合的对齐方式即可。或直接通过形状上方的浮动工具进行设置，如图 4-57 所示。
>
>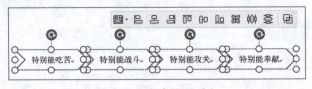
>
> 图 4-57 多个图形对齐

**5. 组合形状**

组合形状是指将文档中的多个独立的形状组合起来，形成一个组，便于大小和位置调整。具体操作如下：

第 1 步：确定要组合的形状文字环绕方式不是嵌入型。

第 2 步：确定形状位置。特别是上一层的形状不遮挡下一层形状的关键信息（通过上移一层、下移一层、置于顶层、置于底层进行调整），如图4-58（a）所示。

第3步：选中需要组合的全部形状。通常先选择第一个形状，然后按住【Shift】键依次单击所有要进行组合的形状，直到全部选中。

第4步：选中所有形状后，在任意一个形状上右击，在弹出的快捷菜单中选择"组合"命令完成形状组合，如图4-58（b）所示。

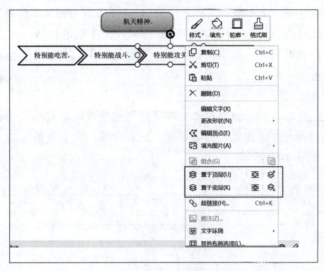

（a）确定形状位置

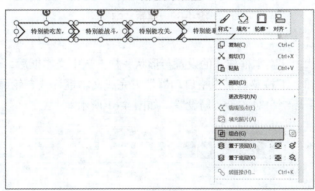

（b）组合

图 4-58　组合形状

> 【案例4-9】使用WPS打开30101016.docx文件，并按指定要求完成以下操作。
> （1）在文档最后一段下方插入基本形状中的心形。
> （2）形状格式设置：设置形状高度为6厘米，宽度为8厘米，填充为标准色红色，边框为无边框颜色。
> （3）在形状里编辑文字"爱国"，字体格式为：黑体一号，黑色文本1浅色5%；形状对齐方式为水平居中。
> （4）保存文件。

### 4.2.3 插入文本框

#### 1. 插入文本框

文档排版过程中经常需要通过添加文本框来添加内容，文本框包括横向文本框、竖排文本框、多行文字以及一些 WPS 提供的免费文本框模板。插入文本框的方法如下：

视频4.10：插入文本框

选择"插入"选项卡→"文本框"工具下拉菜单，选择任意一种文本框类型，如图 4-59 所示；此时鼠标指针变为十字形，在需要插入文本框的位置单击或按住鼠标左键拖动即可插入文本框；最后，根据需要在文本框中输入相应文字内容即可。

#### 2. 设置文本效果

插入文本框并录入文本内容后，通过"文本工具"选项卡可对文本字体格式、段落格式、预设字体样式、文本填充、文本轮廓、文本效果等进行个性化设置，如图 4-60 所示。

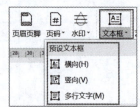

图 4-59 插入文本框

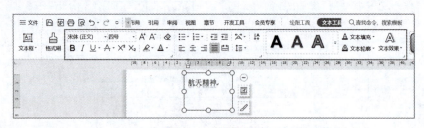

图 4-60 编辑文本

#### 3. 设计文本框样式

文本框也属于形状，其文本框样式的设置与形状一样。选中文本框后，通过"绘图工具"选项卡下的快捷工具按钮、下拉菜单、窗格启动器即可完成文本框样式、轮廓、填充等效果设置，以及位置、大小、文字环绕、对齐等布局设置，如图 4-61 所示。

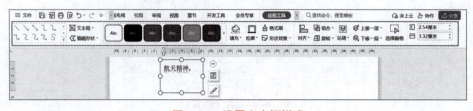

图 4-61 设置文本框样式

---

📋 【案例4-10】使用WPS打开30101053.docx文件，并按指定要求完成以下操作。

（1）在文档正文第一段中间位置插入一个横排文本框，高度为1.2厘米，宽度为5厘米，环绕方式为四周环绕型。

（2）文本框内容为"绿色发展内涵"（不含引号）；文字格式为：仿宋、小二号字、加粗，加单实线下画线。

（3）文本框样式为"细微效果,浅绿,强调颜色6"。

（4）保存文档。

### 4.2.4 插入艺术字

在图文混排、广告设计、文档标题、请柬等特殊文档和位置使用各种艺术字,可以增加文档的视觉效果,使其更具吸引力。

#### 1. 插入艺术字

WPS 文字中插入艺术字有两种情况:

(1)将已有的文字内容转为艺术字效果。首先选中需要转艺术字的文字内容,然后单击"插入"选项卡→"艺术字"下拉列表,选择需要的艺术字样式。

(2)直接录入艺术字。首先将光标定位到需要插入艺术字的位置,单击"插入"选项卡→"艺术字"下拉列表,选中预设艺术字样式后单击;然后页面会出现一个带有选定样式的艺术字文本框,并提示"请在此处放置您的文字",根据需要录入对应的文字内容即可,如图 4-62 所示。

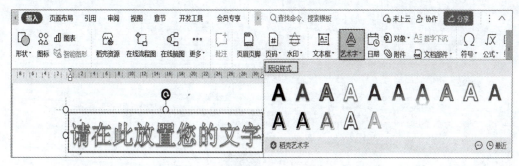

图 4-62　插入艺术字

#### 2. 设计艺术字效果

插入艺术字就相当于插入一个带有预设字体效果的文本框。对于插入后的艺术字,其效果设计同样包括两部分:文本效果和形状效果,具体操作与文本框、形状样式设置一样。

通过"文本工具"可以设置艺术字字体格式、段落格式、预设样式、倒影等效果。

通过"绘图工具"可以对艺术字所在形状轮廓、样式、填充效果,以及大小、文字环绕、位置、对齐等进行设置。

> 【案例4-11】使用WPS打开30101018.docx文件,并按指定要求完成以下操作。
> (1)将文档第一段标题"菜中'隐者'"设置为艺术字,艺术字效果为"填充-矢车菊蓝,着色1,阴影"。
> (2)设置艺术字环绕方式为上下型环绕,水平居中对齐,字体为:华文新魏、小初号。
> (3)保存文件。

### 4.2.5 插入智能图形

智能图形可以整合关系图资源,以直观的方式表达信息关系。智能图形的插入能够为文档增添光彩,特别是一些流程图、关系图的使用,可以让文档内容的呈现更加直观和有条理性。

## 1. 插入智能图形

WPS 文字提供了包括"列表""流程""时间轴""关系""层次结构"等多种不同类型的预设智能图形,所有的智能图形都是由多个项目组成。智能图形的插入方法如下:

将光标定位到需要插入智能图形的位置,单击"插入"选项卡→"智能图形"工具,在弹出的"智能图形"对话框中根据类别选择任意图形后并单击,此时智能图形就被插入到文档中,如图 4-63 所示。

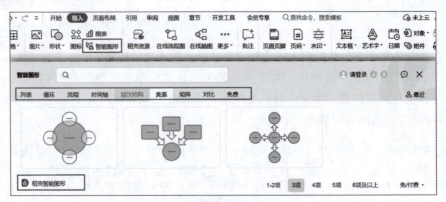

(a) 选择智能图形样式

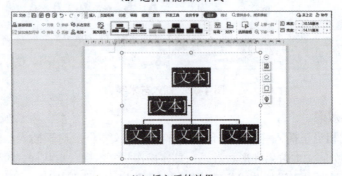

(b) 插入后的效果

图 4-63 插入智能图形

## 2. 编辑智能图形

(1) 图形项目调整。

插入的智能图形默认项目数量和级别一般无法直接满足排版需要,通常需要对项目进行增加、减少、升级、降级以及布局等操作,如图 4-64 所示。

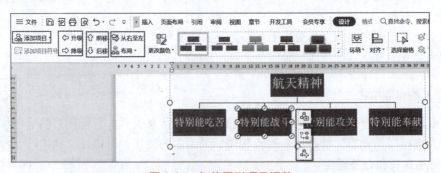

图 4-64 智能图形项目调整

① 添加项目。选中智能图形中的某一项目对象，通过"设计"选项卡下"添加项目"列表中各类添加项目命令完成项目添加。

② 减少项目。当智能图形中的项目数过多时，选中多余的项目对象，按【Delete】键删除。删除形状后，图形会智能调整布局。

③ 项目升降级。插入的智能图形各项目级别并非完全匹配要求，选中需要升/降级的项目，通过"设计"选项卡下的"升级"或"降级"命令实现。此外，也可以通过"前移"和"后移"命令对项目顺序进行调整。

④ 图形布局。智能图形布局分为标准、两者、左悬挂、右悬挂。选中具体项目之后，即可以调整该项目下的图形布局。

（2）录入文本内容。智能图形中的文本录入比较简单，选中项目后直接录入即可。录入的文本内容同样可以通过"格式"或"开始"选项卡进行字段格式化处理。

### 3. 设计智能图形

智能图形的样式设计包含颜色、样式效果、对齐方式、环绕方式、大小和位置等。选中智能图形后，通过"设计"选项卡下的功能命令可对智能图形整体效果进行设计，如图4-65所示。此外，选中项目后，也可通过"格式"选项卡对单个项目的样式填充效果进行设计。

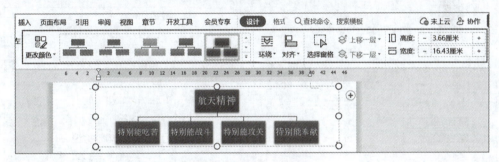

图 4-65　智能图形设计

【案例4-12】使用WPS打开30101020.docx文件，并按指定要求完成以下操作。

（1）在文档最后插入一个智能图形"射线维恩图"，并输入图4-66所示的内容。

（2）选择更改颜色为彩色中的第一种，效果为第四种；调整大小使其位于第一页。

（3）保存文件。

图 4-66　智能图形

## 4.2.6　插入表格

在文档中插入表格，能够将数据内容清晰而直观地组织起来，并进行比较、运算和分析。

### 1. 插入表格

（1）手动插入。

方法1：将光标定位于需要插入表格的位置，单击"插入"选项卡→"表

视频4.13：插入表格

格"工具,在弹出的"插入表格"列表中,移动鼠标确定需要的行列数后单击,如图4-67(a)所示,鼠标移动选中了3行×3列的表格,此时选中的表格为橙色。

方法2:将光标定位于需要插入表格的位置,选择图4-67(a)列表下方的"插入表格"命令,在弹出的"插入表格"对话框中,根据需要自定义行数和列数,还可以对列宽进行设置,最后单击"确定"按钮即可插入,如图4-67(b)所示。

方法3:执行"插入"→"表格"工具下的"绘制表格"命令,则鼠标指针变为画笔形状,按住鼠标左键拖动绘制表格,绘制完成后释放鼠标即可。

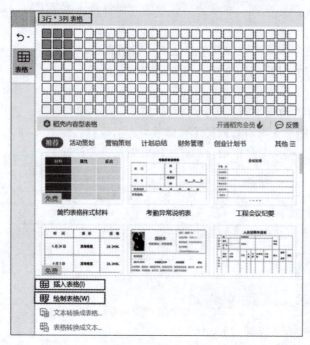
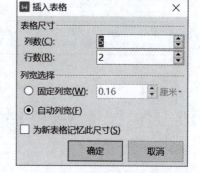

(a)选择"插入表格"命令　　　　　　　　(b)"插入表格"对话框

图4-67　插入表格

(2)文本转表格。

文本转表格首先要确定文字的分隔位置,分隔位置就相当于划分表格列数,可以是段落标记、逗号、空格、制表符及其他字符;然后选中文本内容,单击"插入"选项卡→"表格"工具→"文本转表格"命令;进入"将文字转换成表格"对话框设置"文字分隔位置"和"表格尺寸",最后单击"确定"按钮即可,如图4-68所示。

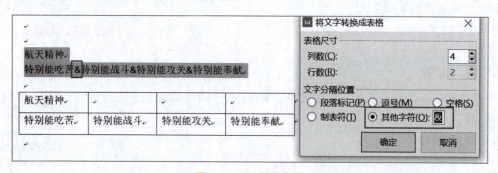

图4-68　文字转表格

## 2. 编辑表格

编辑表格一方面是录入表格数据内容，另一方面是根据数据内容设置表格的属性（表格、行列的尺寸等），合并拆分单元，插入删除行或列，设置高度宽度、对齐方式、文字方向、字体格式等。可在选中表格后，通过"表格工具"选项卡下的功能面板中的工具进行编辑设置，如图4-69所示。

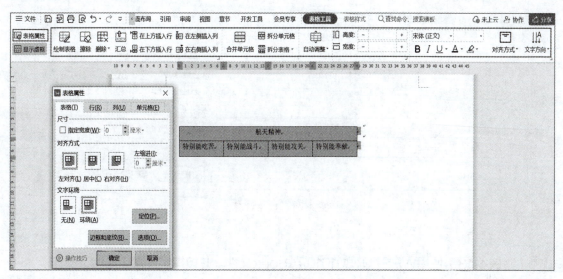

图 4-69　表格工具

## 3. 设计表格样式

设计表格样式侧重对表格填充效果、表格样式、底纹、边框效果、斜线表头等进行设计。具体是选中表格后，通过"表格样式"选项卡下的功能面板中的工具进行设计，如图4-70所示。

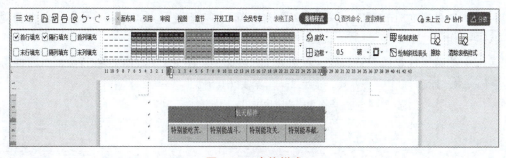

图 4-70　表格样式

## 4. 表格数据计算

WPS 文字中的表格数据的计算分为快速计算和公式计算。具体操作如下：

（1）快速计算：选中表格中需要进行求和、平均值、最大值、最小值计算的数据，单击"表格工具"选项卡→"快速计算"工具中的计算命令进行快速计算。快速计算的结果总是位于最后一个单元格中。

（2）公式计算：首先将光标定位于计算结果存放的单元格，单击"表格工具"选项卡→"公式"命令打开"公式"对话框，在对话框中通过"数字格式"下拉列表选择计算结果的数字格式；通过"粘贴函数"下拉列表选择要使用的公式；通过"表格范围"设置要参与计算的数据来源，最后单击"确定"按钮即可，如图4-71所示。

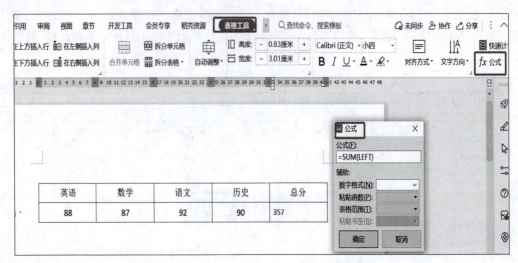

图 4-71  数据计算

【案例4-13】使用WPS打开30101023.docx文件，并按指定要求完成以下操作。

（1）第三段（增值税发票数据显……）下方插入四行两列的表格，录入图4-72所示的内容。

| 类别 | 增长率 |
|---|---|
| 零售业 | 9.5% |
| 综合零售 | 16.5% |
| 基本生活类消费 | 28.4% |

图 4-72  表格内容

（2）表格高度为0.4厘米，宽度为6厘米，单元格内容对齐方式为水平居中；表格在文档页面水平居中。

（3）外部框线线型为第三种，颜色为"矢车菊蓝，着色1"，宽度为1.5磅；内部框线线型为第一种，颜色为"巧克力黄，着色2"，宽度为0.5磅。

（4）为表格添加"橙色，着色4，浅色80%"的底纹。

（5）保存文件。

### 4.2.7  插入图表

利用图表呈现数据内容时，可使数据更为直观、更具有说服力。

**1. 插入图表**

WPS 文字中可以插入图表和在线图表，其中图表最为常用，有柱形图、折线图、饼图、条形图、面积图、散点图、股价图、雷达图以及组合图等多种类型，各类型图表又包括预设样式图表和 WPS 模板图表。

例如，某大学计算机专业全班共85人，其中汉族45人，回族18人，纳西

视频4.14：插入图表

族 11 人，壮族 7 人，羌族 4 人。现在需要用三维饼图展现本班各民族学生的分布情况。具体操作如下：

第 1 步：插入图表。将光标定位到需要插入图表的位置，单击"插入"选项卡→"图表"工具→"饼图"→预设"三维饼图"，此时文档中显示已插入的无数据三维饼图。

第 2 步：编辑数据。选中图表后单击"图表工具"选项卡下的"编辑数据"工具，在弹出的 WPS 表格中编辑图表数据后关闭表格窗口，如图 4-73 所示。

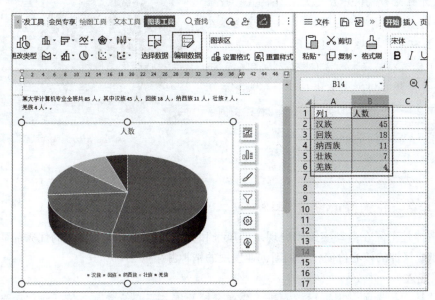

图 4-73　编辑图表数据

**2. 设计图表样式**

关于图表样式设计主要包括图表元素（如标题、图例、数据标签、趋势线等）、颜色、样式、布局等。选中图表后，通过"图表工具"选项卡下的功能选项可实现对图表样式效果的设计，如图 4-74 所示。

通过"文本工具"和"绘图工具"选项卡也可以对图表中的文本效果，以及图表区、绘图区的格式效果进行设计。

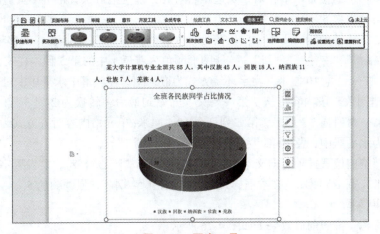

图 4-74　图表工具

【案例4-14】使用WPS打开30101024.docx文件，并按指定要求完成以下操作。

（1）在第三段下方的空白段落插入一个饼图，数据为第三段呈现的数据内容：跨境货物贸易1.59万亿元、服务贸易及其他经常项目0.48万亿元、对外直接投资0.39万亿元、外商直接投资1.04万亿元，图表标题为：2022年一季度金融统计数据（万亿），效果如图4-75所示。

（2）图表样式为样式3（样式列表第1行第3列，如果使用的是WPS教育考试版，该题图表样式选择样式2），布局6，颜色为彩色第2种；图例字号为小四号；数据标签显示值和百分比。

（3）保存文件。

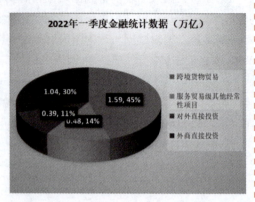

图4-75　饼图

## 任务4.2　匠人匠心图文混排

工匠精神是工匠在劳动实践中展现出的风采和神韵，体现了技术尖兵的优秀品质。工匠精神承载着职业精神的核心价值，是创新创业发展的精神源泉。

### 1. 任务描述

李娜是某学校老师，根据学校安排，要在全校开展"匠心筑梦"宣传活动。李老师已经准备好部分宣传资料文档，请利用所学知识帮助李老师对文档进行图文混排，以增强宣传效果。

### 2. 任务要求

（1）将文档第一段标题文字设置为艺术字效果"填充-矢车菊蓝，着色1，阴影"，文本效果为"紧密倒影，4pt，偏移量"；字体为黑体、二号、加粗；艺术字文字环绕方式为上下型环绕，且相对于页面水平居中对齐。

（2）在文档中插入图片"图片1.jpg"，设置图片高为5厘米，宽为6.31厘米；文字环绕方式为四周型；在文档中的位置水平相对于页边距右对齐，垂直绝对位置距下侧页边距5.5厘米；设置图片效果为柔滑边缘5磅。

（3）在"二、精神内涵"下方空白段落处插入智能图形"基本列表"，调整项目个数并依次录入"敬业""精益""专注""创新"；智能图形颜色为着色1中的第5种，样式为第5种；设置智能图形高1.5厘米，宽10厘米，文字环绕方式为嵌入型，在段落中水平居中对齐。

（4）将文档倒数三段内容（从"第一要义"开始到最后）转换为2列3行的表格，表格高度为1厘米，第一列列宽2.3厘米，第二列列宽10.5厘米；单元格内容对齐方式为中部两端对齐，表格对齐方式为水平居中；表格样式为"浅色样式3-强调1"。

（5）在文档空白位置插入竖向文本框，录入文本内容"匠心筑梦"，并设置字体为宋体小四，文本框高3厘米，宽1.5厘米，文本框样式为"彩色轮廓-钢蓝，强调颜色5"。

### 3. 任务效果参考

任务效果参考（排版前后效果）如图4-76所示。

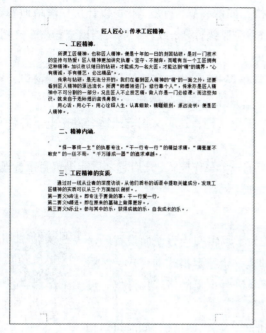 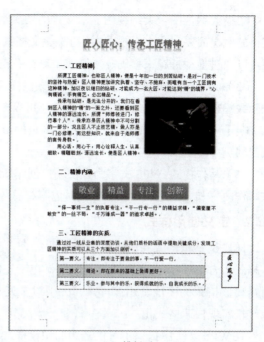

（a）排版前　　　　　　　　　　　　　　　（b）排版后

图 4-76　任务效果参考

## 4.3　长文档编辑管理

### 4.3.1　WPS 文字视图

WPS 文字包含页面视图、大纲视图、阅读版式、Web 版式和写作模式五种视图方式。通过"视图"选项卡下各视图模式命令可进行视图模式的切换，如图 4-77 所示。

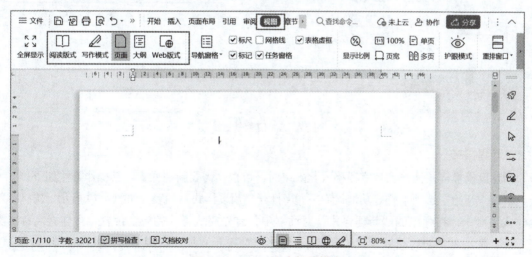

图 4-77　WPS 文字视图模式

（1）页面视图：在页面视图中可以看到对象在实际打印页面的位置，在该视图中可以查看和编辑页眉和页脚，还可以在该视图中调整页边距，以及处理分栏、图形对象和边框。

（2）大纲视图：大纲视图显示文档的层次结构，如章、节、标题等，可以让用户清晰地看到文档的概况简要。在大纲视图中，可折叠文档只查看到某级标题，或者扩展文档以查看整个文档，还可以通过拖动标题来移动、复制或重新组织正文。

（3）阅读版式：阅读版式以图书的分栏样式显示 WPS 文档，文件按钮、功能区等窗口元素被隐藏起来。在阅读版式视图中，用户还可以单击工具按钮选择各种阅读工具。

（4）Web 版式：Web 版式视图是以网页的形式显示文档，这种文档方式适合发送电子邮件和创建网页。

（5）写作模式：WPS 文字为方便用户创作新增了一个写作模式，开启它之后能纵览目录标题，在写作内容和大纲之间切换，方便对内容有总体把握。

### 4.3.2 定义使用样式

样式是字符格式和段落格式属性的集合，是为了编辑文档方便而设置的一些格式组合。WPS 文字中样式的作用就在于先创建一个特定格式的样式，然后对需要该格式的字段套用该样式，无须对多处文段进行重复的格式化操作，可以轻松实现快速格式化。

视频4.15：定义使用样式

在 WPS 文字中提供了可供选用的预设样式和自定义样式功能，同时可对指定样式进行修改、删除等管理。

#### 1. 应用样式

应用样式即直接选用 WPS 文字中的自带预设样式。其操作方法如下：选中需要格式化的文档内容，选中"开始"选项卡样式功能区的某一预设样式单击即可，如图 4-78 所示。

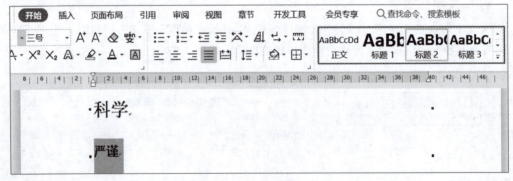

图 4-78　应用样式

#### 2. 新建样式

当预设模板样式无法实现字段格式化效果时，可根据需要新建样式。其操作方法如下：

单击"开始"选项卡样式功能区右下角，打开"预设样式"列表，如图 4-79 所示，选择"新建样式"命令，在弹出的"新建样式"对话框中，首先完成样式的属性设置（含样式名称、类型、基于等），然后进行格式设置（含字体、字形、对齐等）。此外，单击对话框左下角的"格式"命令，从列表中可选择对应的格式工具命令进入相应的对话框，对格式效果进行更加详细的设置，如图 4-80 所示。

图 4-79 预设样式列表

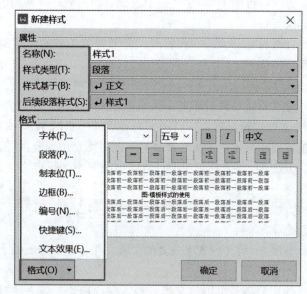

图 4-80 "新建样式"对话框

新建样式设置完成后,在"预设样式"列表中就可以找到新建的样式。通过同样的方法,可以对文章的主副标题、目录、摘要等样式进行设定。

**3. 修改样式**

除了新建样式以外,还可以对现有样式进行修改。具体操作如下:

在"预设样式"窗口选中要修改的样式名称,右击并在弹出的快捷菜单中选择"修改样式"命令,弹出"修改样式"对话框,即可按照需要对原有样式进行修改。

> **知识链接:应用样式**
>
> 文档编辑过程中,若字段应用了某样式,该样式一旦被修改,那么应用该样式的字段格式也会随之变动。

**4. 删除样式**

如果某些样式不再被需要,在"预设样式"列表选中该样式后右击,即可通过右键快捷菜单的"删除样式"命令将其删除。

> 【**案例4-15**】使用WPS打开30101027.docx文件,并按指定要求完成以下操作。
> (1)建立一个名称为"甘肃"的新样式。新建的样式类型段落,样式基于正文,其格式为:标准色浅蓝色、华文楷体、二号字体,字符间距加宽2磅;对齐方式居中,1.5倍行距;并将该样式应用到文档第一段。
> (2)删除样式"普通(网站)"。
> (3)保存文件。

### 4.3.3 插入分隔符

分隔符可用于 WPS 文字中改变页面的版式，常用的分隔符有分页符、分节符和换行符。

视频4.16：插入分隔符

分页符是分页的一种符号，分节符表示节的结尾的标记，换行符则具有文本换行的作用。

#### 1. 分页符

分页符是一种置于上一页结束以及下一页开始位置的分页符号，其作用是把内容分成两页。WPS 文档编辑过程中，当图文内容填满一页时 WPS 文字会自动开始新的一页。但实际操作中，可能需要在某特定位置强制分页，此时需要用到分页符。具体操作如下：

方法 1：将光标置于上一页结束或下一页开始的位置（也就是要分页的位置），单击"插入"选项卡→"分页"下拉列表→"分页符"命令，如图 4-81 所示。

方法 2：将光标置于分页的位置，单击"页面布局"选项卡→"分隔符"下拉列表→"分页符"命令。

方法 3：将光标置于分页的位置，按【Ctrl+Enter】组合键，即可插入分页符。

#### 2. 分节符

使用分节符可以将文档分为不同的模块，以方便对每个模块单独进行页面设置。例如，要将文档第一页设置为纵向，第二页设置为横向，如果直接调整纸张方向，会发现两页内容会同步修改为横向或者纵向，这个时候可以插入分节符再调整方向。分节符的使用方法如下：

首先，将光标定位于需要插入分节的位置，然后执行"插入"选项卡→"分页"命令，或者"页面布局"选项卡→"分隔符"命令，根据需要选择一类分节符插入即可，如图 4-82 所示。

（1）"下一页分节符"：分节符后的文本从新的一页开始。

（2）"连续分节符"：新节与其前面一节同处于当前页中。

（3）"偶数页分节符"：分节符后面的内容转入下一个偶数页。

（4）"奇数页分节符"：分节符后面的内容转入下一个奇数页。

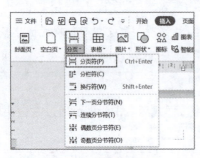

图 4-81 使用分页符

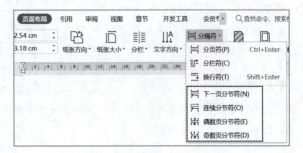

图 4-82 使用分节符

> **知识链接**：分节符的应用
>
> "节"是文档格式化的最大单位（或指一种排版格式的范围），分节符是一个"节"的结束符号。默认情况下，WPS文字将整个文档视为一"节"，故对文档的页面设置是应用于整篇文档的。分节符中存储了"节"的格式设置信息，一定要注意分节符只控制它前面文字的格式。

## 3. 换行符

换行符是一种换行符号,又称软回车、手动换行符。使用换行符的位置呈现灰色向下的箭头 "↓",其作用是将文段内容强制换行,但不分段。例如,在一段文字内容中间插入换行符,看起来内容呈现为两段,但实际仍为一段。

换行符的使用与分节符和分页符的操作使用方法相同。此外,还可以在确定需要换行的位置后,按【Shift+Enter】组合键插入换行符。

> 【案例4-16】使用WPS打开30101028.docx文件,并按指定要求完成以下操作。
> (1) 在第四段文字末尾内容"自开展以来,不少观众前来看展"前插入一个换行符。
> (2) 在最后一段内容前插入一个分页符。
> (3) 保存文件。

### 4.3.4 插入超链接

WPS 文字中插入超链接可以让文档中的图文直接链接到文档中的其他位置、网页或文件,方便读者快速访问相应的内容,提升文档阅读体验。链接对象可以是图片、文本以及文档里的其他对象。超链接插入方法如下:

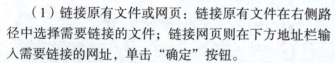

视频4.17:插入超链接

首先选中需要添加超链接的对象,右击并在弹出的快捷菜单中选择"超链接"命令;或通过"插入"选项卡→"超链接"工具,打开"插入超链接"对话框进行超链接设置,如图 4-83 所示。

(1) 链接原有文件或网页:链接原有文件在右侧路径中选择需要链接的文件;链接网页则在下方地址栏输入需要链接的网址,单击"确定"按钮。

(2) 链接到本文档中的位置:选择需要链接的文档中的位置,单击"确定"按钮。

(3) 链接到电子邮件地址:输入电子邮件地址和主题后单击"确定"按钮。

(4) 链接附件:进入选择附件路径的界面,根据需要选择附件并单击"打开"按钮即可。

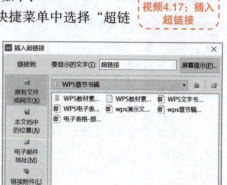

图 4-83 插入超链接

> 知识链接:超链接的应用
> (1) 插入超链接后,设置超链接的内容字体颜色会发生变化,同时下方会出现下画线。鼠标指针放在设置超链接的对象上,系统会提示,需要按住【Ctrl】键然后单击,这时候自动跳转到链接的目标位置。
> (2) 选中设置超链接的对象,右击可以编辑超链接或删除超链接。

（3）超链接到书签：WPS文字中，可以通过插入"书签"的形式表明重点内容、阅读所到之处等，方便通过查找书签的形式快速定位。具体操作如下：将光标定位到需要添加书签的位置或选中需要插入书签的字段内容，通过"插入"选项卡下的"书签"工具打开"书签"对话框进行设置，如图4-84所示。

为对象添加超链接时，也可以直接通过"本文档中位置"直接链接到指定书签。

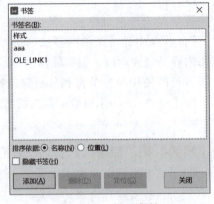

图4-84 插入书签

【案例4-17】使用WPS打开30101031.docx文件，并按指定要求完成以下操作。

（1）选中第8段开头内容"什么是数字人文？"并插入超链接，链接到本文档中的位置为文档顶端。

（2）为文档第1段标题中的"数字人文"（不含标点符号）添加超链接，链接地址为https://baike.baidu.com/item/数字人文/9124925。

（3）保存文件。

### 4.3.5 分栏设置

分栏是页面布局中的一个功能，在进行文档编辑中，可采用分栏的方式增强文档的可读性和美观性。很多论文、书籍、报纸的排版就使用了这一功能。分栏的操作方式如下：

选中需要进行分栏文段内容，执行"页面布局"选项卡→"分栏"工具，这里提供了三种等宽的预设分栏方式："一栏"、"两栏"和"三栏"，可以直接选用预设分栏方式，或选择"更多分栏"命令打开"分栏"对话框。如图4-85所示，在"分栏"对话框，根据实际需要对栏数、宽度和间距、是否显示分隔线等参数进行设置，完成后单击"确定"按钮。

视频4.18：分栏操作

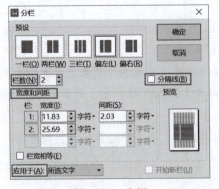

图4-85 分栏

## 知识链接：分栏符

与分栏一起使用的还有"分栏符"，分栏符可以设置一些重要的段落从新的一栏开始。具体操作与分页符、分节符类似。首先将光标定位到需要分栏的位置，选择"页面布局"选项卡→"分隔符"工具→"分栏符"命令完成。

**【案例4-18】** 使用WPS打开30101033.docx文件，并按指定要求完成以下操作。

（1）将文档第3、4、5段（含文字内容"在这幢……对人类的影响"）偏左分为2栏，第一栏宽度设为13字符、间距2字符，添加分隔线。

（2）保存文档。

### 4.3.6 页眉页脚

页眉和页脚是页面顶部或底部区域添加附加信息（如日期、时间、名称、单位信息、页码、徽标、Logo等）。其中页眉在页面的顶部，页脚在页面的底部。

视频4.19：页眉页脚

**1. 页眉**

（1）插入页眉。

在 WPS 文字中，单击"章节"选项卡→"页眉页脚"工具，首先定位的是文档页眉编辑框，并自动切换至"页眉页脚"选项卡，如图 4-86 所示。默认情况下页眉没有任何格式，可直接录入页眉内容（文字、图片、形状等）。

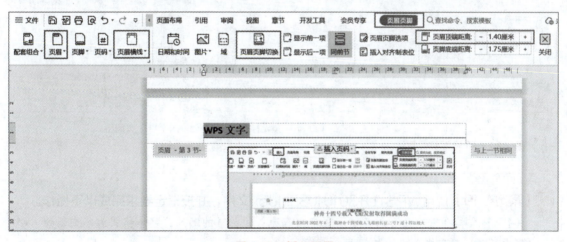

图 4-86 插入页眉

（2）编辑页眉。

录入页眉内容后，通过字段格式化、图片、形状等工具可对内容格式效果进行设置。

通过"页眉页脚"选项卡下的"页眉"工具可以选择页眉样式；"页眉横线"下拉列表可以选择适合的页眉横线；"页眉页脚切换"按钮可以来回切换页眉页脚进行编辑；还可以设置页眉距顶端的距离。

此外，选择"页眉页脚选项"即可对页眉和页脚进行更精细的设置，如页面不同设置、显示页眉横线、页眉/页脚同前节、页码等，如图4-87所示。

（3）删除页眉。

方法1：如果需要删除页眉，执行"页眉页脚"选项卡→"页眉"工具→"删除页眉"命令即可。删除页脚的方法类似。

方法2：通过直接双击页眉页脚区域，然后将内容删除。

### 2. 页脚

页脚是位于页面底端的附加信息，页码就是常见的页脚内容，通常也可以添加文档注释等内容。关于页脚的操作和页眉操作一样，下面重点介绍页脚中页码的使用。

文档排版过程中，给文档添加页码，一方面有助于快速检索定位，另一方面是很多图书、论文等的排版要求。WPS文字中的页码设置操作相对简单且人性化，只需简单设置即可达到想要的效果。具体操作方法如下：

首先，打开需要插入页码的文档，执行"插入"选项卡→"页码"下拉列表，可选择预设页码格式，如图4-88（a）所示；或者单击下方"页码"命令打开"页码"对话框，对页码样式、位置、编号、应用范围等进行设置，如图4-88（b）所示。

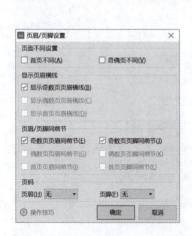

图4-87　页眉页脚设置

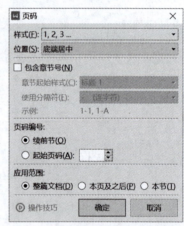

（a）页码预设样式　　　　　　（b）页码格式设置

图4-88　设置页码

---

**【案例4-19】** 使用WPS打开30101035.docx文件，并按指定要求完成以下操作。

（1）为文档插入空白页眉并输入文字内容为：镜头里的潮汕，字体格式为华文新魏、小三、居中显示，且颜色为标准色浅绿。

（2）设置显示页眉横线，页眉横线格式为双实线，页眉颜色为水绿色。

（3）设置文档的页脚底端距离为2厘米，插入样式为"第一页"的页码样式，位置选择"居中"，设置为黑体五号字，标准色红色。

（4）保存文件。

## 4.3.7 脚注尾注

在撰写论文或者是书籍时，我们经常会使用脚注和尾注，而且这两个概念比较容易混淆，脚注是对特定文本的补充说明，一般在页面底部，是对某个内容的注释。虽然尾注也是对特定文本的补充说明，但通常在文本的末尾，用于引文的出处。

视频4.20：脚注尾注

WPS 文字中脚注和尾注的使用方法相同，下面以"脚注"的使用方法为例进行说明。

方法1：首先将光标定位于需要插入脚注的内容处，然后执行"引用"选项卡→"插入脚注"工具，便可在页面底端输入脚注内容，如图4-89（a）所示。

方法2：通过"引用"选项卡下"脚注/尾注分隔线"右下角的"脚注和尾注"对话框启动器按钮 ▁，打开"脚注和尾注"对话框，如图4-89（b）所示。设置脚注的位置、编号格式、起始编号以及应用的范围等参数后单击"插入"按钮。

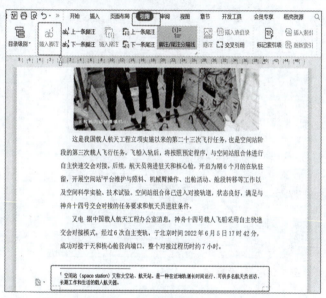

（a）引用脚注　　　　　　　　　　（b）脚注和尾注设置

图 4-89　设置脚注尾注

若想编辑脚注字段格式，则可进入"开始"选项对文字的大小、颜色等进行设置。若要删除脚注，选中脚注的标识，按【Delete】键即可。

---

📋 【案例4-20】使用WPS打开30101036.docx文件，并按指定要求完成以下操作。

（1）将第二段文字"黎族自治县"设置字体颜色为标准蓝色。

（2）为第二段中的"黎族自治县"添加脚注，内容为"位于海南岛的东南部"（内容不包含双引号），脚注位置为文字下方，编号格式为i,ii,iii…。

（3）显示脚注分隔线。

（4）保存文件。

### 4.3.8 题注与交叉引用

**1. 题注**

WPS 文档里中的题注是用来给图片、表格、图表、公式等项目添加的名称和编号。使用题注可以保证长文档中的图片、表格、图表等项目按顺序自动编号，当移动、插入或删除题注时，其他题注序号将自动更新。一旦某项目添加了题注，就可以利用交叉引用实现链接。

视频4.21：题注与交叉引用

WPS 中各项目添加题注的方法相同，以为图片引用题注为例，具体的操作方法如下：选中要引用题注的图片，执行"引用"选项卡→"题注"工具，在弹出的"题注"对话框中选择"标签"后在"题注"文本框输入具体名称即可。当已有标签类型无法满足需要时，可以选择"新建标签"；当已有题注编号格式不满足需要时，单击"题注"对话框的"编号"按钮打开"题注编号"对话框，根据要求设置编号格式、是否包含章节号等，如图 4-90 所示。

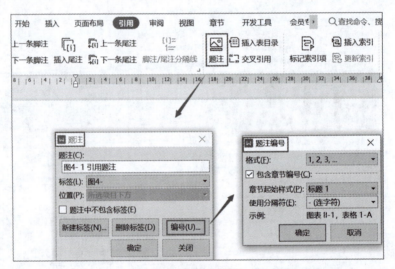

图 4-90 引用题注

> **知识链接：题注的设置**
>
> （1）设置题注编号时，如果针对的是短文档，可不包含章节编号；如果是长文档，在确保章节标题应用了样式的基础上，选择包含章节编号，可以更好地为对象进行编号。
>
> （2）一般情况下，图片的题注位于图片下方，表格的题注位于表格上方。

**2. 交叉引用**

交叉引用是对文档中其他位置内容的引用，WPS 文字中通常可以对标题、书签、脚注、尾注、题注等的相关内容进行交叉引用。如果交叉引用时设置了"插入超链接"，完成后按住【Ctrl】键单击引用即可实现内容的快速跳转。其操作方法如下：

首先，确定插入点。将光标置于插入点的位置，单击"引用"选项卡下的"交叉引用"命令；然后，在弹出的"交叉引用"对话框中设置引用对象（包括引用类型、引用哪一个题注、引用内容、是否插入超链接等）；设置完成单击"插入"按钮即可。

如图 4-91 所示，这里的"图 4-63"就是利用交叉引用插入引用对象的结果，无须手动输入"图 4-63"，按住【Ctrl】键可以实现超链接，且跟随题注序号编号而更新。

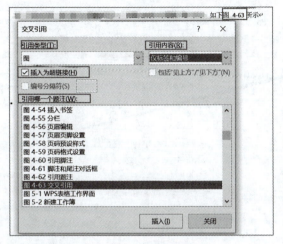

图 4-91　交叉引用

【案例4-21】使用WPS打开30101039.docx文件，并按指定要求完成以下操作。

（1）为文章中的图片引用图注"图1无障碍设施"，图注位于图下方居中位置；并在图片上方"如下"后插入交叉引用，引用内容为图1的完整题注。

（2）为文章中的表格添加题注"表1残奥会项目"，题注位于表格上方；并在表格上方"2022年北京……运动会项目，如下"后面插入交叉引用，引用内容为表1题注，且只有标签和编号。

（3）保存文件。

### 4.3.9　插入目录

目录是书稿中常见的组成部分，由文章章节标题和页码组成，其作用在于方便读者快速检阅或定位到感兴趣的内容。插入目录的前提是对文档中的章节标题设置目录级别。

视频4.22：插入目录

**1. 目录级别**

WPS 文字具有智能目录的功能，使用时可根据文段智能生成目录。但实际操作过程中，为了确保目录内容准确、层次无误，通常会先对文档章节标题进行级别设置。目录级别设置的方法如下：

方法 1：选中需要设置目录级别的标题文字，打开"段落"对话框，将大纲级别设置为 1 级、2 级、3 级……

方法 2：选中需要设置目录级别的标题文字，找到"引用"选项卡→"目录级别"下拉列表，根据需要选择级别即可，如图 4-92（a）所示，将"过程介绍"设为一级目录。

目录级别设置完成后，如要预览效果，可以单击"视图"选项卡→"导航窗格"工具，选择"靠右"或"靠左"，便能看到当前目录大纲，如图 4-92（b）所示。文档编辑过程中，有时需要快速找到某些章节的内容，如果使用上下翻页查找则会浪费大量时间，此时可以利用导航窗格，快速找到需要的内容。

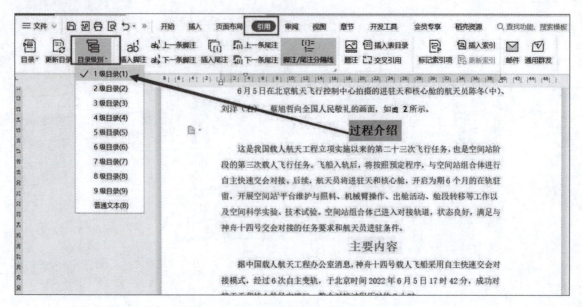

（a）选择目录级别

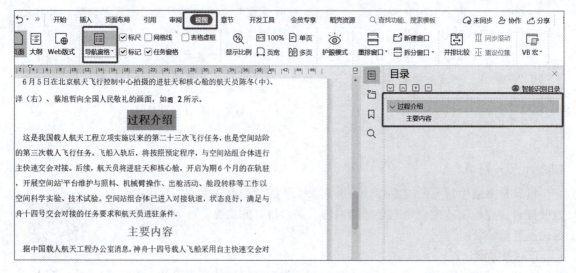

（b）查看目录大纲

图 4-92　设置目录级别

#### 2. 插入目录

WPS 文字提供的插入目录方式包括智能目录、自动目录和自定义目录。

（1）智能目录。

智能目录是利用人工智能（AI）技术自动识别标题，判断文档结构、标题长短等大量因素，来推算出目录显示，如有不准确的地方，可手动进行调整。可以通过"引用"选项卡→"目录"下拉列表选择智能目录类型。

（2）自动目录。

自动目录是根据标题设置的目录级别属性来提取的标题，可以做到精准无误，且高效规范，但往往设置了大纲级别的内容都会被纳入目录，需要手动调整。使用方法如下：将光标定位到需要插入目录的位置，通过选择"引用"选项卡→"目录"下拉列表→"自动目录"类型，即可快速生成目录。

（3）自定义目录。

自定义目录是最常用的插入目录的方式，不仅可以设置目录显示级别、还能个性化设置制表符前导符类型、是否显示页码、是否创建超链接、目录建自等。具体操作如下：

将光标定位于需要插入目录的位置后，选择"引用"选项卡→"目录"下拉列表→"自定义目录"命令，在弹出的"目录"对话框中根据需要设置目录效果，如图4-93（a）所示。

此外，可以单击"目录"对话框的"选项"按钮进入"目录选项"对话框，对"目录建自"进行设置。通常"目录建自"可以是大纲级别或标题样式，此时，可自定义设置有效标题样式在目录中的级别。如图4-93（b）所示，标题2的目录级别为1级，标题3的目录级别为2级。

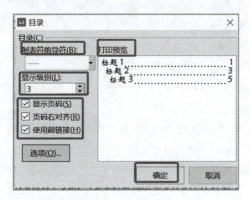

（a）自定义目录　　　　　　　　　　　（b）目录选项设置

图4-93　设置目录

### 3. 更新目录

文档编辑过程中，有时候已经生成了目录，但是又对内容页面进行了调整，这个时候就要更新目录。其操作方法如下：

选择"引用"选项卡→"更新目录"工具，弹出"更新目录"对话框，可以选择只更新页码，也可以选择更新整个目录。通常情况下，如果没有对目录大纲进行调整可以选择只更新页码，如果目录大纲也进行了调整可以选择更新整个目录，最后单击"确定"按钮即可。

【案例4-22】请使用WPS打开30101041.docx文件，并按指定要求完成以下操作。

（1）为文档中"1.起源"应用标题2样式，"1.1发展历史"应用标题3样式，"1.1.1案例"应用标题4样式。

（2）在文档标题上方空白处插入3级目录，目录不使用超链接，显示页码且页码右对齐。设置有效样式为标题2、3、4的目录级别分别为1、2、3。

（3）目录内容文字效果为微软雅黑、四号。

（4）保存文档。

## 任务4.3　创新创业项目策划书编辑

大学生创新创业项目一般指大学生创新创业训练计划项目，是培养创新型人才的重要载体，当前各高校纷纷开展创新创业活动，为学生提供了交流经验、展示成果、共享资源的机会。

### 1. 任务描述

大学生张蕾和她的团队正在参加学校大学生创新创业项目比赛，按照比赛要求已经完成了项目策划书内容编写，但在长文档排版方面遇到了问题。请利用所学知识，按照任务要求帮助该团队完成策划书编排工作。

### 2. 任务要求

（1）在正文的第一段文本C2C后插入脚注，脚注编号格式为①，②，③，…脚注内容为"指个人与个人之间的消费活动。"（注：脚注内容为双引号内的文字内容）。

（2）为文档中的图片添加题注，题注标签为"图"，编号格式为Ⅰ，Ⅱ，Ⅲ，…题注内容为"图Ⅰ C2C模式"，题注位于图片下方居中位置；并在图上方段落文字最后一句话"如 所示"中的"如"和"所示"之间添加交叉引用，只引用图1的标签和编号。

（3）修改"副标题"样式：字体为微软雅黑，四号，标准色蓝色，取消加粗，左对齐；添加实心方块项目符号（字体：Wingdings，字符代码：110），符号颜色为标准蓝色。

（4）将"八、资金需求"下的正文内容分为三栏，每栏间距为1字符，显示分隔线；使用分栏符将每类资金需求分别设置位于不同的栏。

（5）在文档的开头插入分页；分页符前输入文字"目录"，设置字体为黑体，二号；段前1行，段后2行，居中对齐。

（6）在"目录"下方插入自定义目录，设置"标题"样式目录级别为1，"副标题"样式目录级别为2。

（7）插入封面：预设样式第4种，文档标题修改为"大学生创新创业项目策划书"并适当调整位置，将文本框 PROJECT SOLUTIONS 删除。

（8）添加文字水印，文字内容为"悦思创意网店"，字体为幼圆、54号，版式倾斜，其他设置为默认设置。

（9）为文档添加页眉，页眉内容为"大学生创新创业项目策划书"，段落右对齐。

（10）从正文页开始（第3页），在页面底端居中位置插入页码，页面格式为"第1页 共x页"，最后更新目录页码。

### 3. 任务效果参考

任务效果参考（部分）如图4-94所示。

图4-94　任务效果参考（部分）

## 4.4 文档审阅修订

### 4.4.1 字数统计

文档编辑过程中，想要查看总共输入多少文字内容，或者想要查看所选文段字句有多少字数，可以使用 WPS 中的字数统计功能快速统计文档中的页数、字数等。具体操作如下：

如果对整篇文章内容进行统计，直接单击"审阅"选项卡下的"字数统计"工具，从打开的"字数统计"对话框查看，或在页面底部快速预览，如图 4-95 所示。如果是对部分文段进行字数统计，需要首先选中该部分文档，再进行字数统计操作。

视频4.23：字数统计

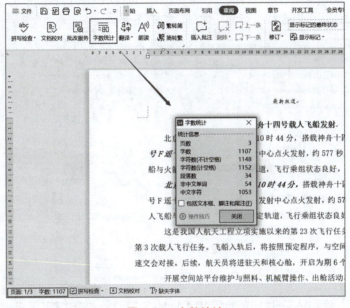

图 4-95　字数统计

### 4.4.2 简繁转换

简繁转换就是将简体和繁体文字进行相互转换。具体操作如下：选中需要进行简繁转换的文字，单击"审阅"选项卡下的"简转繁"或"繁转简"命令，可完成指定文字的简繁转换。

视频4.24：简繁转换

【案例4-23】使用WPS打开30101042.docx文件，并按指定要求完成以下操作。

（1）将文档第二段繁体字（含内容"新華社北京3月16日電……"）转换为简体字。

（2）将文档第四段简体字（含内容"在严格落实各项……"）转换为繁体字。

（3）保存文件。

### 4.4.3 文档批注

批注是指对文档内容进行评论注释，而不是直接修改文档。在阅读过程中，对相应的内容添加批注可以帮助读者记忆、理解；在审阅他人编辑的内容且想要表达意见时，添加批注可以让作者更加清晰地看到意见内容，还能对批注进行回复，从而使审阅者和作者之间沟通变得非常轻松。

视频4.25：添加批注

关于文档批注，经常用到插入、答复和删除。操作方法如下：

插入批注：首先将光标定位到需要添加批注的地方，或选中需要添加批注的相应内容，单击"审阅"选项卡下的"插入批注"工具；然后，在右侧弹出的批注框内录入所要批注的内容。

如果需要解答某个批注，可以单击批注右上角的"编辑批注"标志，在弹出的菜单中选择"答复"命令后，在下方答复框内录入回复内容即可；如果批注的问题已解决，可选择"解决"命令；如果想要删除该批注，可以选择"删除"命令，如图4-96所示。

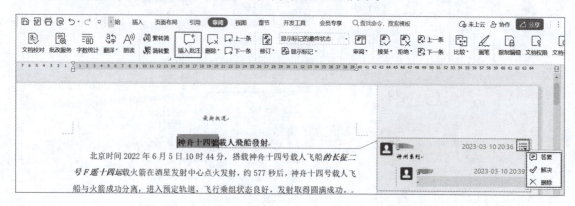

图 4-96 批注操作

【案例4-24】使用WPS打开30101044.docx文件，并按指定要求完成以下操作。

（1）为第七段中的内容"本科生李翔宇"添加批注，批注内容为"是一名计算机专业的学生"（批注内容不包含双引号），格式为黑体、五号、标准色红色。

（2）对文档第一段的批注进行答复，答复内容为32。

（3）保存文件。

### 4.4.4 文档修订

文档阅读或审阅过程中，为了方便他人能清楚知道读者对文档做了哪些修改（如增删内容、位置移动等），需要使用文档修订的功能，保留修改痕迹。利用 WPS 文字处于修订模式下编辑的内容，均以突出样式显示出来，能让文档作者跟踪多位审阅者对文档所做的修改，这样就可以一个一个地复审这些修改并选择接受或者拒绝审阅者的修订。

文档修订主要包括修订设置、修订模式开启与关闭、修订后的显示方式以及修订的接受或拒绝等操作。

### 1. 修订标记设置

开启修订模式之前，首先通过"审阅"选项卡→"修订"下拉菜单→"修订选项"命令打开"选项"对话框，在"修订"选项卡中可以对插入内容、删除内容、批注颜色等标记进行个性化设置，如图4-97所示。这里的标记设置也对文档批注标记有效。

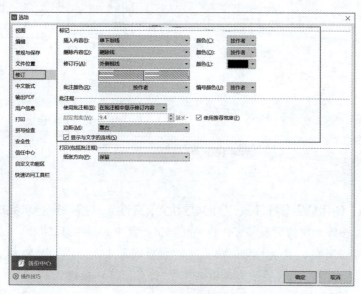

图 4-97　修订标记设置

### 2. 文档修订

当需要采用修订模式编辑文档内容时，首先单击"审阅"选项卡→"修订"工具打开修订模式。在修订模式下对文档做的修改，如增加内容、删除内容等都会突出显示出来，且文档页面左侧始终会用细竖线标明此处做了修订，如图4-98所示。修订完成，再次单击"修订"命令退出修订模式。

视频4.26：文档修订

文档修订过程中，经常会因为修订后的显示方式不妥，导致修订标记过而影响阅读和修订。因此，在实际操作中，通常会选择不同的显示方式以达到更好的修订效果。通过"审阅"选项卡下的审阅状态菜单即可调整，如图4-99所示。

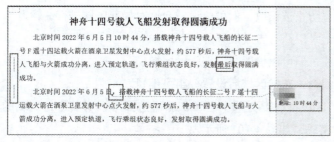

图 4-98　文档修订

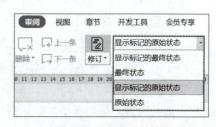

图 4-99　审阅显示状态

### 3. 修订的接受与拒绝

对于收到的文档修订意见，如果是要接受或拒绝整篇文档所有的修订，选择"审阅"选项卡→"接受"/"拒绝"工具→"接受对文档所做的所有修订"/"拒绝对文档所做的所有修订"命令即可，如图4-100所示。

如果要接受或拒绝部分修订，首先将光标定位到修订位置，选择"审阅"选项卡→"接受"/"拒绝"工具，即可仅对某处修订接受或拒绝。

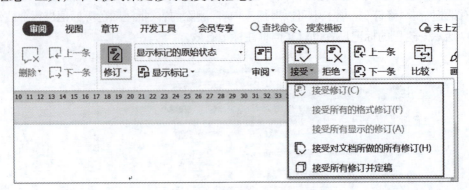

图 4-100　接受或拒绝修订

**【案例4-25】** 使用WPS打开30101045.docx文件，并按指定要求完成以下操作。

（1）接受文档第二段的插入修订，拒绝文档第三段中的删除修订。

（2）打开修订功能，将文档第一段落（"甘肃临夏康乐……"）的文字改为黑体、三号、颜色为"培安紫，文本2（主题颜色第4列）"，关闭修订功能。

（3）保存文件。

### 4.4.5　文档保护

工作或者学习中有时会遇到较为隐私的合同、表格、报告等，为了保护文档不被随意访问和修改，可以使用 WPS 文字中的文档权限对文档进行保护。

#### 1. 限制编辑

WPS 文档中的限制编辑也是允许编辑局部区域，文档的保护方式包括只读、修订、批注和填写窗体。可通过"审阅"选项卡下的"限制编辑"工具打开"限制编辑"窗格进行设置。

视频4.27：文档保护

（1）只读：把文档内容设置为只读，防止被修改，但可以设置允许对局部区域进行编辑。

（2）修订：允许修订文档，但修订记录以修订方式展开。

（3）批注：只允许在文档中插入批注，但可以设置允许编辑的区域。

（4）填写窗体：窗体编辑就是局部编辑，选定区域后设置分组可编辑。

文档保护设置时，对于允许编辑的区域都需要先选中区域，然后选择可以对其进行编辑的用户，最后通过"启用保护"录入保护密码，如图 4-101 所示。

#### 2. 文档权限

首先，打开需要设置权限的文档，单击选择"审阅"选项卡→"文档权限"工具，进入"文档权限"设置窗口，如图 4-102 所示。文档权限设置分为两种：私密文档保护和指导人。

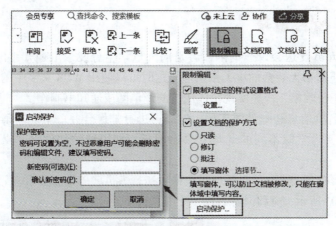

图 4-101　限制编辑

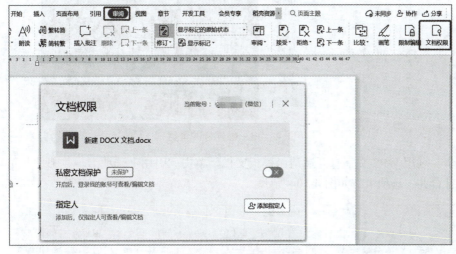

图 4-102　文档权限

（1）私密文档保护：开启"私密文档保护"后，仅文档拥有者的账号才可查看编辑。若要开启该项保护，需要根据提示登录账号并进行本人账号确认，确认无误后即可"开启保护"。

（2）指定人：除了私密文档保护，还可以指定人查看/编辑文档，这样指定的团队成员也可以对文档进行编辑。单击"文档权限"窗口的"添加指定人"按钮，然后根据提示微信、WPS账号或者邀请的方式添加指定人，并对其权限进行设置。

【案例4-26】使用WPS打开30101055.docx文件，并按指定要求完成以下操作。

（1）将文档开启私密保护功能。

（2）采用邀请的方式添加两位指定人，指定人具有编辑和另外的权限，将生成的链接复制粘贴到第二段下方的位置，并给网址加黑色单实线下画线。

（3）保存文件。

## 4.5 邮件合并

当需要向大批人员发送会议邀请函或者是向大量学生分发录取通知书时，逐个制作邀请函或通知书无疑会加重工作负担，这时可以使用 WPS 文字中的邮件合并功能来提高工作效率，快速实现全体成员的邀请函或通知书制作。

视频4.28：邮件合并

首先需要准备名单信息和邮件源文档，然后再进行邮件合并。下面以某晚会邀请函为例，需要为学院不同的老师发放邀请函，利用到的邮件合并操作如下：

第 1 步：准备具有参会人员信息的电子表格（邀请人员名单.xlsx）和邀请函模板文档（邀请函.docx），如图 4-103 所示，并将其存在同一个文件夹下。

图 4-103 邮件合并素材

第 2 步：利用 WPS 文字打开邀请函模板文档，单击"引用"选项卡→"邮件"工具，切换进入"邮件合并"选项卡，如图 4-104 所示。

图 4-104 启用邮件合并

第 3 步：然后打开数据源，将数据表格信息导入。单击"打开数据源"工具，打开文件夹下的"邀请人员名单"，如图 4-105 所示。

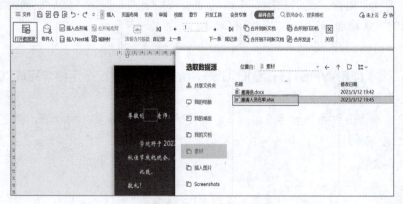

图 4-105 打开数据源

打开数据源，默认收件人信息已经被全被收集至文字文档，单击"收件人"工具，打开"邮件合并收件人"对话框，可查看全部收件人信息，也可以筛选收件人，如图4-106所示。

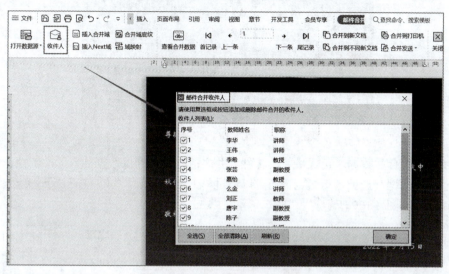

图4-106　邮件合并收件人列表

第4步：插入合并域。插入合并域是邮件合并非常重要的一步操作，直接影响邮件合并的效果。实际操作过程中，通常会插入一个或多个合并域，只需要准确定位光标，分别插入即可。

该案例需要在"尊敬的"和"老师"之间插入合并域"教师姓名"，首先将光标定位到"尊敬的"后面，然后单击"插入合并域"工具打开"插入域"对话框，在对话框中选中需要插入的合并域字段，该案例是"教师姓名"，然后单击"插入"命令，如图4-107所示。插入合并域后，文档中相应位置出现已插入的域标记，如图4-108所示，在"尊敬的"和"老师"之间显示"教师姓名"，则表示该合并域插入成功。

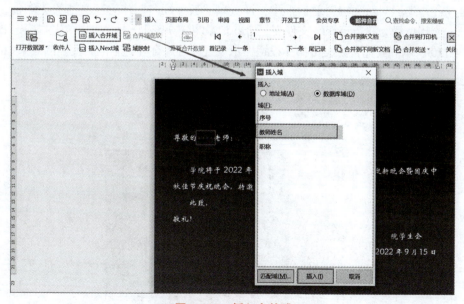

图4-107　插入合并域

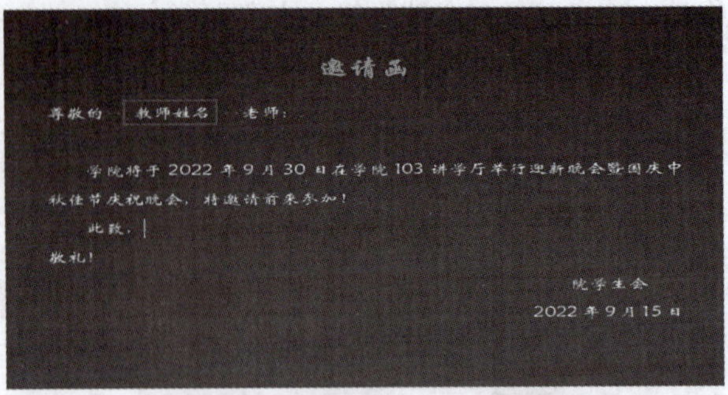

图 4-108 插入邮件合并域后标记

第 5 步：查看合并数据。正式最后的邮件合并之前，为了确保数据插入的准确性，可以通过单击"查看合并数据"选项进行浏览，还可以通过单击"首记录""上一条""下一条""尾记录"按钮进行切换，如图 4-109 所示。

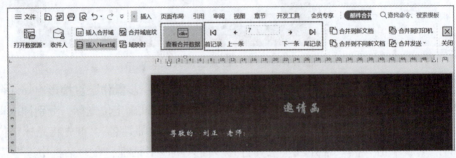

图 4-109 查看合并数据

第 6 步：邮件合并。确认无误后，选择适合的合并路径进行合并。该案例是制作邀请函，且需要将其单独发给各位老师，这里以合并到不同文档为例进行介绍。选择"合并到不同新文档"，在弹出的"合并到不同新文档"对话框中，设置以"教师姓名"作为新文档的文件名，保存格式为 docx，文档位置为"邀请函"文件夹，合并记录为"全部"。设置完成单击"确定"按钮即可，如图 4-110 所示。其他合并类型操作根据提示设置即可。合并到不同新文档的效果如图 4-111 所示。

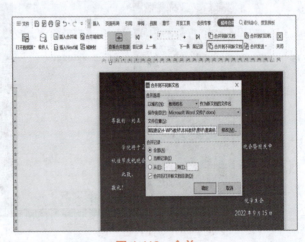

图 4-110 合并

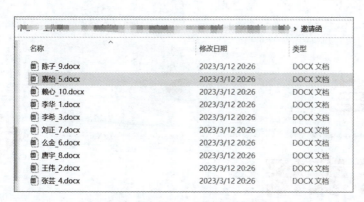

图 4-111 合并到不同新文档的效果

## 任务 4.4 员工工作证制作

工作证是公司或单位组织成员的证件,是一个单位形象和认证的一种标志。

### 1. 任务描述

小钟是公司人事部新进干事,根据公司规定,现在需要为公司刚新入职的一批员工制作并发放工作证。小钟已经整理好员工个人信息,但由于业务不熟,单个制作工作证需要耗费大量时间和精力。请利用所学技能帮他快速完成工作证的制作。

### 2. 任务要求

(1)利用工作证模板文件"工作证.docx",以"职员名单.xlsx"为数据源,在模板文档中的姓名、部门、职务和编号后分别插入对应的合并域。

(2)将邮件合并的内容全部输出到一个新文档中,另存新文档名为"合并输出.docx"。

(3)将合并后的文档以 PDF 格式输出,以备统一打印。

### 3. 任务效果参考

任务效果参考(合并前、后效果)如图 4-112 所示。

(a)合并前      (b)合并后

图 4-112 任务效果参考

# 第5章

# WPS表格

📊 **本章知识结构**

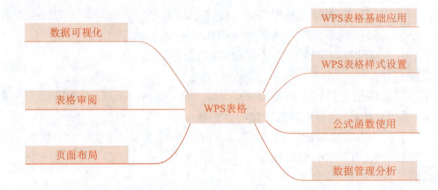

📋 **本章学习目标**

- 熟悉 WPS 表格工作界面和特色功能；
- 能利用 WPS 表格中的基础功能实现表格格式设置；
- 能熟练运用各类公式函数实现对数据的统计计算；
- 能利用数据管理工具对整理的数据进行分类汇总、筛选合并等操作；
- 能快速利用图表工具对数据进行可视化呈现；
- 能对表格进行熟练的页面和打印设置。

  信息化社会不断发展，每天都在产生大量数据，面对大量且杂乱无序的数据，只有借助数据处理工具和技术，对数据进行整理、筛选、汇总、统计、分析处理，并通过各种直观化的方式呈现出来才能更加容易理解和记忆。WPS 表格是金山软件股份有限公司开发的 WPS Office 办公软件特有的数据工具，具有优化的计算引擎和强大的数据处理功能，是目前使用非常广泛的计算机数据处理工具。

  本章重点介绍利用 WPS 表格整理、处理、分析、管理、可视化数据的方法和技巧。

第 5 章 WPS 表格

## 5.1 WPS 表格基础应用

### 5.1.1 工作簿基本操作

WPS 工作簿是用于存储并处理数据的文件，是一张或多张工作表的集合，常用扩展名为 .xlsx。简单地说，工作簿相当于一个笔记本，而工作表就是笔记本中的某一页。

视频5.1：工作簿的基本操作

#### 1. 工作簿新建

（1）新建空白工作簿。

方法 1：当 WPS 程序未启动。双击桌面 WPS 快捷图标，启动 WPS 程序，单击"新建"→"新建表格"→"新建空白表格"，完成空白工作簿新建。

方法 2：当正在利用 WPS 编辑其他文稿时，单击页面上方标题栏的新建标签"+"，进入"新建"标签界面，完成工作簿新建。

方法 3：单击 WPS 表格左上方的"文件"→"新建"→"从这里新建文档"→"新建"。

方法 4：如果正在编辑 WPS 表格，直接按【Ctrl+N】组合键快速实现工作簿新建。

（2）新建模板工作簿。

使用模板在一定程度上可节约设计特定工作表的时间。WPS 提供了很多可供选择的工作表模板，包含报价单类、签到表类、工作计划类、登记表类、考勤表类等。新建方法如下：

进入"新建表格"栏目，在搜索框输入想要的模板名称（如考勤表），单击"搜索"，即可呈现所有可使用的模板，选中模板，单击"立即使用"→"立即下载"按钮即可。

#### 2. 工作簿打开

双击已有的工作簿文件快速将其打开，或单击 WPS 左上方"文件"菜单→"打开"命令，在"打开文件"对话框中，选中对应文件夹下的电子表格文档，单击"打开"按钮。

#### 3. 工作簿保存与另存

工作簿保存包括保存原有文档，或保存新建文档；工作簿另存通常是将工作簿保存到其他位置，或另存为不同文件名的文档。具体操作方法如下：

单击 WPS 表格编辑页左上角的"文件"菜单→"保存"/"另存为"命令，或单击 WPS 表格页面左上角快速访问区域的"保存"按钮，在弹出的"另存为"对话框中浏览保存路径、修改文件名和文件类型，确认无误后单击"保存"按钮即可。

按【Ctrl+S】组合键可进行快速保存操作。

---

**【案例5-1】** 使用WPS按指定要求完成以下操作。

（1）利用WPS新建空白工作簿。

（2）将工作簿保存到C:\winks，文件名为31101002.xlsx。

（3）在源文件夹输出PDF文档，命名为31101002.pdf。

---

### 5.1.2 工作表基本操作

工作表是 WPS 表格的核心，不同类型数据可以存放在不同的工作表。

### 1. 工作表新建/删除

工作表新建是新增加一张或多张空白工作表，工作表删除是删除一张或多张工作表。

视频5.2：工作表基本操作

工作表新建的方法：新建工作簿后，默认已经新建了一个工作表Sheet1，如需要增加新工作表，单击工作界面左下角Sheet1右侧的"+"按钮，可建立工作表Sheet2，再次单击则新建工作表Sheet3。该方法新建的工作表总是位于最右侧。

工作表删除的方法：选中需要删除的工作表标签右击，在弹出的快捷菜单中选择"删除工作表"命令即可删除。

### 2. 工作表插入

工作表插入也是插入新空白工作表，但与新建工作表不同的是：使用"插入工作表"功能，可以一次性插入多个工作表，且可以在当前工作表之前或之后插入。

工作表插入的方法：选中某工作表标签（如Sheet2）右击，在弹出的快捷菜单中选择"插入工作表"命令，在"插入工作表"对话框中设置插入数目和位置，即可完成指定数量工作表的插入，如图5-1所示。

### 3. 工作表移动或复制

工作表移动是指将指定工作表移动至该工作簿/其他工作簿的指定工作表之前或所有工作表之后。工作表复制是指将指定工作表在该工作簿/其他工作簿的指定工作表之前或所有工作表之后建立副表。

工作表移动或复制的方法：选中工作表标签（如Sheet1）右击，在弹出的快捷菜单中选择"移动或复制工作表"命令，在弹出的"移动或复制工作表"对话框中，选定工作表移至指定工作簿，并设定目标位置，如图5-2所示，单击"确定"按钮完成工作表移动。若勾选"建立副本"复选框则实现工作表的复制。

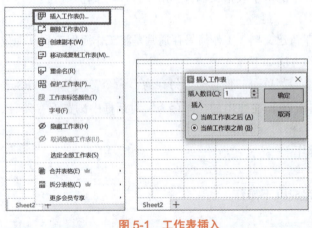

图5-1　工作表插入

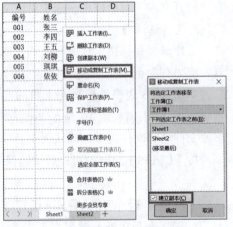

图5-2　移动或复制工作表

### 4. 工作表重命名

根据实际需求对工作表进行自定义重命名，可以快速定位所需的工作表，节约处理时间。

工作表重命名的方法：在工作表标签栏，选中需要重命名的工作表标签后，右击并在弹出的快捷菜单中选择"重命名"命令（或快速双击），此时标签名进入可编辑状态，录入修改后的名称即可。

## 5. 工作表标签颜色

当工作表过多时，可通过设置工作表标签颜色以示区分。

工作表标签颜色设置方法：选中需要设置颜色的工作表标签名后右击，在弹出的快捷菜单中选择"工作表标签颜色"命令，在右侧颜色框中选择需要的颜色即可。

## 6. 工作表隐藏与取消隐藏

当工作表中的内容不希望被别人看到，或工作表过多影响操作时，可以将特定的工作表进行隐藏，有需要的时候再取消隐藏。

隐藏工作表的方法：在工作表标签栏，选中需要隐藏的工作表标签后右击，在弹出的快捷菜单中选择"隐藏工作表"命令，即可完成对指定工作表的隐藏。

取消隐藏工作表的方法：选中任意工作表标签后右击，在弹出的快捷菜单中选择"取消隐藏工作表"命令，在弹出的"取消隐藏"对话框中，单击选中需要取消隐藏的工作表后单击"确定"按钮即可。

> 【案例5-2】使用WPS打开31101005.xlsx文件，并按指定要求完成以下操作。
> （1）新建工作表Sheet2、Sheet3、Sheet4、Sheet5，名称依次为创新、协调、开放、共享。
> （2）工作表Sheet1重命名为"发展理念"，将工作表标签颜色设置为标准色"橙色"。
> （3）把工作簿31101005_1.xlsx中的工作表"绿色"复制到31101005.xlsx中的工作表"开放"之前，复制后的工作表名称为"绿色"。
> （4）删除工作表"合作"；隐藏工作表"发展"。
> （5）保存文档。

### 5.1.3 数据录入与数据填充

#### 1. 数据录入

数据分析处理的基础是先准备好数据，并将数据录入电子表格中进行分析统计。

方法1：直接录入。将光标定位到目标单元格，双击单元格进入编辑状态录入数据；也可单击选中单元格后，在"编辑栏"输入数据。

方法2：复制粘贴录入。利用复制粘贴功能将收集到的数据粘贴到对应单元格中。如果需要复制工作表中已有的数据，则进入工作表选中数据单元格，通过复制、粘贴命令将数据复制到目标单元格。

视频5.3：数据录入与数据填充

方法3：从外部导入数据。从外部导入数据通常是先在 .txt 文本文档中保存数据，然后批量将文本文档中的数据按指定格式导入 WPS 表格中。具体操作方法如下：

（1）利用文本文档准备数据。数据内容之间通常需要使用分隔符分隔，可以是空格、逗号、#、*等。图 5-3 是已经准备好的源数据，用 # 分隔。

（2）选择数据源。单击"数据"→"导入数据"→"导入数据"，弹出"第一步：选择数据源"对话框，如图 5-4 所示，选择"直接打开数据文件"→"选择数据源"，选中已存好的源数据文档，单击"打开"按钮，单击"下一步"按钮。

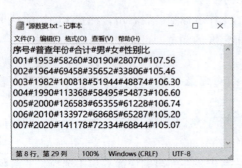

图 5-3　文本文档准备数据　　　　　　　图 5-4　选择数据源

（3）文本转换设置文本编码。通常系统会自动匹配编码，如该案例"源数据.txt"文本编码方式为 UTF-8，如图 5-5 所示。预览数据无乱码后，单击"下一步"按钮。

（4）判断分隔符。在"文本导入向导 -3 步骤之 1"对话框中，判断数据是否有分隔符，若无误单击"下一步"按钮，此处"源数据.txt"文本文档使用了分隔符号，因此选择"分隔符号"单选按钮，如图 5-6 所示，单击"下一步"按钮。

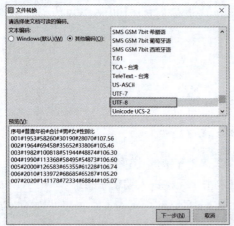
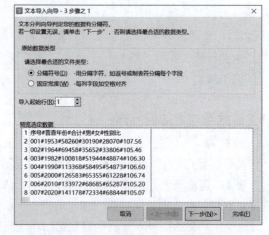

图 5-5　文本转换　　　　　　　　　　　图 5-6　文本导入向导（分隔符判断）

（5）设置分隔符号。在"文本导入向导 -3 步骤之 2"对话框，默认分隔符为"Tab 键"，需根据实际情况设置分隔符。本案例"源数据.txt"文本文档的分隔符号是"#"，勾选"其他"复选框，并在文本框输入"#"。此时，在数据预览窗口可以清晰地看到，数据已被分隔线分为了六列，如图 5-7 所示，确认无误后，单击"下一步"按钮。

（6）设置每列数据的数据类型。在"文本导入向导 -3 步骤之 3"对话框，默认列数据类型均为"常规"，需根据实际情况设置列数据类型。当需要修改某列的数据类型时，在数据预览框中选中该列（选中后呈现灰色底），并在上方设置对应的数据类型即可。例如，在本案例中，编号列最后需要呈现 001、002、……如果数据类型为"常规"，那么最后呈现的编号是 1、2、……因此需要选中编号列，将数据类型改为"文本"，如图 5-8 所示。

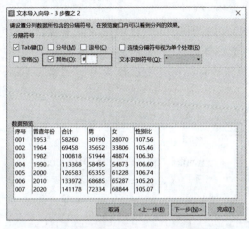

图 5-7 文本导入向导（设置分隔符）

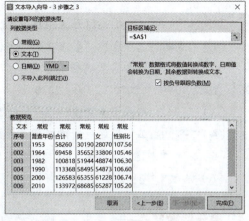

图 5-8 文本导入向导（设置数据类型）

（7）设置目标区域。目标区域即数据起始位置，此处设置为 A1 单元格，确认无误后单击"完成"按钮，即可在工作表中看到导入后的数据，如图 5-9 所示。

#### 2. 序列填充

序列填充是日常电子表格操作中经常用到的功能，只需要拖动鼠标或简单设置即可在短时间内完成一个序列数据的快速录入。

（1）等差数列填充：在行或列上任意两个连续单元格填充数据（数值型数据），选中这两个单元格，然后将鼠标指针放在最后一个单元格右下角，当鼠标指针变成十字形时，按住左键拖动到对应目标单元格处，即可完成等差数列快速填充。

（2）相同内容填充：若需要序列填充后的数据相同，序列填充时需要在按住鼠标左键拖动的同时按住【Ctrl】键；或直接拖动鼠标到目的单元格后释放鼠标，然后单击右下角的"自动填充选项"选择"复制单元格"命令，如图 5-10 所示。

（3）自定义序列。在工作表某单元格填充一个数值，选中该单元格，单击"开始"选项卡→"填充"工具→"序列"命令，在弹出的"序列"对话框中，根据需要设置序列产生在行或列、类型、步长值、终止值。如图 5-11 所示，在 I1 单元格录入数字 1，设置序列产生在"列"，类型为"等比序列"，步长值为"2"，终止值为"50"，填充效果如图 5-11 右侧所示。

图 5-9 外部数据导入成功

图 5-10 相同序列填充

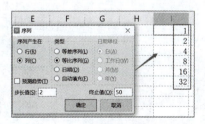

图 5-11 自定义填充序列

**【案例5-3】** 使用WPS打开31101008.xlsx文件，并按指定要求完成以下操作。

（1）在Sheet1工作表的"普查次数"列，完成A3:A9区域内容的序列填充。

（2）在B2单元格录入"普查年份"，并依次在B3:B9单元格填入普查年份：1953、1964、1982、1990、2000、2010、2020。

（3）选择C2:D9，将其转置粘贴至以C15开始的单元格。

（4）在Sheet1工作表之后新建名为"性别比"的工作表。

（5）以"性别比"工作表A1为起始单元格，导入C:\winks文件夹下的31101008.txt数据。

（6）保存文件。

### 5.1.4 单元格数字格式

WPS 表格中录入数据时需要特别注意其格式类型，只有数据格式无误才能准确显示。工作表中常见的数据类型包括百分数、小数、货币、日期等。前面导入外部数据已经知道导入数据时如何设置每列的数据格式，在工作表中设置数据格式更加重要。

视频5.4：单元格数字格式

单元格数字格式设置的方法：选中需要设置数字格式的单元格区域，在"开始"选项卡下通过功能按钮快速设置，如图 5-12 所示，一般情况下需要单击右下方的"单元格格式"对话框按钮 ↲，进入"单元格格式"对话框"数字"选项卡进行设置，如图 5-13 所示。

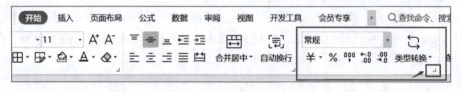

图 5-12 数字格式设置（1）

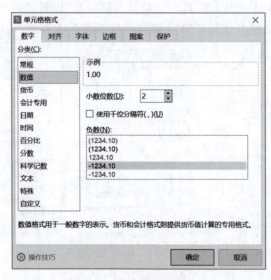

图 5-13 数字格式设置（2）

【案例5-4】使用WPS打开31101011.xlsx文件，并按指定要求完成以下操作。
（1）将B3:B12单元格数据设置为保留一位小数。
（2）将增长率数据C3:C12设置为百分数形式，保留两位小数。
（3）将次均住院费D3:D12设置为货币格式，不保留小数位。
（4）将D15单元格时间样式设置为"短日期"类型。
（5）保存文档。

## 5.1.5 单元格基本操作

单元格是表格中行与列交叉的部分，是工作表的基本单位，也是最小单位。

### 1. 单元格移动 / 复制

单元格移动 / 复制实质上是移动或复制单元格内的内容。移动是将一个单元格内容移动到另一个单元格，即单元格内容剪切；复制是将一个单元格内容进行复制，最后两个单元格中呈现相同的内容。

视频5.5：单元格的基本操作

单元格移动 / 复制的方法：选中需要复制 / 移动的单元格右击，在弹出的快捷菜单中选择"复制"/"剪切"命令，此时被选择的单元格区域外边框变为动态绿色虚线框，将光标定位到目标单元格右击，在弹出的快捷菜单中选择"粘贴"命令完成复制 / 移动。

**知识链接：粘贴单元格**

（1）如果复制的单元格属于特殊格式、或通过公式计算得到，或需要进行特殊处理，需要在粘贴时选择"选择性粘贴"，在弹出的"选择性粘贴"对话框中根据需要选择粘贴效果，如图5-14所示。

（2）快捷键：【Ctrl+C】为复制，【Ctrl+V】为粘贴，【Ctrl+X】为剪切。

图 5-14 "选择性粘贴"对话框

### 2. 单元格插入

单元格插入是在已有数据表中插入一个空白单元格用于填充数据。一般可以在指定单元格左侧或上方插入单元格。

单元格插入的方法：选中要插入单元格的区域右击，在弹出的快捷菜单中选择"插入"命令，在子菜单中选择"插入单元格,活动单元格右移动"或"插入单元格,活动单元格下移"完成插入，如图 5-15 所示。无论是右移或是下移，最后选中的区域都将成为空白单元格，允许填充内容。

### 3. 单元格删除

删除单元格与清除单元格内容不同，删除单元格后右侧或下方单元格会左移或上移，而清除单元格内容只是将单元格内容清空，但单元格依然存在，不会存在移动单元格的情况。

删除单元格的方法：选中需要删除的单元格右击，在弹出的快捷菜单中选择"删除"命令，在子菜单中选择"右侧单元格左移"或"下方单元格上移"命令完成指定单元格删除操作。

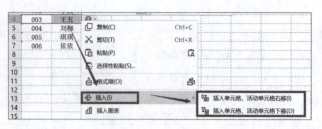

图 5-15 插入单元格

#### 4. 单元格合并

单元格合并是将电子表格中连续的多个单元格合并为一个单元格。在数据统计表中，往往需要对单元格进行合并操作，实现数据表美观可读。

单元格合并的方法：选中需要合并的单元格，单击"开始"选项卡→"合并居中"工具，在下拉列表中选择合并方式，如图 5-16 所示；或选中需要合并的单元格右击，通过"合并"命令选择合并方式。

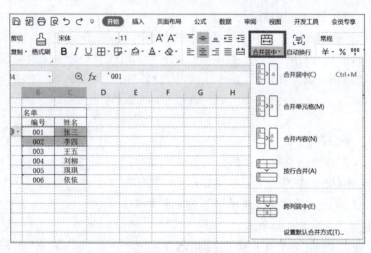

图 5-16 单元格合并

---

【案例5-5】使用WPS打开31101013.xlsx文件，并按指定要求完成以下操作。

（1）删除B2单元格，使得C2单元格左移到B2单元格。

（2）在A6插入空白单元格，使得"刘柳"右移至B2插入，并在A6空白单元格输入编号004。

（3）将单元格A1:B1合并居中。

（4）保存文件。

---

### 5.1.6 单元格基本格式

单元格格式设置包括数字、对齐、字体、边框、图案和保护，本小节仅针对单元格数字格式、单元格对齐以及单元格字体的基本内容进行介绍，关于单元格边框、底纹请见 5.2.1 小节和 5.2.2 小节。操作方法有三种：

方法1：选中需要进行格式设置的单元格区域，在"开始"选项卡下通过功能面板的快捷按钮进行格式设置，如图 5-17 所示。

视频5.6：单元格基本格式

图 5-17 单元格格式设置

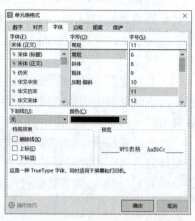

方法2: 选中需要进行格式设置的单元格区域，单击"开始"选项卡下的字体格式对话框启动器按钮 ▣，或右击并在弹出的快捷菜单中选择"设置单元格格式"命令，在弹出的"单元格格式"对话框中完成各项格式设置，如图 5-18 所示。

方法3：选中需要进行格式设置的单元格区域，在右侧浮动工具栏设置。

图 5-18 "单元格格式"对话框

【案例5-6】使用WPS打开31101015.xlsx文件，并按指定要求完成以下操作。

（1）将单元格A1:K1合并居中对齐，字体为微软雅黑、加粗，字号18，颜色为标准色绿色。

（2）设置A2:K2单元格内容水平垂直居中对齐，字体为微软雅黑、12号、加粗。

（3）设置B3:K11单元格内容右对齐。

（4）设置A3:A11单元格字体倾斜，颜色为"浅绿，着色6"。

（5）保存文件。

## 5.1.7 工作表行列操作

数据管理过程中，经常需要插入或删除行 / 列，以满足数据补充、剔除和精确管理。当有行 / 列数据影响阅读或不想被看见时，经常会进行隐藏或取消隐藏操作。当工作表行高列宽不适应单元格中的内容，影响表格数据可见性与可读性时，需要进行行高 / 列宽设置。

### 1. 行列插入 / 删除

（1）行 / 列插入。WPS 表格的行 / 列插入可根据需要选择在指定行的上方 / 下方或指定列的左侧 / 右侧插入指定数量的行 / 列。

方法1：选中行 / 列插入。以行插入为例，将光标定位在某一行标签，单击选中该行，右击，通过在上方 / 下方插入行命令，录入插入的行数，确认无误单击"√"按钮。

方法2: 选中单元格插入行 / 列。选中某单元格右击,在弹出的快捷菜单中选择"插入"命令，完成在上下插入行或左右插入列操作。

（2）行 / 列删除。选中需要删除的行或列右击,在弹出的快捷菜单中选择"删除"命令删除。

视频5.7：工作表行列操作

### 2. 行列隐藏/取消隐藏

选中需要隐藏的行或列右击，在弹出的快捷菜单中选择"隐藏"命令实现行/列隐藏操作。隐藏后的工作表具有"取消隐藏"的标志 ， 单击该标志可实现"取消隐藏"操作。

### 3. 行高和列宽

工作表行列默认都是最适合的行高和列宽，设置行高/列宽是为了更好地呈现表中的内容。经常有看到表格内容为"####"，其原因主要是单元格中内容字符数太多，而表格宽度不够，只要适当调整宽度就可以完整呈现。行高和列宽的设置可以是最适合的行高列宽，也可以是自定义行高列宽。

（1）自定义行高/列宽设置。以列宽设置为例。选中需要设置列宽的一列或多列，右击并在弹出的快捷菜单中选择"列宽"命令；或通过"开始"选项卡→"行和列"工具→"列宽"命令，在弹出的"列宽"对话框中输入列宽字符数进行设置。

（2）设置最合适的行高/列宽。当行高/列宽为最合适时，行高和列宽会根据单元格内容自适应调整。选中需要设置的行/列，选择"开始"→"行和列"工具→"最适合的行高"或"最适合的列宽"命令，或直接通过右键快捷菜单选择"最适合的行高"/"最适合的列宽"命令设置。

> **知识链接**：行/列选择的方法
> （1）选择连续的行或列：选择某行或某列，按照鼠标左键拖动选择其他行或列。
> （2）选择不连续的行或列：选择某行或某列，按住【Ctrl】键，依次选中其他行或列。

> **【案例5-7】** 使用WPS打开31101018.xlsx文件，并按指定要求完成以下操作。
> （1）删除工作表Sheet1第20行（空行），在第一行（标题行）前插入1行。
> （2）设置Sheet1工作表列宽为最适合的列宽。
> （3）设置第2行行高为28，第3行行高为24。
> （4）取消隐藏工作表第4行，隐藏工作表第C列。
> （5）保存文件。

### 5.1.8 工作表窗格冻结

当工作表内容较多，上下滚动或左右滚动数据表时，经常看不到表头或最左侧的内容，以至于无法准确理解各单元格数据表示的真正含义。利用冻结窗口功能，可实现无论怎样拖动滚动条，可以永远显示表头部分、最左列，或指定行和列。

视频5.8：工作表窗口冻结

常见窗口冻结包括冻结首行（或冻结至第 * 行）、冻结首列（或冻结至第 # 列）、冻结至第 * 行 # 列（ * 和 # 表示具体行列标签）。

#### 1. 冻结首行（或冻结至第 * 行）

如果是冻结首行，将光标定位到任意单元格，单击"视图"选项卡→"冻结窗格"工具→"冻结首行"命令。如果要冻结至第*行,将光标定位到第*行的下一行的任意单元格再设置。例如，冻结至第2行，将光标定位到第3行的任意单元格，单击"视图"→"冻结窗格"→"冻结至第2行"命令，如图5-19所示。

图 5-19　仅冻结指定行

### 2. 冻结首列（或冻结至第 # 列）

如果是冻结首列，将光标定位到任意单元格，单击"视图"选项卡→"冻结窗格"工具→"冻结首列"命令。如果要冻结至第 # 列，将光标定位到第 # 列的右一列的任意单元格再设置（与冻结至 * 行操作类似）。

### 3. 冻结至第 * 行 # 列

冻结至第 * 行 # 列，指的是同时冻结指定行和列，需分两步完成设置。

第 1 步：定位单元格。选中的单元格一定是冻结行列的交叉处的单元格。例如，要冻结第 2 行第 A 列，则需要选择单元格 B3，如图 5-20 所示。

第 2 步：单击"视图"→"冻结窗格"→"冻结至第 2 行 A 列"命令。

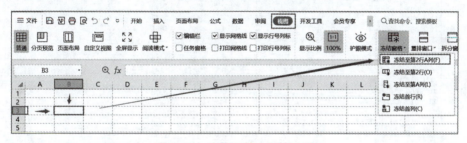

图 5-20　冻结至第 * 行第 # 列

【案例5-8】使用WPS打开31101020.xlsx文件，并按指定要求完成以下操作。

（1）冻结"学校数"工作表第1列（A列），冻结"职工数"工作表前2行，冻结"教师数"工作表第2行A列。

（2）取消工作表Sheet1工作表窗口冻结。

（3）保存文件。

## 任务 5.1　博物馆藏品数据整理

党的二十大报告指出："加大文物和文化遗产保护力度，加强城乡建设中历史文化保护传承，建好用好国家文化公园。"成立于 1925 年的故宫博物院，建立在明清两朝皇宫——紫禁城的基础上。故宫博物院是世界上规模最大、保存最完整的木结构宫殿建筑群。截至 2023 年 2 月 10 日，故宫博物院馆藏总目数量超 1 863 404（件／套）。

### 4. 任务描述

张岚是刚入职的博物馆讲解员，整理了大量博物馆文物数据资料进行学习。为了方便学习，现在需要借助 WPS 表格工具对收集到的数据资料进行整理。工作簿"馆藏数据.xlsx"是张岚已经初步整理的博物馆藏品总目数据，现需要对数据工作表进行调整。

### 5. 任务要求

（1）在"馆藏总目"工作表 C1 插入空白单元格，使活动单元格下移，并在 C1 录入列标题"数量（件/套）"；将工作表 A1:C1 单元格区域设置字体效果为：微软雅黑、12 号、加粗，水平垂直居中对齐。

（2）在"馆藏总目"工作表序号列 A2:A26 单元格区域录入序号"001"到"025"；将 C 列 C2:C26 单元格区域数字格式设为数值型，小数位数为 0，对齐方式为右对齐。

（3）删除"馆藏总目"工作表第 18 行（空白行），设置 A~C 列列宽为"最适合的列宽"；第一行行高为 20 磅；冻结工作表第 1 行第 1 列。

（4）在"馆藏总目"工作表最右侧新建工作表，命名为"数字文物库"，工作表标签颜色为"橙色，着色 4，深色 25%"；将"数字文物库.txt"文档中数据导入该工作表，起始单元格为 A1。

（5）冻结"馆藏总目"工作表第 1 行第 1 列。

### 6. 任务效果参考

任务效果参考如图 5-21 所示。

图 5-21　任务效果参考

## 5.2　WPS 表格样式设置

### 5.2.1　单元格边框

默认情况下，单元格边框线呈现灰色，实质是没有边框线的效果。为单元格添加不同颜色、不同样式的边框线，可让电子表格更美观、可读性更强。单元格边框设置方法如下：

方式 1：基础边框快速设置。选中需要设置边框线的单元格区域，单击"开

视频5.9：单元格边框设置

始"选项卡→"其他边框"下拉菜单,可快速设置边框线效果,如图5-22(a)所示。

方式2:个性化边框设置。选中需要设置边框线的单元格区域,单击"开始"选项卡→"其他边框"按钮,在"单元格格式"对话框"边框"选项卡进行边框设置。

例如,将外边框设置为橙色粗实线,内部边框设置为蓝色虚线。其操作方法如下:首先选择线条样式为"粗的单实线",颜色设置为"橙色",然后选中"预置"中的"外边框";用同样的方式设置内边框样式为虚线、颜色为蓝色,如图5-22(b)所示。设置完成单击"确定"按钮即可。

> 提示:边框线设置需要先设置样式和颜色,然后再选择要引用到哪一条边。

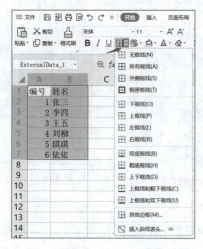
(a)

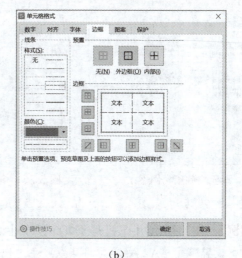
(b)

图5-22 边框线设置

方式3:绘制边框网格并擦除多余的边框线。WPS提供了可以绘制并擦除指定边框线的功能。如图5-23所示,单击"开始"选项卡→"绘制边框网格"下拉菜单,设置对应线条颜色和样式后,选择"绘图边框"/"绘图边框网格",此时鼠标指针变成笔的形状,按住鼠标左键,再对应单元格区域拖动鼠标进行绘制,即可完成边框线添加。

如果绘制后的边框线有多余部分或需要特别设置某些边框不需要边框线,可以使用"擦除边框"工具单击擦除。

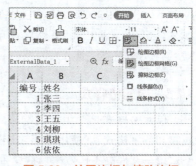

图5-23 绘图边框与擦除边框

【案例5-9】使用WPS打开31101023.xlsx文件,并按指定要求完成以下操作。

(1)将工作表Sheet1的A4与A5单元格,A7与A8单元格分别进行内容合并。

(2)设置A1:K1单元格为双底线框。

(3)设置A3:K8单元格区域外边框为标准色绿色双实线(第2列最后一个样式),内边框为"橙色,着色4"细单实线(第1列最后一个样式)。

(4)保存文件。

### 5.2.2 单元格底纹

为了使表格更美观、内容更突显、数据更突出，可利用 WPS 表格的单元格底纹特意为单元格填充不同颜色或样式。

单元格底纹设置方法：选中需要设置图案的单元格区域，打开"单元格格式"对话框，在"图案"选项卡进行设置，如图 5-24 所示。可以在"颜色"板中选择需要的颜色作为底纹颜色，在"图案样式"选择需要的图案（默认为实心，没有其他样式），并设置"图案颜色"。设置完成单击"确定"按钮。

视频5.10：单元格底纹

此外，通过对话框中的"填充效果"可设置双色效果，如图 5-25 所示；通过"其他颜色"可选择其他颜色，或自定义颜色（填入颜色的 RGB 值），如图 5-26 所示。

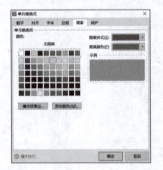
图 5-24 单元格底纹（图案）

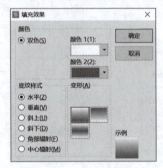
图 5-25 填充效果

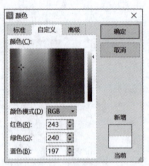
图 5-26 自定义颜色

---

**【案例5-10】** 使用WPS打开31101025.xlsx文件，并按指定要求完成以下操作。

（1）设置单元格A2:A5单元格底纹颜色为浅绿色（RGB值为红色R226、绿色G239、蓝色B218），图案为"6.5%，灰色"，图案颜色为"矢车菊蓝，着色1"。

（2）设置标题单元格区域（A1:K1）底纹为双色填充效果：颜色1为标准浅绿色，颜色2为"白色，背景1"，底纹样式为"角部辐射"。

（3）保存文件。

---

### 5.2.3 单元格样式

单元格样式是一组定义的格式特征（如字体和字号、单元格边框、单元格底纹和数字格式）。使用单元格样式可以快速对需要应用相同格式的单元格进行格式统一，提高工作效率。这里重点介绍单元格样式的应用、创建、修改。

**1. 单元格样式应用**

单元格样式是 WPS 表格提供的可以直接使用的内置样式，如果需要创设相同的单元格区域样式，不必单独重复设置，直接引用即可。

视频5.11：单元格样式

单元格样式应用的方法：选中需要设置样式的单元格，选择"开始"→"单元格样式"下拉菜单，在下拉列表呈现了多种类型的样式，当鼠标指向某种样式，会提示该样式的名称，单击即可引用，如图 5-27 所示。

**2. 单元格样式创建**

如果已有单元格样式不能满足需求，可以自主创建样式并随时引用。

单元格样式创建的方法：单击图 5-27 所示的"新建单元格样式"命令，如图 5-28 所示，在弹出的"样式"对话框，自定义"样式名"，然后单击"格式"按钮进入"单元格格式"对话框，设置该样式的数字类型、对齐方式、字体格式、边框、图案等，设置完成后单击"确定"按钮，再单击"样式"对话框的"确定"按钮完成样式创建。添加的自定义单元格样式可在"单元格样式"列表查看并引用。

### 3. 单元格样式修改

如果某一样式需要修改，选中单元格样式列表中的样式右击，在弹出的快捷菜单中选择"修改"命令进入图 5-28 所示的对话框，根据提示完成样式名称、格式的修改即可。

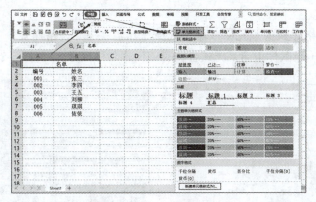

图 5-27 单元格样式应用

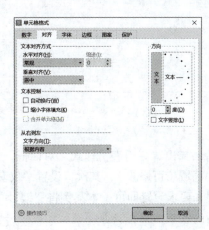

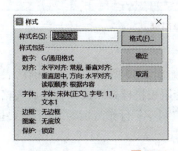

图 5-28 创建单元格样式

**【案例5-11】** 使用WPS打开31101027.xlsx文件，并按指定要求完成以下操作。

（1）为工作表A2:J2应用单元格样式"20%-强调文字颜色6"。

（2）创建新样式，名称为"我的标题"，格式为：对齐方式水平垂直居中对齐，字体为微软雅黑、粗体、14号，字体有双下画线，字体颜色为"白色，背景1"，底纹颜色RGB值为0、176、80。

（3）将新建单元格样式"我的标题"应用于A1单元格。

（4）修改单元格样式"好"的字体颜色为"黑色，文本1"，并应用于A3:A7单元格区域。

（5）保存文档。

### 5.2.4 表格样式

一般表格完成后是默认的表格样式，没有设置单元格区域的底纹、边框等样式，相对单调且不易数据读取。设置表格样式后直接套用就可以一次性完成批量格式修改。

WPS 表格提供了可直接引用的浅色系、中色系和深色系内置表格样式，以帮助用户快速实现表格美化处理。这里重点介绍表格样式的应用。表格样式套用的方法如下：

视频5.12：表格样式

#### 1. 选择单元格区域

选中需要应用表格样式的单元格区域，选择"开始"→"表格样式"工具，在下拉列表中选择合适的样式单击（当鼠标指向某样式会在有该样式名称提示），如图 5-29 所示。

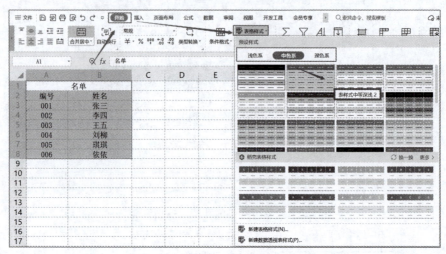

图 5-29 选择表格样式

#### 2. 套用表格样式

选择样式后，弹出"套用表格样式"对话框，如图 5-30 所示。首先，确认表数据来源，即表样式所应用的区域（可修改）；其次，设置"仅套用表格样式"或"转换成表格，并套用表格样式"，根据需要和要求设置即可。本案例将"编号""姓名"行作为标题，且不需要呈现筛选按钮，套用表格样式后的效果如图 5-31 所示。

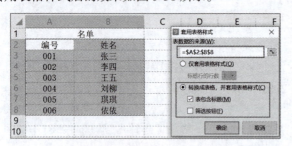

图 5-30 套用表格样式设置　　　　　　图 5-31 表格样式应用效果

#### 3. 表样式应用效果调整

套用表格样式完成后，任意单击表格样式中的单元格，在"表格工具"下可以对表名称、大小、表样式进行调整设计，如图 5-32 所示。

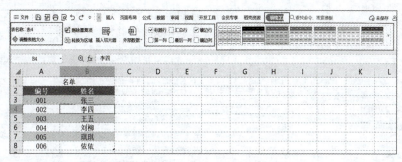

图 5-32　表样式应用效果设置

【**案例5-12**】使用WPS打开31101029.xlsx文件，并按指定要求完成以下操作。

（1）为Sheet1工作表A2:K7单元格区域套用表格样式，样式类型为"表样式中等深浅2"，包含表标题，取消筛选。

（2）将表名称修改为"水资源"，并显示表格中第一列的特殊格式。

（3）保存文件。

### 5.2.5　条件格式

条件格式是当单元格区域满足某一特定条件而突出显示的设置。WPS 表格提供了根据单元格中的数值范围，可以为单元格动态套用不同样式、数字格式、字体样式、图案和边框的条件格式工具，以突出显示数据，方便查阅。

视频5.13：条件格式

#### 1. 应用规则

WPS 表格提供了突出显示单元格规则（如大于、小于、介于、……）、项目选取规则（如前 10 项、前 10%、……），可根据实际需要选择某一条件进行条件格式的快速设置；同时提供了数据条、色阶、图标集等条件规则，当没有特别要求时，WPS 能智能地根据选择的规则进行数据表条件格式设置。

应用条件格式规则的方法：选中需要设置条件格式的区域，单击"开始"选项卡→选择"条件格式"工具，选择适合的格式条件规则，如图 5-33 所示。

#### 2. 新建规则

当 WPS 表格中提供的条件规则不满足实际操作需要时，可通过"新建规则"通道进行自定规则的建立与应用。

新建条件规则的方法：选中需要添加条件格式的单元格区域，选择"条件格式"→"新建规则"命令，在弹出的"新建格式规则"对话框中根据需要进行条件规则设置，设置完成单击"确定"按钮，如图 5-34 所示。（提示：如新建规则前未选中对应的单元格区域，可进入"管理规则"对话框进行引用）。

#### 3. 管理规则

管理规则主要包括新建规则、编辑规则、删除规则以及对规则应用单元格区域进行设置。

管理规则的方法：选择"条件格式"→"管理规则"命令，在弹出的"条件格式规则管理器"窗口，可快速浏览新建的全部条件规则，选中某条件规则，可对规则进行编辑修改、删除以及应用于设置（应用于设置就是设置哪个单元格区域应用该条件规则），如图 5-35 所示。

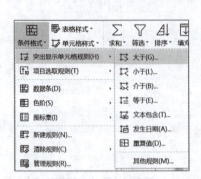

图 5-33 应用条件规则

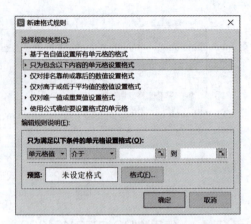

图 5-34 新建规则

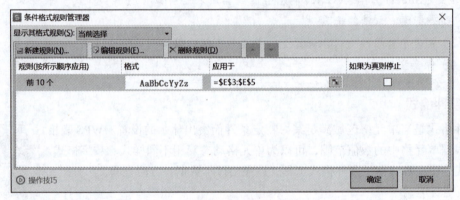

图 5-35 管理规则

### 4. 清除规则

清除条件规则指的是将已经引用条件格式的单元格区域或整个工作表格式清除,恢复到没有运用条件规则之前。

清除规则的方法:选中需要清除格式的单元格区域,在"条件格式"列表下,可通过"清除规则"命令清除单元格的条件规则,或清除整个工作表条件规则。

**【案例5-13】** 使用WPS打开31101031.xlsx文件,并按指定要求完成以下操作。

(1)为Sheet1工作表B列数据设置条件格式:大于140 000的单元格设置为"黄填充色深黄色文本"。

(2)为工作表C列数据添加条件格式:设置后3项单元格格式为"浅红色填充"。

(3)为工作表E列数据设置条件格式:格式样式为"数据条",渐变填充,颜色为"巧克力黄,着色2",条形方向为"从左到右"。

(4)为F列数据设置三色旗图标集样式,值小于35为红色旗,大于等于40为绿色旗,其他为橙色旗。

(5)保存文件。

## 任务 5.2 世界百强企业统计表样式设计

### 1. 任务描述

陈诚是某企业员工，正在做世界百强企业所在国家地区以及产业分析，力求能够在最大程度上为企业发展出谋划策。陈诚已经准备了“世界百强企业”工作表（表中数据具有时效性，仅作案例使用）。为了增加数据可读性、突出重点内容，现需要利用 WPS 设计工具对工作表样式进行设计。

### 2. 任务要求

（1）新建名为“我的标题”的单元格样式，并设置水平对齐方式为跨列居中，垂直对齐方式为垂直居中；字体为微软雅黑、粗体、12 号；字体颜色为“矢车菊蓝，着色 1”；下边框为单粗线条(样式第 2 列倒数第 2 个),标准浅蓝色;单元格底纹颜色为标准“橙色”,图案样式为“12.5%,灰色”，图案颜色为“白色，背景 1”。

（2）将新建单元格样式“我的标题”应用于 A1:F1 单元格区域。

（3）为 A2:F102 单元格区域套用表格样式“表样式浅色 7”，标题行数为 1。

（4）利用条件格式工具将 E 列“中国”字体设置为标准红色、加粗；将利润排名前 10 的单元格设置为“浅红填充色深红色文本”突出显示。

### 3. 任务效果参考

任务效果参考如图 5-36 所示。

| | A | B | C | D | E | F |
|---|---|---|---|---|---|---|
| 1 | 世界100强企业列表 | | | | | |
| 2 | 排名 | 公司名称(中文) | 营业收入(百万美元) | 利润(百万美元) | 国家 | 关键数据 |
| 3 | 1 | 沃尔玛（WALMART） | 572754 | 13673 | 美国 | + |
| 4 | 2 | 亚马逊（AMAZON.COM） | 469822 | 33364 | 美国 | + |
| 5 | 3 | 国家电网有限公司（STATE GRID） | 460616.9 | 7137.8 | 中国 | + |
| 6 | 4 | 中国石油天然气集团有限公司（CHINA NATIONAL PETROLEUM） | 411692.9 | 9637.5 | 中国 | + |
| 7 | 5 | 中国石油化工集团有限公司（SINOPEC GROUP） | 401313.5 | 8316.1 | 中国 | + |
| 8 | 6 | 沙特阿美公司（SAUDI ARAMCO） | 400399.1 | 105369.1 | 沙特阿拉伯 | + |
| 9 | 7 | 苹果公司（APPLE） | 365817 | 94680 | 美国 | + |
| 10 | 8 | 大众公司（VOLKSWAGEN） | 295819.8 | 18186.6 | 德国 | + |
| 11 | 9 | 中国建筑集团有限公司（CHINA STATE CONSTRUCTION ENGINEERING） | 293712.4 | 4443.8 | 中国 | + |
| 12 | 10 | CVS Health公司（CVS HEALTH） | 292111 | 7910 | 美国 | + |
| 13 | 11 | 联合健康集团（UNITEDHEALTH GROUP） | 287597 | 17285 | 美国 | + |
| 14 | 12 | 埃克森美孚（EXXON MOBIL） | 285640 | 23040 | 美国 | + |
| 15 | 13 | 丰田汽车公司（TOYOTA MOTOR） | 279337.7 | 25371.4 | 日本 | + |
| 16 | 14 | 伯克希尔－哈撒韦公司（BERKSHIRE HATHAWAY） | 276094 | 89795 | 美国 | + |
| 17 | 15 | 壳牌公司（SHELL） | 272657 | 20101 | 英国 | + |
| 18 | 16 | 麦克森公司（MCKESSON） | 263966 | 1114 | 美国 | + |
| 19 | 17 | Alphabet公司（ALPHABET） | 257637 | 76033 | 美国 | + |
| 20 | 18 | 三星电子（SAMSUNG ELECTRONICS） | 244334.9 | 34293.5 | 韩国 | + |
| 21 | 19 | 托克集团（TRAFIGURA GROUP） | 231308.1 | 3100 | 新加坡 | + |
| 22 | 20 | 鸿海精密工业股份有限公司（HON HAI PRECISION INDUSTRY） | 214619.2 | 4988.3 | 中国 | + |
| 23 | 21 | 美源伯根公司（AMERISOURCEBERGEN） | 213988.8 | 1539.9 | 美国 | + |
| 24 | 22 | 中国工商银行股份有限公司（INDUSTRIAL & COMMERCIAL BANK OF CHINA） | 209000.4 | 54003.1 | 中国 | + |
| 25 | 23 | 嘉能可（GLENCORE） | 203751 | 4974 | 瑞士 | + |
| 26 | 24 | 中国建设银行股份有限公司（CHINA CONSTRUCTION BANK） | 200434 | 46898.9 | 中国 | + |
| 27 | 25 | 中国平安保险（集团）股份有限公司（PING AN INSURANCE） | 199629.4 | 15753.9 | 中国 | + |

Sheet1

图 5-36 任务效果参考

## 5.3 公式函数使用

### 5.3.1 公式函数使用基础

#### 1. 公式函数基础

WPS 表格中的函数是预先定义、执行计算、分析等处理数据任务的特殊公式。以常用的求和函数 SUM 为例，其语法为 SUM(num1,num2,…)，其中 SUM 为函数名，函数名称后紧跟左括号，接着用逗号分隔的是参数内容，最后用一个右括号表示函数结束。

公式与函数有区别又有联系。以公式“=SUM(B1:B10)*A1+10”为例，公式需要以等号“=”开始，“SUM(B1:B10)”是函数，“A1”是对单元格 A1 的引用，“10”为常量，“*”和“+”则是算术运算符。

在 WPS 表格中内置多种类型的函数，能满足基本的数据统计。其使用方法为：将光标定位到需要存放计算结果数据的单元格，选择"公式"选项卡下对应的函数，如图 5-37 所示，录入相应参数进行数据计算。

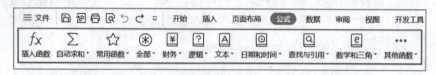

图 5-37　WPS 公式

除了通过插入公式引入函数，如果对函数和公式比较熟悉，可直接选中存放计算结果数据的单元格，手动录入公式进行计算。

#### 2. 单元格引用

单元格引用包括相对引用、绝对引用和混合引用。

（1）相对引用：公式填充时行列地址同时自动改变，这种地址就是相对引用，如 A1。

（2）绝对引用：为避免公式填充时地址自动改变，即使用固定地址，称为绝对引用。使用绝对引用需要在地址前加"$"，如 $A$1。

（3）混合引用：如果需要行地址不自动改变但列自动改变，或行地址自动改变但列地址不自动改变，则需要使用混合引用。其方法是：在地址不自动改变的行或列前加"$"，如 A$1。

视频5.14：求和函数

### 5.3.2　求和函数

关于求和函数，使用较多的是 SUM 函数和 SUMIF 函数（见表 5-1），其中 SUM 函数值求和函数的基础，SUMIF 函数是目前运用场合相对较多，值得掌握的一类求和函数。

表 5-1　求和函数

| 函　数 | 功　能 | 格　式 |
|---|---|---|
| SUM() | 对指定单元格数值求和 | =SUM( 数值 1,…)<br>例如：<br>"=SUM(A1:A5)"是将 A1 至 A5 中的所有数值相加；<br>"=SUM(A1,A3,A5)"是将单元格 A1、A3 和 A5 三个单元格中的数值相加 |
| SUMIF() | 对满足条件的单元格求和 | =SUMIF( 区域,条件,[求和区域])<br>区域：用于条件判断的单元格区域；<br>条件：以数字、表达式或文本形式定义的条件；<br>求和区域：用于求和计算的实际单元格。如果省略，将使用区域中的单元格。<br>如 "=SUMIF(A1:A5,">90")"表示对 A1 至 A5 单元格内大于 90 的数值求和 |

**SUMIF() 函数的使用：**

如图 5-38 所示，计算一班学生总得分，结果存放在 F2 单元格。首先将光标定位到 F2 单元格，单击"公式"选项卡→"插入函数"工具，找到 SUMIF 函数，单击"确定"按钮。在弹出的"函数参数"对话框中，录入区域为 A2:A16，条件为"一班"，求和区域为 D2:D16，单击"确定"按钮。（如果对函数比较熟悉，也可以直接输入）

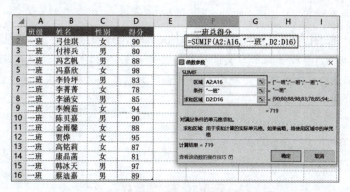

图 5-38 SUMIF() 函数的使用

> 【**案例5-14**】使用WPS打开31101033.xlsx文件，并按指定要求完成以下操作。
> （1）在Sheet1工作表J3:J19区域，利用SUM()函数计算数学和物理学科总得分。
> （2）在k2单元格录入文本"总分"，并利用SUM()函数在K3:K19区域计算所有学科成绩总分。
> （3）利用SUMIF()函数计算女生的成绩总得分，计算结果放在M3单元格。
> （4）保存文件。

### 5.3.3 最大最小值函数

最大最小值函数见表 5-2。

表 5-2 最大最小值函数

| 函　数 | 功　能 | 格　式 |
|---|---|---|
| MAX() | 返回参数列表中的最大值，忽略文本值和逻辑值 | =MAX( 数值 1,…) |
| MIN() | 返回参数列表中的最小值，忽略文本值和逻辑值 | =MIN( 数值 1,…) |

**MAX()/MIN() 函数的使用：**

如图 5-39 所示，计算所有学生成绩中的最低分，将计算结果存放在 G2 单元格。首先，将光标定位到计算结果存放的单元格 G2，选择"公式"选项卡→"自动求和"/"常用函数"工具→最小值/"MIN"，在弹出的"函数参数"对话框中录入数值区域为 D2:D26，设置完成单击"确定"。计算最大值的操作方法与计算最小值相同。

视频5.15：
最值函数

图 5-39 最大最小值函数的使用

【案例5-15】使用WPS打开3110136.xlsx文件，并按指定要求完成以下操作。

（1）利用MAX()函数计算学习强国积分报表中的最高积分，将结果存放在F2单元格。
（2）利用MIN()函数计算学习强国积分报表中的最低分，将结果存放在F3单元格。
（3）保存文件。

### 5.3.4 平均值函数

平均值函数见表5-3。

表5-3 平均值函数

| 函　数 | 功　能 | 格　式 |
| --- | --- | --- |
| AVERAGE() | 返回所有参数的平均值 | =AVERAGE( 数值1,…) |
| AVERAGEIF() | 返回某个区域内满足给定条件的所有单元格的算术平均值 | =AVERAGEIF( 区域, 条件, [ 求平均值区域 ])<br>区域：用于条件判断的单元格区域；<br>条件：以数字、表达式或文本形式定义的条件；<br>求平均值区域：用于求平均值计算的实际单元格。如果忽略，将使用区域中的单元格。<br>例如，"=AVERAGEIF(A1:A5,">90")" 表示对 A1 至 A5 单元格内大于 90 的数值求平均值 |

**AVERAGEIF() 函数的使用：**

如图 5-40 所示，计算男生的平均得分，将结果存放在 F2 单元格。首先选中单元格 F2，选择"公式"选项卡→"插入函数"→"AVERAGEIF"→"确定"，然后在弹出的"函数参数"对话框中，设置区域为 C2:C16，条件为"男"，求平均值区域为 D2:D16。设置完成后单击"确定"按钮。

视频5.16：
平均值函数

图 5-40 AVERAGEIF() 函数的使用

【案例5-16】使用WPS打开31101036.xlsx文件，并按指定要求完成以下操作。

（1）利用AVERAGE()函数计算所有学生各科目考试的平均分，计算结果存放在E20:I20区域，结果保留2位小数。
（2）利用AVERAGEIF()函数计算1班同学的各科平均得分，计算结果存放在E21:I21区域，结果保留2位小数。
（3）保存文件。

## 5.3.5 统计函数

统计函数见表 5-4。

表 5-4 统计函数

| 函　　数 | 功　　能 | 格　　式 |
| --- | --- | --- |
| COUNT() | 对参数列表中数字型数据计数，返回数字型数据的个数 | =COUNT( 数值 1,…) |
| COUNTA() | 对参数列表中非空单元格计数，返回非空单元格的个数 | =COUNTA( 数值 1,…) |
| COUNTIF() | 计算机区域内满足给定条件的单元格的个数 | =COUNTIF( 区域 , 条件 ) |

### 1. COUNTA() 函数的使用

如图 5-41 所示，学生成绩表中部分学生没有得分，现需计算有得分的学生人数，并将结果存放在 F2 单元格。首先，选中 F2 单元格，选择"公式"选项卡→"其他函数"→"统计"→"COUNTA"；然后在弹出的"函数参数"对话框中录入 D2:D6，单击"确定"按钮即可。COUNT() 函数与 COUNTA() 的方法相同，只是返回值的计数标准不一样。

视频5.17：
统计函数

### 2. COUNTIF() 函数的使用

如图 5-42 所示，计算得分在 90 分及以上的学生人数，将结果存放在 F2 单元格。首先，选择单元格 F2，选择"公式"选项卡→"其他函数"→"统计"→"COUNTIF"；然后在弹出的"函数参数"对话框中录入区域为 D2:D16，条件为">=90"，然后单击"确定"按钮完成计算。

图 5-41　COUNTA() 函数的使用

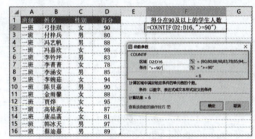

图 5-42　COUNTIF() 函数的使用

【案例5-17】使用WPS打开31101040.xlsx文件，并按指定要求完成以下操作。

（1）利用COUNTA()函数计算废水中主要污染物的种类，结果存放在B16单元格。

（2）利用COUNT()函数计算2019年统计到的主要污染物排放种类，结果存放在B17单元格。

（3）利用COUNTIF()函数计算B3:J6区域污染物排放量小于30万吨的单元格个数，结果存放在B18单元格。

（4）保存文件。

## 5.3.6 排序函数

排序函数见表 5-5。

表 5-5 排序函数

| 函　数 | 功　能 | 格　式 |
|---|---|---|
| RANK() | 返回某数字在一列数字中相对于其他数值的大小排名 | =RANK( 数值，引用，[ 排位方式 ])<br>=RANK.EQ( 数值，引用，[ 排位方式 ])<br>=RANK.AVG( 数值，引用，[ 排位方式 ])<br><br>数值：指定的数；<br>引用：一组数或对一个数据列表的引用；<br>排位方式：如果排位方式为 0 或忽略则为降序，非零值则为升序 |
| RANK.EQ() | 返回某数字在一列数字中相对于其他数值的大小排名；如果多个数值排名相同，则返回该组数值的最佳排名 | |
| RANK.AVG() | 返回某数字在一列数字中相对于其他数值的大小排名；如果多个数值排名相同，则返回该组数值的平均排名 | |

**RANK.EQ() 函数的使用：**

如图 5-43 所示，按学生得分进行升序排名计算，排名存放在 E2:E16 单元格区域。首先，选中单元格 E2，选择"公式"选项卡→"其他函数"→"统计"→"RANK.EQ"；然后在弹出的"函数参数"对话框录入指定的数值为 D2，引用数据列表为"$D$2:$D$16"（一定需要绝对引用，否则排名出错），排位方式为 1（非 0 表示升序），然后单击"确定"按钮。

在 E2 单元格呈现该学生的排名为 10，将光标定位到 E2 单元格右下角进行自动填充，完成所有学生的最佳排名计算。

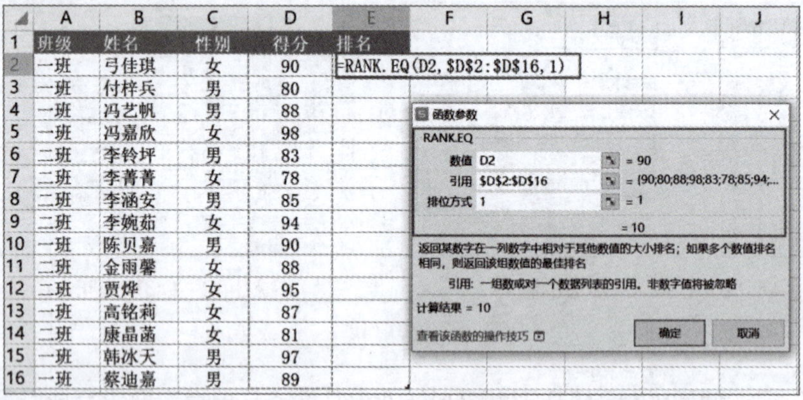

图 5-43　RANK.EQ() 函数的使用

> **【案例5-18】** 使用WPS打开31101042.xlsx文件，并按指定要求完成以下操作。
> （1）在Sheet1工作表的D3:D33单元格区域，利用SUM()函数计算各省份普通高校总数。
> （2）在Sheet1工作表中，利用RANK.EQ()函数计算各省份普通高校总数的最佳排名，结果存放在E3:E33区域。
> （3）保存文件。

### 5.3.7　逻辑条件函数

逻辑条件函数见表 5-6。

表 5-6　逻辑条件函数

| 函　数 | 功　能 | 格　式 |
| --- | --- | --- |
| IF() | 判断一个条件是否满足。满足返回一个值，不满足返回另一个值 | =IF(测试条件，真值,[假值])<br>测试条件：计算结果可以判断真假的数值或表达式<br>真值：测试条件为真返回的值<br>假值：测试条件为假返回的值 |

**IF() 函数的使用：**

如图 5-44 所示，依据得分判断学生成绩等级，大于等于 90 分为优秀，其他为良好，并将结果存放在 E2:E16 区域。首先，选中单元格 E2，选择"公式"选项卡→"逻辑"→"IF"；然后在弹出的"函数参数"对话框录入测试条件"D2>=90"，如果测试条件为真，返回真值"优秀"，否则返回假值"良好"，设置完成单击"确定"按钮。

视频5.18：逻辑条件函数

第一位学生的等级为"优秀"，将光标定位到 E2 单元格右下角进行自动填充，完成所有学生的成绩等级计算。

图 5-44　IF() 函数的使用

> **【案例5-19】** 使用WPS打开31101044.xlsx文件，并按指定要求完成有关操作。
>
> （1）在Sheet1工作表E3:E23区域计算库存情况，如果库存数量大于等于100，库存情况"充足"，如果库存数量大于等于60，库存情况"一般"，其他情况为"缺货"。（不使用函数不得分）。
>
> （2）将工作表数据区域对齐方式设置为水平垂直居中对齐。
>
> （3）保存文件。

## 5.3.8　日期时间函数

日期与时间函数类型丰富，常用 YEAR() 函数、TODAY() 函数和 NOW() 函数。其中 NOW() 函数返回当前日期和时间（如 2022/6/23 17:23:07），不需要参数；TODAY() 函数返回当前日期（如 2022/6/23），同样不需要参数。下面重点介绍 YEAR() 函数，见表 5-7。

视频5.19：日期时间函数

表 5-7 YEAR() 函数

| 函 数 | 功 能 | 格 式 |
|---|---|---|
| YEAR() | 返回以序列号表示的某日期的年份，是介于 1900~9999 之间的整数 | =YEAR(日期序号)<br>日期序号：WPS 表格进行日期及时间计算的日期 - 时间代码 |

YEAR() 函数可用来获得年份值。单击"公式"选项卡→"日期和时间"→"YEAR"，在弹出的"插入函数"对话框中录入日期序号，单击"确定"按钮即可得到年份值，如图 5-45（a）所示。

同时，可以利用 YEAR() 函数获得两个年份相减得到年龄或工龄。如图 5-45（b）所示，单元格 I2 是截止日期，需要计算截止 2022 年 6 月 1 日每位学生的年龄，并存放在 D 列对应的单元格内。首先选中 D2 单元格，录入公式 "=YEAR($I$2)-YEAR(C2)" 计算出第一位学生的年龄，因为截止日期是固定的，所以引用单元格 I2 需要使用绝对引用；然后利用自动填充完成所有学生年龄的计算。

如果没有固定的截止日期，可使用 NOW() 函数获取当前日期，利用公式 "=YEAR(NOW())-YEAR(C2)" 计算截至当前日期的年龄，而且计算的年龄会自动根据当前日期进行动态调整。

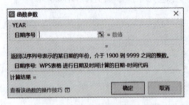

（a）YEAR() 函数参数设置　　　　　　　　（b）公式

图 5-45　YEAR() 函数

【案例5-20】请使用WPS打开31101046.xlsx文件，并按指定要求完成以下操作。

（1）在Sheet1工作表中，利用YEAR()函数计算截至2021/12/30每位员工工龄，截止日期可以直接引用D2单元格。

（2）计算每位员工的工龄工资，工龄工资=工龄*100。

（3）保存文件。

### 5.3.9　文本函数

文本函数类型多样，常用的文本函数见表 5-8。

表 5-8　常用的文本函数

| 函 数 | 功 能 | 格 式 |
|---|---|---|
| LEN() | 计算文本字符串中的字符个数 | =LEN(字符串) |
| LEFT() | 从一个文本字符串的第一个字符开始返回指定个数的字符 | =LEFT(字符串,[字符个数]) |
| RIGHT() | 从一个文本字符串的最后一个字符开始返回指定个数的字符 | =RIGHT(字符串,[字符个数]) |
| MID() | 从文本字符串中指定的位置开始，返回指定长度的字符串 | =MID(字符串,开始位置,[字符个数]) |

关于文本函数的具体使用方法，LEN() 函数相对简单，LEFT() 函数和 RIGHT() 函数使用方法相同。下面详细介绍 RIGHT() 函数与 MID() 函数的使用。

#### 1. RIGHT() 函数的使用

如图 5-46 所示,学生编号由学院编码与学号构成,前 2 个字符为学院编码,后 9 个字符为学号,现需要利用 RIGHT() 函数提取学号。首先,选中 C2 单元格,选择"公式"选项卡→"文本"→"RIGHT";在弹出的"函数参数"对话框录入字符串为 B2,字符个数为 9,单击"确定"按钮完成学号提取;最后利用自动填充完成全部学号提取。

视频5.20:文本函数

#### 2. MID() 函数的使用

如图 5-47 所示,学生编号第 3~6 个字符表示学生入学时间,现利用 MID() 函数计算每位学生的入学时间。首先,选中 C2 单元格,选择"公式"选项卡→"文本"→"MID";在弹出的"函数参数"对话框录入字符串为 B2,开始位置为 3,字符个数为 4,单击"确定"按钮完成入学时间提取;最后利用自动填充完成全部入学时间提取。

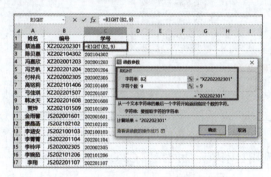

图 5-46 RIGHT() 函数的使用

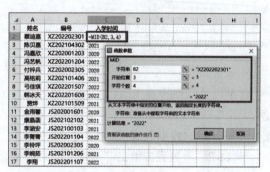

图 5-47 MID() 函数的使用

【**案例5-21**】请使用WPS打开31101048.xlsx文件,并按指定要求完成以下操作。

(1)将工作表Sheet1名称修改为"职员信息表"。
(2)利用LEN()函数计算职员姓名字数,分别存放在B3:B14区域。
(3)职工编码的第8、9位是所在公司的部门代码,利用MID()函数提取职员所在部门代码,分别存放在D3:D14区域。
(4)职工编码最后5位是职工工号,利用RIGHT()函数从职工编码中分别提取工号,对应存放在E3:E14单元格区域。
(5)保存文件。

### 5.3.10 查找函数

查找函数见表 5-9。

表 5-9 查找函数

| 函 数 | 功 能 | 格 式 |
| --- | --- | --- |
| VLOOKUP() | 在表格或数值数组的首列查找指定的数值,并由此返回表格或数组当前行中指定列的数值(默认情况下是升序) | =VLOOKUP(查找值,数据表,序列数,[匹配条件])<br>查找值:需要在数组第一列中查找的数值,可以为数值、引用或文本字符串;<br>数据表:需要在其中查找的数据表,可以使用对区域名称的引用;<br>序列数:查找数据在数据表的列序号;<br>匹配条件:指定在查找时是要求精准匹配还是大致匹配,FALSE 为精准匹配,TURE 或忽略为大致匹配 |

**VLOOKUP() 函数的使用：**

以学生成绩为例。如图 5-48 所示，工作表 H、I 列存放了所有学生的编号和学习成绩，A、B 列是其中部分学生姓名和编号，现需要在 C 列填入对应学生的成绩。

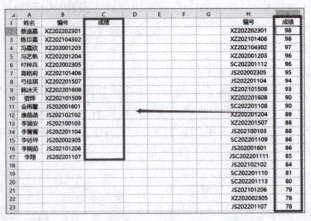

视频5.21：查找函数

图 5-48　查找前

这里以编号作为查找值，如图 5-49 所示。首先选中单元格 C2，选择"公式"选项卡→"查找与引用"→"VLOOKUP"；然后在弹出的"函数参数"对话框录入参数值：查找值为编号（B2），数据表是查找的数据列表（$H$2:$I$23），列序数是成绩在查找数据列表的第几列（2），匹配条件为 FALSE，设置完成单击"确定"按钮。最后利用自动填充功能完成 C2:C17 的成绩查找。

**【案例5-22】** 使用WPS打开31101050.xlsx文件，并按指定要求完成以下操作。

（1）在"销售数据"工作表中，利用查找函数VLOOKUP()查找填入各产品的单价数据，对应产品的单价数据存放在"产品单价"工作表中。

（2）计算每天各产品的销售金额，销售金额=数量*单价。

（3）计算销售总金额，存放在F16单元格。

（4）保存文件。

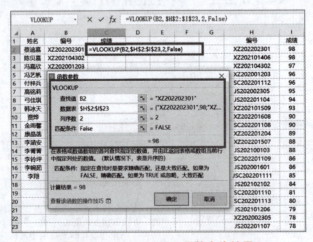

图 5-49　VLOOKUP() 函数查找结果

## 5.3.11 财务函数

财务函数见表 5-10。

表 5-10 财务函数

| 函 数 | 功 能 | 格 式 |
|---|---|---|
| PMT() | 即年金函数，基于固定利率及等额分期付款方式，返回贷款的每期付款额 | =PMT(利率,支付总期数,现值,[终值],[是否期初支付])<br>利率：各期利率；<br>支付总期数：总投资期或贷款期；<br>现值：从该项投资（或贷款）开始计算时已经入账的款项；或一系列未来付款当前值的累积和；<br>终值：未来值，或在最后一次付款后可以获得的现金余额，如果忽略，则为0；<br>是否期初支付：逻辑值0或1，用于指定付款时间在期初还是期末，1为期初，0或忽略为期末 |

**PMT() 函数的使用：**

如图 5-50 所示，利用 PMT() 函数计算每期还款额度，并将结果存放在 D2 单元格。首先选中单元格 D2，选择"公式"选项卡→"财务"→"PMT"，然后在"函数参数"对话框中设置各参数值：利率为 A2，支付总期数为 B2，现值即贷款总额 C2，终值为 0，设置贷款时间在期初。设置完成单击"确定"按钮。

（注意：利率与期数要单位一致。如果利率为年利率，而计算每月还款，利率＝年利率/12；若根据年利率计算每季度还款，利率＝年利率/4）

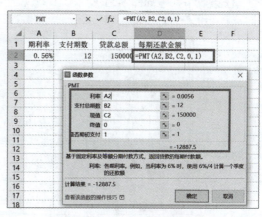

图 5-50 PMT() 函数的使用

【案例5-23】使用WPS打开31101052.xlsx文件，并按指定要求完成以下操作。

（1）在Sheet1工作表中呈现的是各大银行的贷款年利率，利用PMT()函数计算各大银行每月还款金额，要求还款日期在期初。

（2）为工作表A1:E6区域套用表格样式"表格样式浅色9"，包含表标题，取消筛选。

（3）保存文件。

## 任务 5.3 学生成绩统计

学业成绩即学习的课业成效，通常用数字表示。学生的学业成绩是教育心理学关注的一个重要的结果性变量。学生学习成绩的高低直观体现了教育、教学的质量。随着新课程改革的推进，各高校教育工作者都非常关注学生学习成绩。

**1. 任务描述**

周雪是某校公共英语课程负责老师，刚组织学生完成了英语能力测试，并分别对学生的听力、口语、写作和阅读四个模块的数据进行了统计。根据学校要求，现在需要利用 WPS 工具对学生所在院系、专业、平均成绩、排名、等级等进行统计计算。

**2. 任务要求**

（1）"学号代码"工作表分别存放着学号代码中各个字符对应的学生类别、院校和专业信息，在"学生成绩"工作表中,在 D3:D102、E3:E102、F3:F102 区域,利用 VLOOKUP() 和 LEFT() 函数查找学生所属类别、所在院校和专业。

(2)在"学生成绩"工作表 K3:K102 区域,利用平均值函数计算每位学生的平均成绩。

(3)在"学生成绩"工作表 L3:L102 区域,利用排序函数 RANK.EQ() 对学生平均成绩进行降序排序。

(4)在"学生成绩"工作表 M3:M102 区域,利用 IF() 条件函数对学生等级进行判定,写作成绩大于等于 85 为优秀,写作成绩大于等于 75 且小于 85 为良好,大于等于 60 且小于 75 为合格,小于 60 为不合格。

(5)在 P3:S4 单元格区域分别计算不同科目的最高成绩和最低成绩。

### 3. 任务效果参考

任务效果参考如图 5-51 所示。

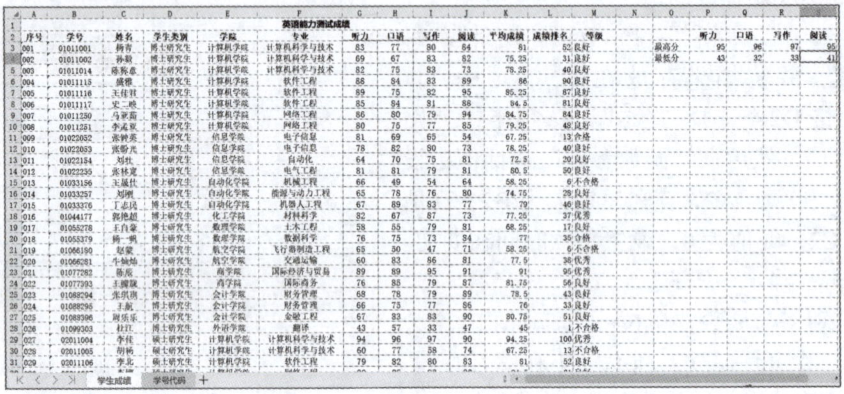

图 5-51　任务效果参考

## 5.4　数据管理分析

### 5.4.1　查找替换

WPS 表格的查找可以实现从大量数据中快速定位,同时对批量数据进行精准替换。

若需在指定数据区域进行查找,需要先选中该数据区域,通过"开始"选项卡→"查找"命令,如图 5-52(a)所示。打开"查找"对话框,输入查找内容进行查找即可。

视频5.22:数据查找替换

数据替换必须清楚替换前和替换后的数据内容,替换前的内容也就是查找的内容,通过"开始"选项卡→"查找"→"替换"命令打开"替换"对话框,录入"查找内容"和"替换为"内容即可进行一处或多处替换。

如图 5-52(b)所示,将"一班"全部替换为"甲班"。首先打开"替换"对话框,输入查找内容为"一班",替换内容为"甲班",单击"查找全部"按钮可以浏览需要被替换的内容,单击"全部替换"按钮后 WPS 提示"已经完成了搜索并进行了 8 处替换",单击"确定"按钮关闭对话框。

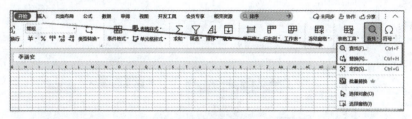

（a）查找命令

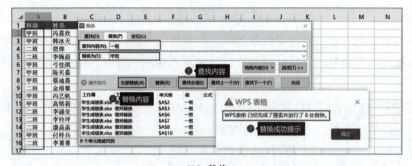

（b）替换

图 5-52　查找和替换内容

**【案例5-24】** 使用WPS打开31101053.xlsx文件，并按指定要求完成以下操作。

（1）将Sheet1工作表A1:D20数据单元格中的"feng"替换为"风"（替换内容不含引号）。

（2）查找A1:D20单元格区域的空白单元格，替换为"——"（替换内容不含引号）。

（3）保存文件。

### 5.4.2　重复项设置

数据表中经常会见到单元格内容相同，这些相同的内容称为"重复项"。利用 WPS 表格工具，可设置高亮重复项或删除重复项，也可以设置拒绝录入重复项，如图 5-53 所示。

视频5.23：重复项设置

设置高亮重复项的方法：选中数据区域，单击"数据"选项卡→"重复项"工具→"设置高亮重复项"命令。

删除重复项的方法：选中数据区域，单击"数据"选项卡→"重复项"工具→"删除重复项"命令，在弹出的"删除重复项"对话框，首先选中一个或多个包含重复项的列（如列 B），然后单击"删除重复项"按钮，WPS 表格提示删除成功，同时可看到删除后的结果，如图 5-54 所示。

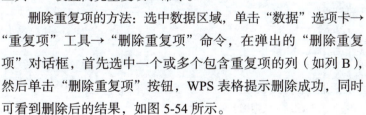

图 5-53　重复项操作

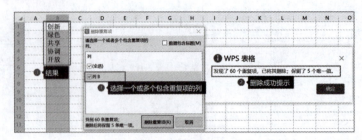

图 5-54　删除重复项

拒绝录入重复项的方法：当指定数据区域不能重复录入相同的内容时，选中该数据区域，选择"拒绝录入重复项"命令。完成后回到数据区域录入相同内容时，则出现错误提示。

> 【案例5-25】使用WPS打开31101056.xlsx文件，并按指定要求完成以下操作。
> （1）将Sheet1工作表C列设置高亮重复项。
> （2）将Sheet1工作表C2:C212区域数据复制到Sheet2工作表A列，并对A列进行删除重复项操作。
> （3）在Sheet2工作表中利用COUNTA()函数计算部门的数量，计算结果存放在C2单元格。
> （4）保存文件。

### 5.4.3　数据排序

数据排序指的是按数值大小、类型、笔画等条件对数据进行升序或降序排列，实现将一组"无序"的数据序列调整为"有序"的数据序列，以便浏览数据发现一些明显的特征或趋势。除此之外，排序还有助于对数据检查纠错，为重新归类或分组等提供方便。例如，常见的对学生成绩由高到低排序。

WPS 电子表格中的排序可简单分为按单字段排序和多字段排序。

视频5.24：数据排序

**1. 单字段排序**

按数值或字母大小快速排序。选中需要排序的字段，单击"开始"选项卡→"排序"工具→"升序"/"降序"命令，可以快速完成排序，如图 5-55 所示（注意：该方法仅按照数值大小或字母大小排序）。

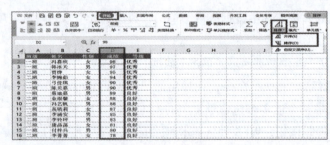

图 5-55　快速排序

对数据按自定义方式排序。如图 5-56 所示，按姓名笔画进行升序排序。第 1 步，选择"开始"选项卡→"排序"工具→"自定义排序"命令，打开"排序"窗口；第 2 步：选择主要关键字为"姓名"，排序依据为"数值"，单击"选项"选择排序方式为"笔画排序"后单击"确定"，然后将次序设为"升序"，再次单击"确定"按钮完成排序。

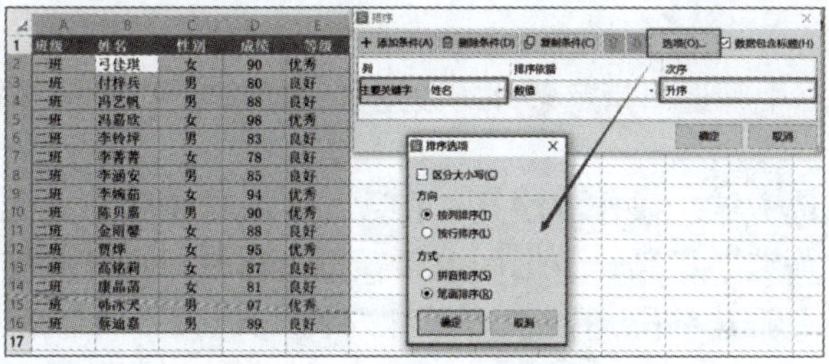

图 5-56　单字段自定义排序

### 2. 多字段排序

多个字段排序通常是以某字段为关键字排序，当关键字相同时按次要关键字排序。多字段排序也是自定义的排序，只是需要设置"主要关键字"并添加"次要关键字"。

例如，对学生成绩进行降序排序，当学生成绩相同时，按姓名笔画进行升序排序，那么学生成绩是主要关键字，姓名是次要关键字。如图 5-57 所示，打开自定义"排序"对话框，设置主要关键字为成绩，排序依据为数值，次序为降序；单击"添加条件"按钮编辑次要关键字为姓名，排序依据选择"选项"→"笔画排序"→"确定"，次序为升序，设置完成单击"确定"按钮。（提示：各关键字排序依据和次序设置方法相同）

图 5-57　多字段自定义排序

> **知识链接：自定义序列**
>
> 排序次序除升序和降序以外，也可以进行自定义序列设置，选择对应关键字"次序"下的"自定义序列"，在"自定义序列"对话框中，输入序列，单击"添加"按钮，即可选择按照指定序列进行排序，如图5-58所示。
>
>
>
> 图 5-58　自定义序列

---

【案例5-26】使用WPS打开31101058.xlsx文件，并按指定要求完成以下操作。

（1）在Sheet1工作表，依据数值大小对三级医院AI应用占比进行降序排序。

（2）在Sheet2工作表，依据单元格颜色，对东中西部地区三级医院AI应用情况进行排序，要求单元格有颜色的数据行在顶部。

（3）保存文件。

### 5.4.4 数据筛选

数据筛选是在源数据中筛选出指定条件的数据,包括筛选和高级筛选。

视频5.25:数据筛选

#### 1. 筛选

筛选是较基础的筛选方式。操作方法是:在数据区域选中任意单元格,单击"开始"选项卡→"筛选"工具,数据区域第一行(标题行)右侧均显示下拉列表标志 。选择主要筛选字段,单击打开下拉列表,可以按"内容筛选"、"颜色筛选"或"数字筛选"。

例如,要筛选出成绩介于 85~100 之间的学生名单。如图 5-59 所示,单击"成绩"右侧的下拉列表→"数字筛选"→"介于"命令,在弹出的"自定义自动筛选方式"对话框中,设置成绩"大于或等于 85'与'小于或等于 100",然后单击"确定"按钮即可。

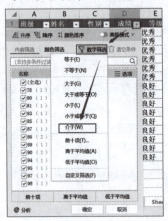

图 5-59 筛选

#### 2. 高级筛选

高级筛选是数据筛选的高级应用,关键是要正确设置筛选条件。完成高级筛选需要特别注意两个区域:列表区域(即被筛选的源数据所在单元格区域)和条件区域(即筛选条件存放的单元格区域)。

条件区域一般包括两部分,分两行或多行录入,第 1 行为条件对象(即标题),最好直接从数据源中复制,减少人为输入失误;第 2 行及后面的行为具体条件。如果条件为"与"关系,表示多个条件必须同时成立,条件放在同一行。如果条件是"或"关系,表示只要一个条件成立即可,条件放在不同行。

例如,筛选出成绩高于 85 的女同学名单,如图 5-60 所示。

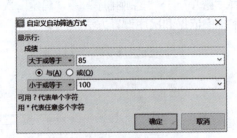

图 5-60 高级筛选(条件同时满足)

第 1 步:输入筛选条件,此处设定条件区域起始位置是 G1,筛选条件是"性别"和"成绩",

因为需要同时满足，所以条件位于同一行。

第2步：高级筛选设置。单击"开始"或"数据"选项卡→"筛选"工具→"高级筛选"命令，在弹出的"高级筛选"对话框中，选择"将筛选结果复制到其他位置"单选按钮，设置列表区域"Sheet4!$A$1:$E$16"，条件区域"Sheet4!$G$1:$H$2"，复制到"Sheet4!$G$4"，确认无误后单击"确定"按钮，即可看到高级筛选后的结果。

> 提示：所有的区域可以直接使用鼠标拖动选择，无须手动输入。

例如，筛选出成绩在95及以上，或等级为优秀的学生名单，如图5-61所示。此处筛选条件为或关系，则筛选条件需放在不同的行。

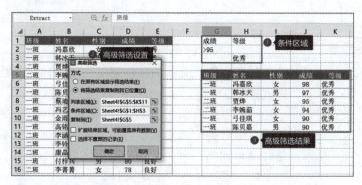

图 5-61　高级筛选（条件满足一个）

**【案例5-27】** 使用WPS打开31101060.xlsx文件，并按指定要求完成以下操作。
（1）在"睡眠"工作表筛选出影响睡眠的因素占比前四的项目。
（2）在"运动"工作表筛选出单元格颜色为橙色的影响运动的因素。
（3）保存文件。

## 5.4.5　合并计算

WPS表格中的合并计算与其他电子表格一样，能够将指定单元格区域的数据，按照项目匹配对同类数据进行汇总，汇总方式包括求和、计数、平均值、最大值、最小值等。

视频5.26：合并计算

例如，对"语文""英语""数学"三个工作表成绩数据进行求和计算，结果放在"成绩汇总"A1开始的单元格区域。具体操作如下：

第1步：选中"成绩汇总"工作表A1单元格，选择"数据"→"合并计算"，弹出"合并计算"对话框。

第2步：选择"函数"为求和，依次添加"语文""数学""英语"三个工作表的数据区域，勾选"标签位置"为最左列，如图5-62所示。单击"确定"按钮完成合并计算。

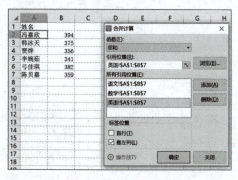

图 5-62　合并计算

> 提示：标签选择"最左列"表示以引用数据列最左列为匹配项目。

**【案例5-28】** 使用WPS打开31101062.xlsx文件，并按指定要求完成以下操作。

（1）在"合并"工作表中汇总所有学生的语文、数学、英语成绩，使其显示在一个工作表中，标签位置为首行和最左列。

（2）以"总分"工作表的A1单元格为起始单元格，计算每位学生的语文、数学、英语总分。

（3）在B1单元格录入文字"总分"。

（4）保存文件。

### 5.4.6 数据分类汇总

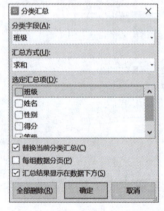

图 5-63 分类汇总

数据分类汇总指的是按照某一个字段，对数据进行汇总计算。数据分类汇总分三步进行：

第1步：确认数据区域是普通的单元格区域，否则分类汇总工具不可用。如果数据区域不是普通单元格区域，则选中数据区域，单击"表格工具"选项卡→"转换为区域"。

第2步：排序。按需要汇总的字段进行数据排序。

第3步：分类汇总。单击"数据"选项卡→"分类汇总"，在弹出的"分类汇总"对话框中，选中分类字段、汇总方式、汇总项，如图 5-63 所示。设置完成后单击"确定"按钮即可。

视频5.27：数据分类汇总

**【案例5-29】** 使用WPS打开31101064.xlsx文件，并按指定要求完成以下操作。

（1）复制"不同单位"工作表至最后，工作表标签名为"不同职称"。

（2）在"不同单位"工作表，对"工作单位"列进行降序排序，并汇总不同单位教师的论文篇数总和。

（3）在"不同职称"工作表，对"职称"列进行升序排序，并汇总不同职称教师的平均论文篇数。

（4）保存文件。

### 5.4.7 数据有效性

数据有效性，即对单元格区域输入的数据进行限制，符合条件的数据允许录入，不符合条件的数据则禁止录入。设置数据有效性，可在有效限制录入内容的基础上提高数据录入效率，防止录入错误。

数据有效性设置方法：选中需要设置数据有效性的单元格区域，选择"数据"

视频5.28：数据有效性

选项卡→"有效性"工具,在弹出的"数据有效性"对话框中进行数据有效性设置。

(1)设置有效性条件:在对话框的"设置"栏目设置允许录入的数据类型和条件。注意:如果允许录入的是"序列",则设置来源可以是引用已有单元格中的内容,也可以手动录入,且文本内容之间用英文逗号隔开,如图5-64所示。

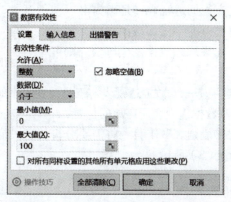 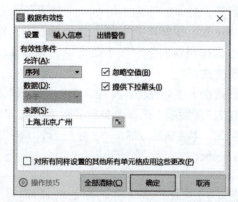

**图 5-64　设置有效性条件**

(2)设置输入信息提示:在对话框的"输入信息"栏目,可以设置选定单元格时显示的提示内容。设置完成后,选中设置数据有效性的单元格,则会出现该提示,如图5-65所示。

(3)设置出错警告:在对话框"出错警告"栏目,设置当输入无效数据时显示的出错警告,如图5-66所示。

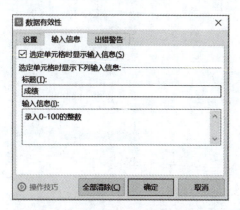 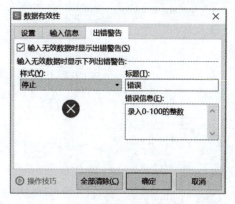

**图 5-65　设置输入信息提示**　　**图 5-66　设置出错警告**

【案例5-30】使用WPS打开31101076.xlsx文件,并按指定要求完成以下操作。

(1)为工作表Sheet1的B2:B22单元格区域设置数据有效性,允许录入内容为珠三角、粤东、粤西、粤北(不调换顺序),并提供下拉箭头。

(2)设置录入错误警告提示,样式为"警告",标题为"提示",错误信息为"所属地区为珠三角、粤东、粤西或粤北"。

(3)保存文件。

### 5.4.8 数据透视图/表

#### 1. 数据透视表

数据透视表是一种交互式的表，可以快速汇总、分析、浏览和显示数据，对大量规范的源数据进行多维展现。数据透视表可以实现电子表格的大部分功能，如图表、计算、筛选、排序等。之所以称之为数据透视表，是因为可以动态地改变字段，以便按照不同方式分析数据，每次改变字段和版面布局，数据透视表立即按照新的字段和布局重新计算数据；如果原始数据发生改变，则可以更新数据透视表。

视频5.29：数据透视图/表

数据透视表创建方法：首先，选择"插入"选项卡→"数据透视表"工具，在弹出的"创建数据透视表"对话框中选择要分析的数据区域，以及数据透视表所存放的位置，如图 5-67（a）所示。单击"确定"按钮后，选择"分析"选项卡→"字段列表"工具，将需要分析的字段拖动至数据透视表区域作为行、列、值或筛选项，如图 5-67（b）所示。

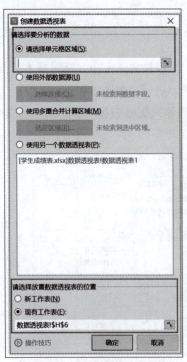

（a）"创建数据透视表"对话框　　　　　　（b）数据透视表设置

图 5-67　插入数据透视表

单击"数据透视表区域"的某个字段，可对字段进行设置，包括汇总方式、名称、数字格式等，如图 5-68 所示。完成的数据透视表可通过"设计"选项卡对表样式进行设计。

#### 2. 数据透视图

数据透视图是另一种数据展现形式，与数据透视表不同之处在于它可以选择适合的图形及多种色彩来表述数据特性。

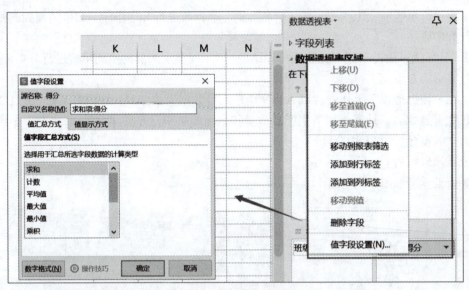

图 5-68 字段设置

数据透视图创建的方法：选择"插入"选项卡→"数据透视图"工具，后续操作与"数据透视表"类似，只是将数据透视表变为了数据透视图。完成透视图插入后，可以通过"图表工具"选项卡对图表样式进行设计。

【案例5-31】使用WPS打开31101066.xlsx文件，并按指定要求完成以下操作。

（1）以业绩工作表中的A1:E46单元格为数据源创建数据透视表，统计不同公司不同职位的业绩情况。要求数据透视表在新工作表，分公司为筛选器，职位为行，业绩目标和实际业绩为值，对值进行求和计算。

（2）设置数据透视表名称为"业绩"；表样式为"数据透视表样式中等深浅2"。

（3）保存文件。

## 任务 5.4 产品订单数据管理

日常生活中，人们经常会购买各种产品，对于每天售卖产品的工作人员来说，不计其数的产品销售订单数据统计便成为家常便饭。好的销售数据统计不仅能提高销售额，而且能为企业或门店的发展提供良好的支撑。

### 1. 任务描述

小李是某鲜花销售中心的工作人员，在一周时间内共卖出鲜花907单。为了更好地了解销售情况，为后续进货提供数据参考，小李需要将所有订单数据进行数据分析。

### 2. 任务要求

（1）将工作表中的"蓝花"替换为"兰花"。

（2）在"订单明细"工作表后新建名为"产品类别"的空白工作表，将"订单明细"工作表 C1:C907 单元格区域的数据复制到"产品类别"工作表 A1 开始的单元格，并删除重复项。

（3）在“订单明细”工作表，按“产品类别”笔画数进行升序排序，如果笔画相同则按“单击”进行升序排序。

（4）在“订单明细”工作表，根据排序结果，对不同类别产品的平均单价进行分类汇总计算，且结果只显示第 2 级。

（5）在“数据透视”工作表，以 A1:F907 单元格数据为数据源，在现有工作表的 H2 单元格开始创建数据透视表，计算不同类别产品数量和金额的总和，并将“数量”“金额”字段名分别自定义为“数量合计”“金额合计”。

### 3. 任务效果参考

任务效果参考如图 5-69 所示。

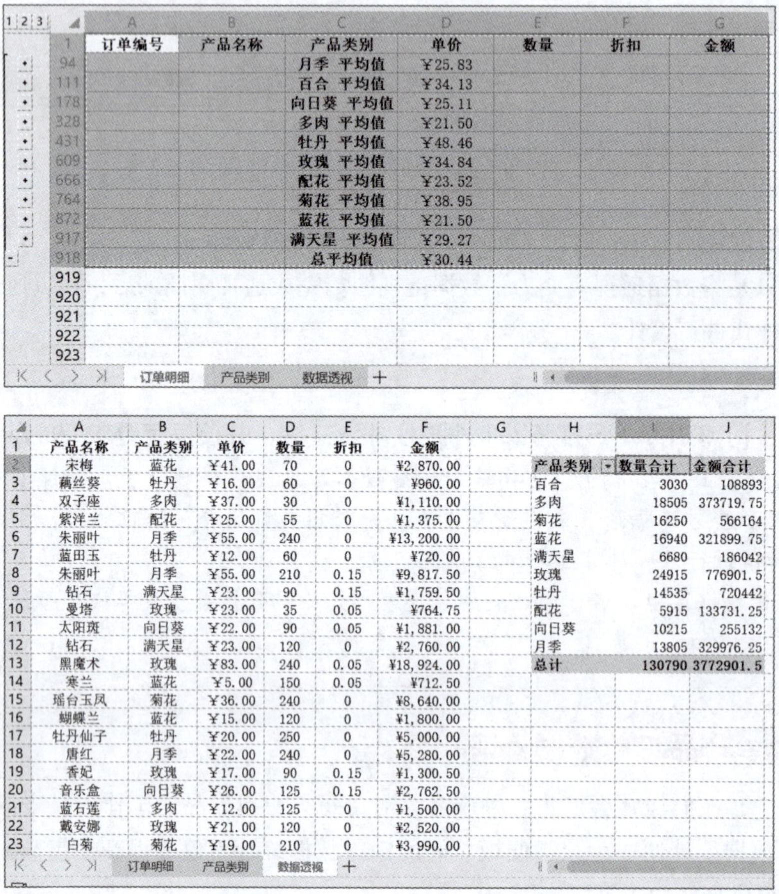

| | 订单编号 | 产品名称 | 产品类别 | 单价 | 数量 | 折扣 | 金额 |
|---|---|---|---|---|---|---|---|
| 94 | | | 月季 平均值 | ¥25.83 | | | |
| 111 | | | 百合 平均值 | ¥34.13 | | | |
| 178 | | | 向日葵 平均值 | ¥25.11 | | | |
| 328 | | | 多肉 平均值 | ¥21.50 | | | |
| 431 | | | 牡丹 平均值 | ¥48.46 | | | |
| 609 | | | 玫瑰 平均值 | ¥34.84 | | | |
| 666 | | | 配花 平均值 | ¥23.52 | | | |
| 764 | | | 菊花 平均值 | ¥38.95 | | | |
| 872 | | | 蓝花 平均值 | ¥21.50 | | | |
| 917 | | | 满天星 平均值 | ¥29.27 | | | |
| 918 | | | 总平均值 | ¥30.44 | | | |

| | 产品名称 | 产品类别 | 单价 | 数量 | 折扣 | 金额 |
|---|---|---|---|---|---|---|
| 2 | 宋梅 | 蓝花 | ¥41.00 | 70 | 0 | ¥2,870.00 |
| 3 | 藕丝葵 | 牡丹 | ¥16.00 | 60 | 0 | ¥960.00 |
| 4 | 双子座 | 多肉 | ¥37.00 | 30 | 0 | ¥1,110.00 |
| 5 | 紫洋兰 | 配花 | ¥25.00 | 55 | 0 | ¥1,375.00 |
| 6 | 朱丽叶 | 月季 | ¥55.00 | 240 | 0 | ¥13,200.00 |
| 7 | 蓝田玉 | 牡丹 | ¥12.00 | 60 | 0 | ¥720.00 |
| 8 | 朱丽叶 | 月季 | ¥55.00 | 210 | 0.15 | ¥9,817.50 |
| 9 | 钻石 | 满天星 | ¥23.00 | 90 | 0.15 | ¥1,759.50 |
| 10 | 曼塔 | 玫瑰 | ¥23.00 | 35 | 0.05 | ¥764.75 |
| 11 | 太阳斑 | 向日葵 | ¥22.00 | 90 | 0.05 | ¥1,881.00 |
| 12 | 钻石 | 满天星 | ¥23.00 | 120 | 0 | ¥2,760.00 |
| 13 | 黑魔术 | 玫瑰 | ¥83.00 | 240 | 0.05 | ¥18,924.00 |
| 14 | 寒兰 | 蓝花 | ¥5.00 | 150 | 0.05 | ¥712.50 |
| 15 | 瑶台玉凤 | 菊花 | ¥36.00 | 240 | 0 | ¥8,640.00 |
| 16 | 蝴蝶兰 | 蓝花 | ¥15.00 | 120 | 0 | ¥1,800.00 |
| 17 | 牡丹仙子 | 牡丹 | ¥20.00 | 250 | 0 | ¥5,000.00 |
| 18 | 唐红 | 月季 | ¥22.00 | 240 | 0 | ¥5,280.00 |
| 19 | 香妃 | 玫瑰 | ¥17.00 | 90 | 0.15 | ¥1,300.50 |
| 20 | 音乐盒 | 向日葵 | ¥26.00 | 125 | 0.15 | ¥2,762.50 |
| 21 | 蓝石莲 | 多肉 | ¥12.00 | 125 | 0 | ¥1,500.00 |
| 22 | 戴安娜 | 玫瑰 | ¥21.00 | 120 | 0 | ¥2,520.00 |
| 23 | 白菊 | 菊花 | ¥19.00 | 210 | 0 | ¥3,990.00 |

| 产品类别 | 数量合计 | 金额合计 |
|---|---|---|
| 百合 | 3030 | 108893 |
| 多肉 | 18505 | 373719.75 |
| 菊花 | 16250 | 566164 |
| 蓝花 | 16940 | 321899.75 |
| 满天星 | 6680 | 186042 |
| 玫瑰 | 24915 | 776901.5 |
| 牡丹 | 14535 | 720442 |
| 配花 | 5915 | 133731.25 |
| 向日葵 | 10215 | 255132 |
| 月季 | 13805 | 329976.25 |
| 总计 | 130790 | 3772901.5 |

图 5-69　任务效果参考

## 5.5 数据可视化

### 5.5.1 图表创建编辑

图表是数据的另一种呈现方式，是将数据进行可视化处理的结果，利用图表可以更直观、清晰地看到数据的变化趋势。WPS 表格中提供的图表类型包括柱形图、折线图、饼图、条形图、面积图、XY（散点图）、股价图、雷达图、组合图等，各类型图表下包含多个子类。

## 1. 图表创建

创建图表的方式：选择数据单元格区域，在"插入"选项卡利用图表快捷方式生成图表，如图5-70（a）所示；或通过"全部图表"打开"图表"对话框进行选择，如图5-70（b）所示。

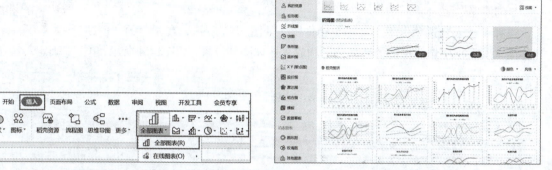

（a）插入图表　　　　　　　　　　　　　　（b）"图表"对话框

图 5-70　创建图表

## 2. 图表编辑与格式化

图表编辑与格式化，也就是对图表的颜色、样式、图表元素（标签、图例、网格线等）、布局等进行设计，使得图表更加美观可读。

图表编辑与格式化的方法：选中插入的图表，进入"图表工具"选项卡，根据实际需要利用该选项卡下的图表工具完成图表编辑美化，如图5-71所示。

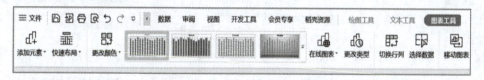

图 5-71　图表格式化工具

【案例5-32】使用WPS打开31101068.xlsx文件，并按指定要求完成以下操作。

（1）设置A1:C1单元格合并居中。

（2）以A2:C9单元格区域为数据源创建图表，图表类型为带数据标记的折线图，图表标题为"2015—2021中国居民健康素养水平"。

（3）设置图表布局为"布局3"，为"健康生活方式与行为素养水平"折线添加数据标签，位于上方；不显示网格线。

（4）图表区填充颜色为"浅绿，着色6，淡色60%"，绘图区渐变填充"黄色，橄榄绿渐变"，效果如图5-72所示。

（5）保存文件。

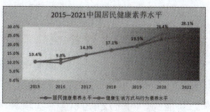

图 5-72　图表效果

## 5.5.2 创建迷你图

迷你图是放在单个单元格中的小型图表,每个迷你图代表所选一行/列单元格内容中的数据。需要对数据分析时,利用迷你图可以很好地帮助判断这些数据的趋势。迷你图包括折线迷你图、柱形迷你图、盈亏迷你图。

视频5.31:创建迷你图

### 1. 创建迷你图

选择"插入"选项卡下的某一类迷你图,如图5-73所示,在弹出的"创建迷你图"对话框中选择所需的数据范围和放置迷你图的位置,如图5-74所示,单击"确定"按钮。

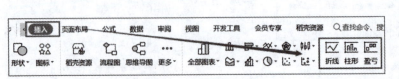

图 5-73　插入迷你图

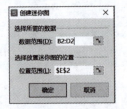

图 5-74　创建迷你图

### 2. 迷你图效果设置

创建迷你图后,在"迷你图工具"选项卡下,可对迷你图的标记点、标记颜色、样式等进行设置,如图 5-75 所示。

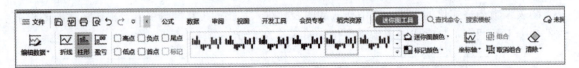

图 5-75　迷你图效果设置

> **【案例5-33】** 使用WPS打开31101070.xlsx文件,并按指定要求完成以下操作。
> 
> (1) 设置B3:G4单元格区域数据格式为百分比,保留一位小数。
> 
> (2) 在H3、H4单元格分别插入折线迷你图,呈现2015—2020年GDP和数字经济增速的变化趋势,折线图样式为"褐色,迷你图样式着色2,深色25%"。
> 
> (3) 突出显示高点颜色为标准红色,突出显示低点颜色为:黑色,文本1。
> 
> (4) 保存文件。

## 任务5.5　创新指数可视化处理

为落实党的二十大报告强调的"加快实施创新驱动发展战略"精神,客观反映建设创新型国家进程中我国创新能力的发展情况,提出中国创新指标体系。计算得到的创新指数不仅反映总体创新能力,同时反映我国在创新环境、创新投入、创新产出和创新成效等四个领域的发展情况。

### 1. 任务描述

张强是大四的一名学生,正在进行创新能力相关课题研究。为了更好地把握目前国内大环境下的创新能力发展情况,张强收集整理了近几年关于中国创新能力相关指数数据,现在需要使用 WPS 将相关数据进行可视化处理,使其更加直观、易理解。

### 2. 任务要求

（1）在工作表 J3:J7 单元格区域，利用柱形迷你图分别呈现 2015—2022 年各类创新指数的变化情况，柱形图样式为"深蓝，迷你图样式着色 1，深色 25%"，标记迷你图高点颜色为标准绿色。

（2）以工作表 A2:I7 单元格区域为数据源创建组合图，"中国创新指数"为簇状柱形图，"创新环境指数""创新投入指数""创新产出指数""创新成效指数"均为带数据标记的折线图。图表高 8.2 厘米，宽 18.2 厘米，置于 A9 开始的单元格区域。

（3）设置图标题为"2015—2022 年中国创新指数（2015 年 =100）"，图表中的全部字体样式为"微软雅黑"；图表颜色为彩色中的第 2 种；图表不呈现任何网格线，且纵坐标边界最小值为 80。

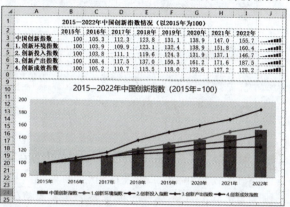

图 5-76　任务效果参考

（4）设置"创新产出指数"数据标记类型为菱形；图表绘图区填充颜色为纯色"白烟，背景 1，深色 5%"。

### 3. 任务效果参考

任务效果参考如图 5-76 所示。

## 5.6　表格审阅

### 5.6.1　表格批注

批注是指在进行数据整理过程中对数据进行批注和注解，以帮助自己或他人掌握理解数据内容。通过 WPS 表格的"审阅"选项卡下的批注工具可以在数据表格中新建批注、编辑批注、删除批注、显示或隐藏批注、进行批注切换等，如图 5-77 所示。

视频5.32：表格审阅

新建批注：选中需要添加批注的单元格，单击"审阅"选项卡→"新建批注"，此时单元格一旁会出现可编辑的淡黄色底的批注框（批注框内默认显示的是用户名，可以删除），将光标定位到批注框即可进行批注内容的编辑。

显示 / 隐藏批注：所有批注默认均为显示状态，选中需要隐藏的批注，单击"审阅"选项卡→"显示 / 隐藏批注"即可完成批注的隐藏。隐藏批注的单元格右上角会显示红色三角标志，当鼠标指针移动至该单元格，即可看到批注的内容。

批注切换：单击"审阅"→"上一条"/"下一条"，可实现批注的切换。

### 5.6.2　简繁转换

WPS 表格的简繁转换与 WPS 文字中的简繁转换类似，选中需要设置为简体或繁体的数据区域，单击"审阅"选项卡→"繁转简"或"简转繁"命令，即可快速实现简繁转换。

### 5.6.3　保护设置

WPS 表格的保护设置包括保护工作表,保护工作簿。单击对应的命令，即可弹出"保护工作表"或"保护工作簿"对话框，根据提示录入密码即可完成保护，如图 5-78 所示。对于添加保护的工作表或工作簿，对其进行编辑时需通过密码撤销保护才能进行。

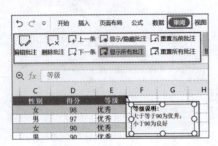
图 5-77 批注

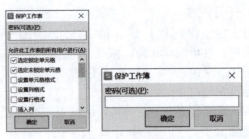
图 5-78 保护设置

【案例5-34】使用WPS打开31101074.xlsx文件，并按指定要求完成以下操作。

（1）设置Sheet1工作表1~5行行高为18。
（2）将A1单元格标题内容繁体转换为简体。
（3）为A1单元格添加批注并显示批注，批注内容为"恩格尔系数是指居民对食品的支出占个人消费支出总额的比重。"（批注内容不含引号）。
（4）保存文件。

## 5.7 页面布局

在WPS表格中对页面布局的设置，可以更方便地打印相关数据表格。WPS表格中的页面布局包括页面设置、主题背景等。

### 1. 页面设置

WPS表格中的页面设置包括页面方向、纸张大小、页边距、打印区域、页眉页脚等，其中页面方向、纸张大小和页边距设置与WPS文字类似，设置的效果直接影响最后的打印效果。

视频5.33：页面布局

可以通过"页面布局"选项卡下的快速访问工具进行页面设置，如图5-79所示；也可以通过打开"页面设置"对话框完成相关设置，如图5-80所示。

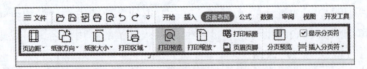
图 5-79 "页面布局"选项卡

（1）页面：主要设置页面方向、打印时页面缩放比例、纸张大小等。
（2）页边距：设置数据表距离页面上下左右的边距、页眉页脚边距，以及数据表在页面的居中对齐方式。
（3）页眉页脚：自定义页眉页脚内容及效果。
（4）工作表：主要是对打印效果进行设置，包括打印区域、打印标题及其他打印效果。

### 2. 主题效果

针对不同的工作表可以设置不同的主题、颜色、字体、背景效果，以更好地展示数据内容，达到更好的呈现效果。

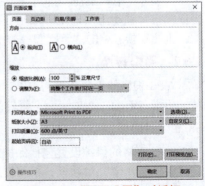
图 5-80 "页面设置"对话框

通过"页面布局"选项卡下的"主题""字体""颜色""效果""背景图片"等快速访问工具可进行主题效果设置，如图5-81所示。

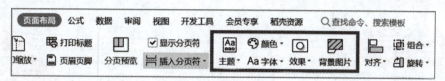

图 5-81 主题效果设置

【案例5-35】使用WPS打开31101072.xlsx文件，并按指定要求完成以下操作。

（1）将Sheet1工作表主题为"奥斯汀"。

（2）设置纸张大小为A5、横向；上下页边距为3厘米，左右页边距为1厘米，居中方式为水平。

（3）自定义页眉位于中部，页眉内容为"生活节能减排，共创美好环境"；页脚格式为"第1页，共?页"。

（4）设置打印区域为A1:I10，打印顶端标题行为第1、2行。

（5）保存文件。

# 第6章
# WPS演示

### 本章知识结构

### 本章学习目标

- 熟悉 WPS 演示的窗口界面、视图方式；
- 掌握演示文稿的基本概念和制作流程及原则；
- 熟练对幻灯片以及幻灯片中的字段内容进行格式化处理。
- 掌握演示文稿的插入元素操作和格式设置；
- 能够对演示文稿进行美化设计；
- 能够对演示文稿进行交互设计；
- 能够自定义放映方式并演示文稿打印输出。

WPS 演示是 WPS Office 套件中的幻灯片软件，能制作出精美、大气、专业的演示文稿，适用各种会议、产品展示、汇报、图文解说等场合的演示。

本章从演示文稿基本制作、图文排版、交互设计以及放映设置等多个方面着手，由浅入深地介绍 WPS 演示的操作技巧和使用方法。

## 6.1 WPS 演示概述

WPS 演示即演示文稿，也就是常说的 PPT。演示文稿指把静态文件制作成动态文件浏览，把复杂的问题变得通俗易懂，会使之更生动，给人留下更为印象深刻的文稿类型。演示文稿通常由幻灯片、演讲者备注和旁白等内容组成。

一套完整的演示文稿文件一般包含片头动画、封面、前言、目录、过渡页、图表页、图片页、文字页、封底、片尾动画等。

视频6.1：WPS 演示的界面视图

### 6.1.1 WPS 演示的界面视图

WPS 演示提供了四种不同的视图方式，分别是普通视图、幻灯片浏览视图、备注页视图和阅读视图，如图 6-1 所示。

**1. 普通视图**

普通视图是默认的视图方式。在该视图下，会显示视图窗格、功能区、文档工作区等功能区域。在普通视图下，既能在文档工作区自由进行编辑与加工，也能在视图窗格通过插入、删除、移动、复制幻灯片等操作增减幻灯片页面以及调整幻灯片的先后顺序。

图 6-1 视图模式

**2. 幻灯片浏览视图**

在幻灯片浏览视图下，屏幕上会同时显示多张幻灯片缩略图，如图 6-2 所示。可通过右下角的"显示比例"调整屏幕上幻灯片显示的数量与大小。针对幻灯片数量较多的演示文稿，在该视图模式下，移动、删减幻灯片变得尤其便利。

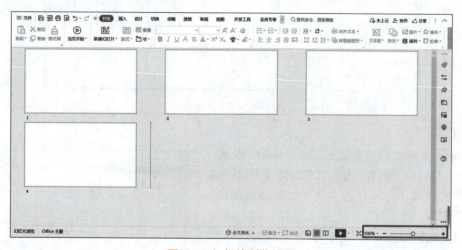

图 6-2 幻灯片浏览视图

**3. 备注页视图**

备注页视图模式下，上方为幻灯片编辑区，下方为幻灯片的备注页，方便必要时在备注页中录入对应的提示信息。

**4. 阅读视图**

该模式下，无须切换到全屏放映，便能查看每张幻灯片的内容、动画和切换效果等。

### 6.1.2 演示文稿的基本概念

#### 1. 幻灯片

如果把演示文稿比作一本书,幻灯片就是书中的每页纸。演示文稿中每一单页为一张幻灯片,一张幻灯片由若干对象组成,"对象"指插入幻灯片中的文字、图表、音频、视频、动画等元素。

视频6.2:演示文稿的基本概念

#### 2. 幻灯片版式与母版

演示文稿中每一张幻灯片都是基于某种自动版式创建的。新建幻灯片时,可以从 WPS 提供的已有版式中选择一种。每种版式预定义了幻灯片中各占位符的布局情况。

母版是一种特殊幻灯片,如图 6-3 所示。它控制文本特征,如字体、字号和颜色;控制幻灯片的背景色和某些特殊效果。幻灯片母版主要用来统一演示文稿的幻灯片格式。幻灯片母版格式一旦被修改,则所有采用该母版建立的幻灯片都会随之发生改变。

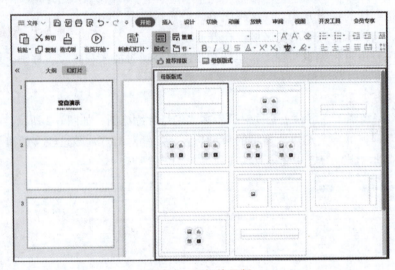

图 6-3 幻灯片母版

#### 3. 占位符

占位符就是在幻灯片中先占住一个固定的位置,之后由用户自行填充内容。占位符在幻灯片中以"虚框"的形式展现,内容有如"单击此处添加标题"之类的提示语,或者有提示"插入图片"或"插入媒体"的图标,如图 6-4 所示。当填充好对应内容后提示语自动消失。

当用户想创建属于自己的演示文稿模板时,占位符发挥着重要的作用,它能协助用户规划每一张幻灯片的结构。

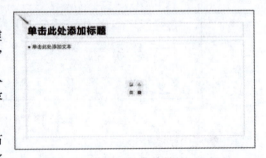

图 6-4 占位符

### 6.1.3 演示文稿的制作流程和原则

要制作一款成功的 WPS 演示文稿并非易事。如果设计的演示文稿杂乱无章、文本过多、不美观,就无法通过一个吸引人的演示来传递想表达的信息。所以制作优秀的演示文稿,首要任务是确定演示文稿要表达的主题内容以及展示的目的;然后借助文稿工具,按照文稿制作原则,把要表达的主题内容展示出来。

### 1. 演示文稿制作流程

演示文稿从确定主题到最终定稿大致可分为六个阶段，如图 6-5 所示。

### 2. 演示文稿制作原则

好的演示文稿需要紧扣演讲主题和接收对象，并遵循以下设计原则：

（1）风格统一排版合理。
（2）文字内容言简意赅。
（3）背景清雅切忌零乱。
（4）颜色搭配合理清新。
（5）图文混排布局合理。
（6）动画效果合理适度。
（7）内容完整重点突出。

(1) 确定演示主题和目的
• 演讲主题、接收对象、演示目的、预设效果

(2) 梳理演示素材
• 文字、图片、音频、视频、动画……

(3) 制定演示方案
• 演示时间、演示内容安排、演示过程中的互动等……

(4) 初编演示文稿
• 新建文稿、主题风格、图文录入……

(5) 美化调试演示文稿
图文排版、动画设计、交互设计、主题样式……

(6) 预演播放定稿
• 预演调试、放映设置、打包输出……

图 6-5 演示文稿制作流程

## 6.2 演示文稿操作基础

### 6.2.1 演示文稿的新建保存

#### 1. 演示文稿的新建

WPS 提供了多种创建演示文稿的方式。若想针对特定的主题或者应用场景快速制作一个演示文稿，可选择利用 WPS 提供的主题模板完成演示文稿的创建。模板文件通常包含了与设计主题相关的背景设计和内容设计，只需要填入或替换相应的文字、图片、音频、视频等媒体文件，即可快速完成演示文稿的创建。

演示文稿新建的方法与 WPS 文字、WPS 表格相同。

视频6.3：演示文稿的新建保存

#### 2. 演示文稿的保存

创建演示文稿后，需要先将其保存到特定的位置或方便自己查找的位置，便于后续进行内容编辑，以防因不可控的因素导致内容丢失。

WPS 演示提供了多种保存方法，可通过快速访问工具栏的快捷按钮实现保存，可通过界面的"文件"下拉列表完成保存、另存或输出操作，也可通过按【Ctrl+S】组合键进行保存，具体操作与 WPS 文字和 WPS 表格相同。

> 📋 【案例6-1】创建演示文稿。
>
> 使用WPS演示，创建一个空白演示文稿，保存在C:\winks文件夹下，保存格式为"pptx"，文件命名为"32101001.pptx"（命名内容不包含引号）。

### 6.2.2 幻灯片基本操作

幻灯片的基本操作包括选择幻灯片、新建和删除幻灯片、移动和复制幻灯片、隐藏和显示幻灯片等。

### 1. 选择幻灯片

（1）选择单张幻灯片：在左侧的视图窗格中单击某张幻灯片缩略图，即可选中该幻灯片。同时，在文档工作区也会相应显示选中的幻灯片。

（2）选择多张幻灯片：可选择连续多张的幻灯片，也可以选择多张不连续的幻灯片。

① 连续多张的幻灯片：在视图窗格先选中第一张幻灯片后按住【Shift】键，同时选中最后一张幻灯片，即可选中第一张和最后一张之间所有的幻灯片。

② 选择多张不连续的幻灯片：选中第一张幻灯片后按住【Ctrl】键，依次单击选中其他幻灯片，选完后松开【Ctrl】键即可。

### 2. 新建与删除幻灯片

（1）新建幻灯片：新建幻灯片首先需要确定新建幻灯片的位置，默认新建幻灯片位于全部幻灯片最后，如需在中间位置新建，则要先选中插入位置之前的幻灯片。例如，要在第 2 张幻灯片之后插入一张新幻灯片，则选中第 2 张幻灯片，然后参考以下方法进行新建操作：

方法 1：切换到"开始"或"插入"选项卡→"新建幻灯片"按钮，或单击"新建幻灯片"下拉按钮选择新建特定版式的幻灯片，如图 6-6 所示。

方法 2：右击，在弹出的快捷菜单中选择"新建幻灯片"命令。

方法 3：按【Enter】键，即可在所选中的幻灯片之后快速插入一张新的幻灯片。

（2）删除幻灯片：选中需要删除的幻灯片后按【Delete】键；或选中需要删除的幻灯片后右击并在弹出的快捷菜单中选择"删除幻灯片"命令。

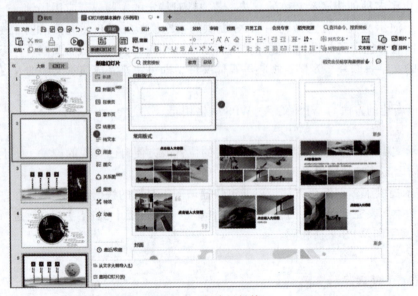

图 6-6　新建幻灯片

### 3. 移动与复制幻灯片

（1）移动幻灯片：移动幻灯片是将幻灯片从一个位置移到另一个位置。具体操作如下：

方法 1：在视图窗格选中要移动的幻灯片，右击并在弹出的快捷菜单中选择"剪切"命令（见图 6-7），或在选中幻灯片后直接使用快捷键【Ctrl+X】剪切，完成剪切后将鼠标移动到目标位置单击定位，然后右击并在弹出的快捷菜单中选择"带格式粘贴"命令，或定位目标位置后按

视频6.4：幻灯片的基本操作

【Ctrl+V】组合键，即可实现移动操作。

方法 2：在视图窗格中选中需移动的幻灯片后按住鼠标左键，即可拖动该幻灯片移动到目标位置，完成后松开鼠标。

（2）复制幻灯片：复制不同于移动，复制幻灯片是新增与已有幻灯片一模一样的一张或多张幻灯片。具体操作如下：

方法 1：复制到任意位置。在视图窗口需要复制的幻灯片后右击，在弹出的快捷菜单中选择"复制"命令，如图 6-8（a）所示，或在选中幻灯片后按【Ctrl+C】组合键复制，完成复制后将鼠标移动到目标位置单击定位，然后右击并在弹出的快捷菜单中选择"带格式粘贴"命令，或定位目标位置后按【Ctrl+V】组合键即可实现复制操作。

方法 2：快速复制到下方位置。选中要复制的幻灯片后右击，在弹出的快捷菜单中选择"复制幻灯片"命令，如图 6-8（b）所示，即可在选中的幻灯片下方快速创建一张相同的幻灯片。

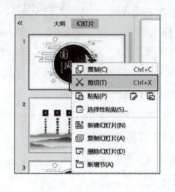

图 6-7 剪切幻灯片

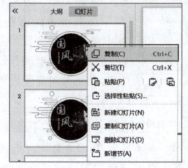

（a）方法 1

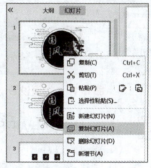

（b）方法 2

图 6-8 复制幻灯片

### 4. 隐藏与显示幻灯片

当幻灯片内容不适合在演示的时候展示出来，同时不方便删除其中的内容时，可以通过隐藏幻灯片的方式达到不删除且不展示的目的，必要时显示即可。

隐藏幻灯片的方法：选中需要隐藏的幻灯片，右击，在弹出的快捷菜单中选择"隐藏幻灯片"命令，或者选择"放映"选项卡→"隐藏幻灯片"命令，如图 6-9 所示。被隐藏的幻灯片左上方显示隐藏符号，放映时被隐藏的幻灯片将不会被展示。

若想将隐藏的幻灯片重新显示，则再次选择"隐藏幻灯片"命令即可。

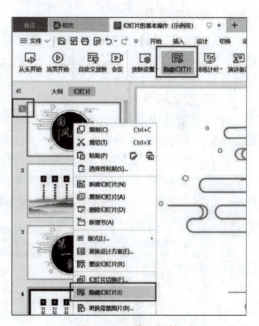

图 6-9 隐藏幻灯片

【案例6-2】使用WPS打开32101003.pptx，按要求完成以下各项操作。
（1）将第二张和第三张幻灯片的位置互换。
（2）在第五张幻灯片后面新增一张版式为"标题和内容"的幻灯片。
（3）隐藏第四张幻灯片。
（4）保存文件。

### 6.2.3 幻灯片页面设置

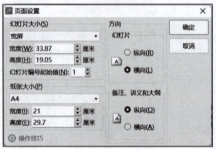

图 6-10 页面设置

在 WPS 中，新建的演示文稿幻灯片默认大小为"宽屏（16：9）"，根据演示文稿的用途和使用场景，通常需要对幻灯片的大小、方向等参数进行调整。

页面设置的方法：选择"设计"选项卡→"页面设置"命令，在弹出的"页面设置"对话框进行幻灯片大小、纸张大小、幻灯片方向、备注讲义方向等的设置，如图 6-10 所示。

视频6.5：幻灯片页面设置

【案例6-3】使用WPS打开32101034.pptx，按要求完成以下各项操作。
（1）设置幻灯片大小为"全屏显示（4：3）"，纸张大小为A5（宽度14.8厘米，高度21厘米），备注、讲义和大纲方向为"横向"，缩放大小为"确保适合"。
（2）保存文件。

### 6.2.4 演示内容录入

内容是演示的核心，文稿中的内容录入主要介绍如何在幻灯片中添加文稿内容，通常可通过插入文本框手动输入或复制粘贴文稿内容，或者通过从 WPS 文档导入的方式快速批量填充演示内容。

#### 1. 利用文本框录入内容

WPS 预设文本框包括横向文本框和竖向文本框，制作时根据需要插入合适的文本框，并手动输入内容或复制粘贴内容即可。

插入文本框录入文字的方法：选中需要插入文本框的幻灯片，单击"插入"选项卡→"文本框"下拉按钮→"横向文本框"或"竖向文本框"命令，如图 6-11 所示。鼠标指针呈现十字架形，单击插入可编辑的文本框，输入相应内容即可。

视频6.6：演示内容录入–插入文本框

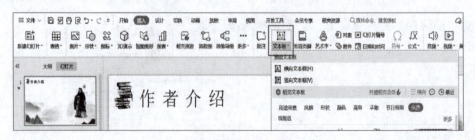

图 6-11 插入文本框

## 【案例6-4】使用WPS打开32101005.pptx，按要求完成以下各项操作。

（1）在幻灯片中插入一个"横向文本框"，输入文本"孔子，生于一个诸侯齐齐争霸，社会混乱的春秋战国时期。"（输入内容不包含引号）。

（2）设置文本框的宽度为16厘米。

（3）设置文本框能根据文字调整形状大小，形状中的文字自动换行。

（4）保存文件。

### 2. 从文字大纲导入内容

制作演示文稿前，演讲者可先利用 WPS 文字或者思维导图等工具梳理内容要点。一份架构清晰的文字大纲能快速转换成一份条理清楚、逻辑缜密的演示文稿。操作方法如下：

（1）整理文字内容。

以利用 WPS 文字整理演示内容为例。首先在 WPS 文字中按演示顺序依次录入需要演示内容，并初步规划每页幻灯片需要展现的内容；然后将 WPS 文字切换至大纲视图模式对内容进行级别设置，通常一级标题为每页幻灯片的标题，一级标题下包含的内容则为该页幻灯片展现的正文内容，如图 6-12 所示。

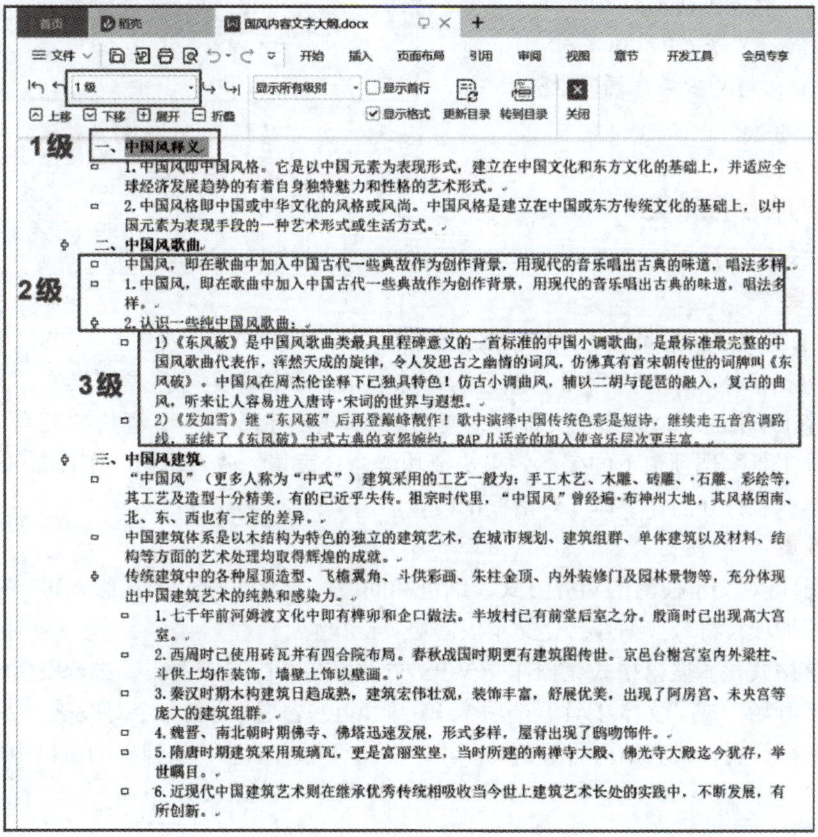

视频6.7：演示文稿录入−从文字大纲导入

图 6-12　设置大纲文档内容级别

> **提示**：WPS演示对导入的大纲文档内容有一定的格式要求，如果WPS文字不设置任何的标题样式，则导入大纲时会自动为内容中的每个段落创建一张幻灯片。

（2）从文字大纲导入内容至演示文稿。

方法1：打开或新建演示文稿，选择"开始"选项卡→"新建幻灯片"→"从文字大纲导入"，在弹出的"插入大纲"对话框中找到需导入的文字大纲文件，单击"打开"按钮完成导入。

方法2：在视图窗格定位要导入幻灯片的位置，右击，在弹出的快捷菜单中选择"从文字大纲导入"命令完成内容导入。

> **【案例6-5】** 使用WPS打开32101004.pptx，按要求完成以下各项操作。
>
> （1）用WPS打开32101004.docx，设置文档内容的级别，红色文本1级，黑色文本2级，蓝色文本3级，并重命名为"文字大纲.docx"（命名内容不包含引号）。
>
> （2）在第二张幻灯片后面以"文字导入大纲"的形式新建幻灯片，导入设置好内容格式的"文字大纲.docx"文件，导入后的第四张幻灯片效果如图6-13所示。
>
> （3）保存文件。
>
> 图6-13 幻灯片效果

### 6.2.5 演示内容字段效果

字段格式化能帮助观看者更好地理解演示内容，抓住内容表达的重点。

**1. 字体效果**

WPS演示的文字内容均分别存放在各文本框中，其字体效果设置与WPS文字一样，包括字体、字形、字号、颜色、特殊效果、字符间距等。具体操作如下：选中幻灯片中的一个或多个文本框，或选中文本框中部分文字，通过"开始"或"文本工具"选项卡下的字体效果快捷功能命令设置，或者单击"字体"对话框启动器，从打开的"字体"对话框中设置。

视频6.8：演示内容字段效果

**2. 段落效果**

WPS演示可对文本段落的对齐方式、缩进和间距、文字方向、中文版式进行效果设置，同时可为段落添加项目符号或编号，让文本段落更具层次感。

（1）段落格式化。段落格式化操作与WPS文字相同，首先选中需要进行段落格式化的段落内容，通过"开始"或"文本工具"选项卡下的段落设置快捷功能命令对段落对齐方式、缩进、行距等参数进行设置，或者单击右下角的"段落"对话框启动器，从弹出的窗口中进行设置，如图6-14所示。

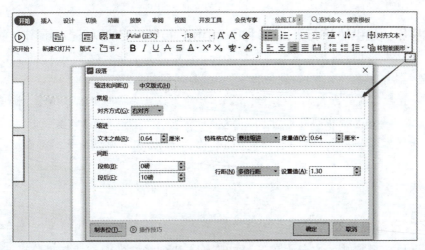

图 6-14 段落格式设置

（2）项目符号和编号。演示文稿中的项目符号和编号是常用的段落格式化工具，同样先选中需要添加项目符号或编号的文本内容，在"开始"或"文本工具"选项卡下，打开"插入项目符号"或"编号"按钮下拉面板，可选择预设"项目符号"或"编号"，如图 6-15（a）所示。

同时可通过下拉面板的"其他项目符号"或"其他编号"命令，打开"项目符号和编号"对话框，自定义项目符号、编号的类型、颜色及大小，如图 6-15（b）所示。

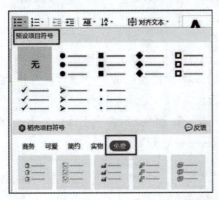 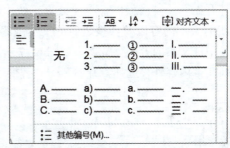

（a）预设项目符号和编号

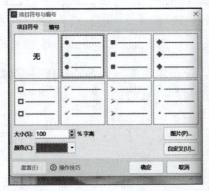 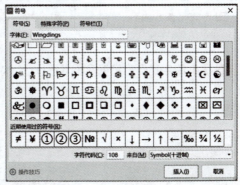

（b）自定义项目符号和编号

图 6-15 项目符号和编号

【案例6-6】使用WPS打开32101007.pptx，按要求完成以下各项操作。

（1）设置文本（含文字"故宫博物院……"）字体为"华文行楷"，加粗，字号调整为28，字体颜色为"黑色，文本1，浅色25%"，字符间距加宽5磅。

（2）设置段落对齐方式为"两端对齐"，行距为设置为"固定值"40磅，适当调整文本框大小，使文字全部呈现在幻灯片内。

（3）为文本（含文字"故宫博物院……"）添加1.2.3….项目编号，调整颜色为标准深红色。

（4）保存文件。

## 6.2.6 演示内容查找替换

对于幻灯片数量繁多的演示文稿，要想快速查找到指定的内容或者批量替换幻灯片中的某些文本内容或字体格式，就可以使用"查找"和"替换"功能。

视频6.9：演示内容查找替换

### 1. 查找内容

选择"开始"→"查找"命令（或直接按【Ctrl+F】组合键），在弹出的"查找"对话框中输入要查找的内容，并勾选窗口中的查找条件，单击"查找下一个"按钮或者按【Enter】键，就会从当前位置开始查找。单击"替换"按钮即可进入"替换"对话框，如图6-16所示。

### 2. 替换内容

选择"开始"→"替换"命令（或直接按【Ctrl+H】组合键），在弹出的"替换"对话框中输入要查找的文本内容以及替换之后的文本内容，单击"替换"或"全部替换"按钮，便会自动将幻灯片中该文本内容进行替换，如图6-17所示。

除替换文本内容外，选择"开始"→"替换字体"命令能批量替换字体，如图6-18所示。

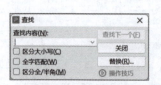

图6-16 查找内容

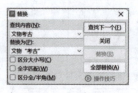

图6-17 替换内容

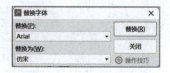

图6-18 替换字体

【案例6-7】使用WPS打开2101050.pptx，按要求完成下列各项操作并保存。

（1）将所有幻灯片中的文本"智能农业"替换成"智慧农业"。

（2）将幻灯片中的所有"微软雅黑"字体替换成"华文仿宋"。

（3）保存文件。

## 任务6.1 核心价值共知行文稿制作

党的二十大报告提出："社会主义核心价值观是凝聚人心、汇聚民力的强大力量。"社会主义核心价值观是社会主义核心价值体系的内核,体现社会主义核心价值体系的根本性质和基本特征,反映社会主义核心价值体系的丰富内涵和实践要求,是社会主义核心价值体系的高度凝练和集中表达。

#### 1. 任务描述

应学校要求需要在全学院开展"核心价值共知行"宣传活动,为了达到良好的宣传效果,学生支部宣传委员事先利用 WPS 文字准备了相关资料,现在需要将图文资料利用 WPS 演示进行展示。

#### 2. 任务要求

(1)设置幻灯片页面大小为全屏显示 16:9,幻灯片方向为横向,最大化内容大小。

(2)将第一张幻灯片标题文字"核心价值观共知行"字体格式设置为:54 号字、深红,着色 1,在页面中的对齐方式为水平居中、垂直居中。

(3)复制第一张幻灯片到最后,使其增加第七张幻灯片;将第五张幻灯片移动到第六张幻灯片之后,使其与第六张幻灯片交换位置。

(4)利用查找替换功能将幻灯片中的全部黑体字替换为微软雅黑。

(5)在第六张幻灯片下方空白位置插入文本框,录入文本"基本素质与修养",字体为华文行楷、28 号,文本框样式为"细微效果 - 珊瑚红,强调颜色 6"。

(6)隐藏第三、四张幻灯片。

#### 3. 任务效果参考

任务效果参考如图 6-19 所示。

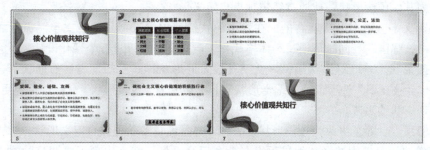

图 6-19 任务效果参考

## 6.3 演示文稿图文混排

在演示文稿中,除了核心文字内容外,为演示文稿添加合适的形状、图片、音频等多媒体文件,能大大增添演示文稿的美感,使演讲效果更具感染力。接下来将学习介绍为演示文稿添加形状、图片、图表、音频等多媒体文件。

### 6.3.1 插入形状

WPS 中提供了"线条""矩形""基本形状""箭头总汇""公式形状""流程图""星与旗帜""标注""动作按钮"九大类预设形状,可根据需求自行选择合适的形状插入相应幻灯片。

视频 6.10:插入形状

### 1. 创建形状

将光标定位到需要添加形状的幻灯片上,单击"插入"选项卡→"形状"下拉按钮,在下拉面板中选择所需的形状(见图6-20)并单击,鼠标指针会变成"十"字形,按住鼠标左键拖动即可绘制形状。

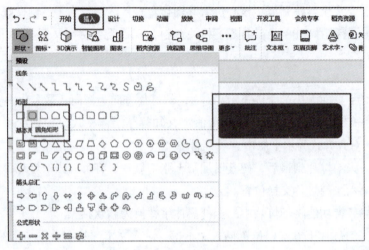

图 6-20　插入形状

### 2. 编辑形状

进行演示文稿图文排版过程中,如果能灵活应用不同的形状对文字和图片等内容进行限制,能实现多样且具有设计感的版面效果。WPS 演示的编辑形状功能主要可以在形状内编辑文字、将形状更改为其他预设形状,或通过编辑顶点自定义形状。

(1)编辑文字。选中形状后右击,在弹出的快捷菜单中选择"编辑文字"命令后即可输入内容(如"科技强国")。同时可通过字体格式化工具对文字效果进行个性化设计。

(2)更改形状。若已对形状编辑好文字并设置好形状样式,却发现当前形状不合适,选中形状后通过"绘图工具"选项卡→"编辑形状"下拉菜单→"更改形状"命令选择想更换的形状,即可快速实现形状的更改。

(3)编辑顶点。除了更改为预设形状以外,可通过编辑形状顶点自定义形状。选中形状后右击,在弹出的快捷菜单中选择"编辑顶点"命令后会看到形状上出现了可调整的锚点,通过拖动各锚点对形状进行编辑,可达到所需的形状效果。

### 3. 设计样式

直接插入的形状效果样式单调,可通过调整形状的大小、轮廓、填充、阴影等效果美化形状样式。操作方法如下:

方法1:选中形状,在工具栏中切换到"绘图工具"选项卡,根据需要在功能区选择填充、预设样式、轮廓、形状效果、大小等工具设置形状样式,如图6-21(a)所示。其中预设样式是 WPS 演示提供的、可直接使用的样式效果。

方法2:选中形状右击,在弹出的快捷菜单中选择"设置对象格式"命令;或单击"绘图工具"选项卡形状样式右下角的"设置形状样式"对话框按钮,此时工作区右侧呈现"对象属性"窗格,根据需要设置形状和文本效果即可,如图6-21(b)所示。

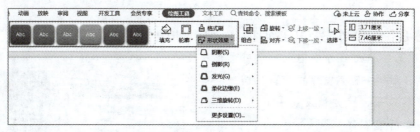

(a)方法1

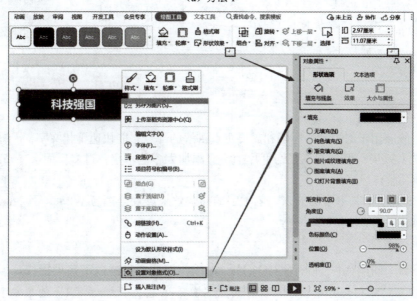

(b)方法2

图 6-21 设置形状样式

**4. 组合形状**

应用不同的形状进行拼接与组合能形成千变万化的图形效果，当一个图形由不同的形状组成时，将这些形状进行组合便于对整个图形进行移动与复制，也方便对图形进行管理。具体操作方法如下：

第1步：确定各形状摆放位置，如对齐方式、上下层关系，通过"绘图工具"选项卡下的快捷功能命令可设置，如图6-22所示。此处需要特别注意形状上下图层关系，上移或下移形状可能会遮挡底层的形状。

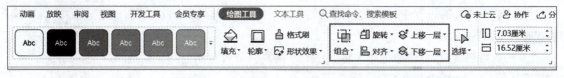

图 6-22 形状位置

第2步：组合形状。选中所有形状后，单击"绘图工具"→"组合"下拉菜单→"组合"命令即可实现多个形状的组合（或右击并在弹出的快捷菜单中选择"组合"命令）。单击"取消组合"命令便可取消组合。

【案例6-8】使用WPS打开32101011.pptx，按要求完成以下各项操作。

（1）在第一张幻灯片中插入一个基础形状棱台，在棱台形状中输入文字"中国三艘航空母舰"，将形状效果设置为预设效果中的"浅色1轮廓，彩色填充-皇家蓝，强调颜色3"。

（2）复制"山东舰"形状组合，修改文本为"福建舰"，调整形状位置，最终效果如图6-23所示。

（3）保存文件。

图6-23　形状效果

### 6.3.2　插入艺术字

艺术字一般应用于幻灯片的标题和需要重点讲解的部分，能快速美化文字，达到立体化艺术效果，但是在一张幻灯片中不宜添加太多艺术字，过多反而会影响演示文稿的整体风格。

关于WPS演示中艺术字的插入、艺术字的样式效果设置等都与WPS文字操作一样，具体可参考4.2.4节。

视频6.11：插入艺术字

【案例6-9】使用WPS打开32101016.pptx，按要求完成以下各项操作。

（1）在第一张幻灯片中插入预设样式为"填充-白色，轮廓-着色1"的艺术字，输入文本内容"二十四节气"（输入内容不包含引号）。

（2）设置艺术字的文本效果为"阴影-外部-右上斜偏移""倒影-倒影变体-紧密倒影，接触"。

（3）将文本框的标题文本（含"二十四节气中的科技与文化遗产"）转换成预设艺术字，样式为"填充-钢蓝，着色1，阴影"。

（4）保存文件。

### 6.3.3　插入图片

图文并茂的演示文稿能使听众更容易理解和感受演讲者想要传达的信息。在设计制作演示文稿过程中，经常需要在幻灯片中插入剪贴画和图片。常用的格式有以下四种。

（1）JPG：其特点是图像色彩丰富，压缩率极高，节省存储空间，只是图片的精度固定，在拉大时清晰度会降低。

（2）GIF：其特点是压缩率不高，相对JPG格式文件，图像色彩也不够丰富，但是一张图片可以存多张图像，可以用来做一些简单的动画。

（3）PNG：一种较新的图像文件格式，其特点是图像清晰，背景一般透明，文件也比较小。

（4）AI：矢量图的一种，其基本特点是图像可以任意放大或缩小且不影响显示效果。

视频6.12：插入图片

## 1. 插入图片

选中需要插入图片的幻灯片，打开"插入"选项卡下的"图片"下拉菜单，在下拉菜单中选择插入图片的路径来源，如图 6-24 所示，然后根据窗口提示插入图片。

（1）本地图片：即计算机本地的图片，这是最常用的图片插入方式。设计一个有特定主题的演示文稿时往往需要大量符合主题的图片，这些图片一般都是由设计者查找并保存到本地的某个文件夹，便于随时调用。

（2）分页插图：分页插图是 WPS 演示的特色功能，能一键将已编排好顺序的图片一次性导入演示文稿，且自动为每张图片新建一张幻灯片。

（3）手机图片/拍照：设计者能通过"手机传图"直接将存储在手机的图片素材传入当前文稿并插入相应的幻灯片。

（4）资源夹图片：可通过在资源夹中创建不同的文件夹，存放在设计编辑演示文稿过程中经常使用的图片素材，便于随时调用。

此外，WPS 2019 还提供了在线搜索图片的功能，便于设计者查找需要的图片素材。

图 6-24 插入图片

## 2. 设计图片效果

对插入的图片进行样式效果设置不仅能使幻灯片页面更美观，而且可达到更好的展示效果。具体操作如下：

选中插入的图片，通过"图片工具"选项卡的样式工具快捷功能按钮对图片的形状样式、透明度与亮度、大小位置、效果、轮廓、组合、对齐等进行设置；或选中图片后右击，在弹出的快捷菜单中选择"设置对象格式"命令，在右侧的"对象属性"窗格对图片样式效果进行设置，如图 6-25 所示。

图 6-25 设置图片格式

【案例6-10】使用WPS打开32101019.pptx，按要求完成以下各项操作。

（1）在第1张幻灯片中插入C:\winks文件夹下的32101019.png图片，图片大小缩放为50%。

（2）为图片添加边框，边框颜色为标准深红色，线型为1.5磅，图片效果为"发光-发光变体-巧克力黄，5pt发光，着色2"。

（3）设置图片水平位置相对于左上角9厘米，垂直位置相对于左上角8厘米。

（4）保存文件。

### 6.3.4 插入表格

表格是数据内容组织使用的重要工具，通常运用表格形式去汇总和展示的数据会比文字表述更加一目了然。演示文稿中的表格操作与WPS文字相同，包括创建表格、表格中数据录入与编辑、表格样式效果设计。

关于WPS演示中表格的插入和编辑、文本转表格、设置表格样式效果等都与WPS文字操作一样，具体可参考4.2.6节。

视频6.13：插入表格

【案例6-11】使用WPS打开32101021.pptx，按要求完成以下操作。

（1）在第一张幻灯片中插入一个"3行*4列"的表格，设置表格的单元格高度为3厘米，宽度为5厘米。

（2）合并表格的第一行单元格，在第一行中输入文本"火箭发射日志"（输入内容不包含引号），调整字号大小为28，设置文本垂直、水平居中对齐。

（3）设置表格样式为预设样式"浅色系-浅色样式3-强调6"。

（4）保存文件。

### 6.3.5 插入图表

图表是演示文稿的重要组成内容，丰富多样的图表类型能使数据表达更为生动和直观。WPS提供的图表类型包含柱状图、饼图、折线图、条形图等。不同类型的图表有其表现数据的侧重点，如柱状图用于表示数据的对比，折线图用于表示数据的变化及趋势，饼图用于表示数据的占比，条形图用于表示数据的排名等。

视频6.14：插入图表

**1. 创建图表**

创建或打开一个演示文稿，选中需要插入图表的幻灯片，在"插入"选项卡下选择"图表"工具，在弹出的"图表"对话框中依据数据表现特点选择合适的图表类型，如图6-26所示，即可在选中的幻灯片中呈现图表。

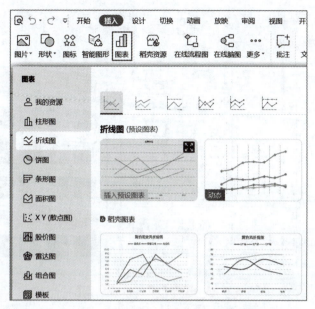

图 6-26 创建图表

### 2. 编辑图表数据

WPS 演示插入的图表首先需要进行数据编辑，具体操作如下：选中图表，选择"图表工具"选项卡→"编辑数据"工具（或选中图表后右击并在弹出的快捷菜单中选择），程序自动打开 WPS 演示中的图表，表格中有相应的表格数据，可对数据进行编辑与更改，更改的同时图表会自动调整，更改完成后关闭该 WPS 表格文档即可，如图 6-27 所示。

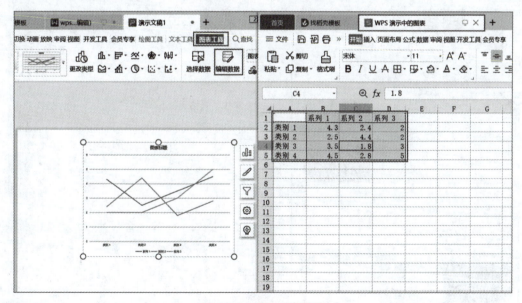

图 6-27 编辑图表数据

### 3. 设计图表效果

（1）图表元素、布局与颜色设计。在"图表工具"选项卡下通过"添加元素""快速布局""更改颜色"下拉列表可对图表基本元素、布局和颜色进行设计，如图 6-28 所示。

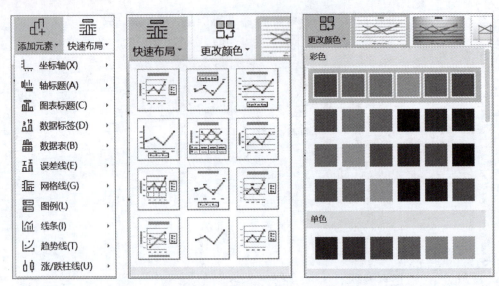

图 6-28 图表元素、布局、颜色

（2）更改图表类型。对已创建的数据图表，可通过"图表工具"选项卡→"更改类型"工具更换图表类型。

（3）更改图表样式。WPS 提供了丰富的图表预设样式供选择，设计时可匹配当前演示文稿的主题样式选择合适的预设样式和更改图表的颜色，对图表进行美化。也可以通过"绘图工具"和"文本工具"对图表轮廓与填充效果、文字效果进行设计，如图 6-29 所示。

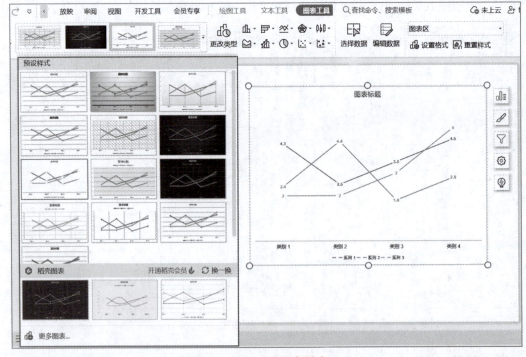

图 6-29 设计图表样式

## 【案例6-12】使用WPS打开32101022.pptx，按要求完成以下操作。

（1）在第一张幻灯片中插入一个带数据标记的折线图，在"图表标题"中输入文本"按消费类型分零售额同比增长"（输入内容不包含引号）。

（2）参考考生文件夹下的图片32101022.jpg，编辑图表数据，调整数据的显示范围。

（3）设置坐标轴的标签位置为"低"，调整图表数据标签显示为"下方"。

（4）更改图表颜色为"彩色"选项下的第四种颜色，图表样式更改为样式1（预设样式的第1行1列，如果使用的是WPS教育考试版，则本题图表样式选择样式0），最终效果如图6-30所示。

（5）保存文件。

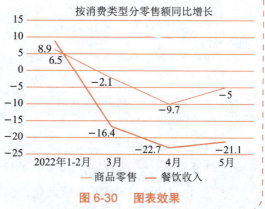

图 6-30　图表效果

### 6.3.6　插入智能图形

对于有一定组织架构的文本内容或图片素材而言，智能图形是一个十分便利且高效的排版工具，掌握好这个工具将大大提升工作效率，节省优化版面的时间。

关于WPS演示中智能图形的插入、文本录入、项目添加与减少、级别设置、布局、颜色、预设样式等都与WPS文字操作一样，具体可参考4.2.5节。不同的是，WPS演示中支持将文本转换为智能图形，操作方法如下：

选中幻灯片中需要转为智能图形的文本内容，选择"文本工具"选项卡→"转智能图形"工具，在下拉列表选择预设智能图形，或单击"更多智能图形"命令打开"智能图形"对话框选择合适的智能图形即可完成文本转图形的操作，如图6-31所示。

视频6.15：插入智能图形

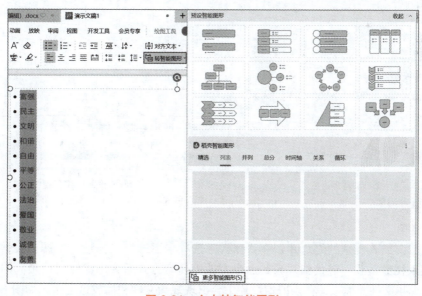

图 6-31　文本转智能图形

【案例6-13】使用WPS打开32101013.pptx，按要求完成以下各项操作。

（1）在第一张幻灯片中插入一个"关系-分离射线"智能图形，为智能图形添加一个项目，参照图6-32输入相应文字。

（2）设置智能图形高度为14厘米，宽度为22厘米。

（3）更改智能图形的颜色为"彩色"选项卡下的第五种颜色，图形效果为预设样式的第四种。

（4）保存文件。

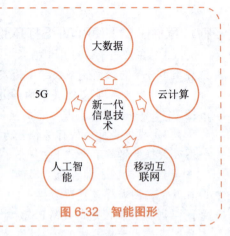

图 6-32 智能图形

### 6.3.7 插入音频/视频媒体

为了使内容的展现形式更加多元化，往往需要在演示文稿中添加音视频等媒体文件，增强听众的视听感受。

#### 1. 插入音频

切换至需要插入音频的幻灯片，在"插入"选项卡下选择"音频"工具，从下拉列表中可以选择"嵌入音频"、"链接到音频"、"嵌入背景音乐"或"链接背景音乐"命令，选中其中一种方式后会弹出"插入音频"的对话框，找到想插入的音频文件并插入，在当前幻灯片中会出现一个小喇叭和播放进度条，如图6-33（a）所示。

视频6.16：插入音视频媒体

选中插入的音频，通过"音频工具"选项卡下的命令可以对音频进行裁剪，并设置音频的音量、播放的触发条件、播放时间等参数，如图6-33（b）所示。

（a）小喇叭和播放进度条

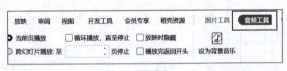

（b）设置参数

图 6-33 插入音频

#### 2. 插入视频

切换至需要插入视频的幻灯片，在"插入"选项卡下选择"视频"工具，从下拉列表中可以选择"嵌入视频"或"链接到视频"命令，选中任意方式后弹出"插入视频"的对话框，找到想插入的视频文件并插入，在当前幻灯片中会出现视频文件和播放进度条，如图6-34所示。

选中插入的视频后,通过"视频工具"选项卡下的命令可对视频进行裁剪,设置视频音量、播放触发条件、播放时间、视频封面等参数,如图6-35所示。

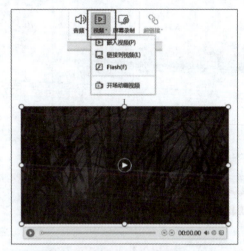

图6-34 插入视频

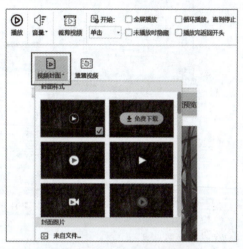

图6-35 设置视频效果

### 3. 插入Flash动画

插入到幻灯片的Flash动画呈现的是一张图片的样式,只有在演示文稿处于放映状态且播放到该幻灯片时才会自动播放Flash动画。Flash动画相较于视频的优势是文件较小,不会增加太多演示文稿本身的内存负担。

通过"插入"选项卡→"视频"工具→"Flash"命令便可以插入指定的Flash动画。

【案例6-14】使用WPS打开32101024.pptx,按要求完成以下各项操作。

(1)在第一张幻灯片中插入C:\winks文件夹下的32101024.mp4,设置视频自动播放,音量为"高",播放完返回开头。

(2)在第二张幻灯片的右上角插入C:\winks文件夹下的32101024.mp3,设置音频自动播放,音量为"低",循环播放,直至停止,将该音频设置为背景音乐。

(3)保存文件。

## 6.3.8 插入备注、批注

### 1. 添加备注

为了让幻灯片的页面美观整洁,突出演讲主题的重点,每一张幻灯片上都不会呈现过多的文字。对于讲演者而言,要想完全脱稿,流畅地表达清楚每一张幻灯片的内容,需要花费一定的功夫进行重复的训练。这时,备注功能就是一个很好的辅助工具。演讲者在演练时能在每一张幻灯片下的备注栏记录表述的重点、需要延伸的内容等。

视频6.17:插入备注批注

插入备注的方法:选中需要添加备注的幻灯片,单击页面下方的"单击此处添加备注"录入备注内容即可,如图6-36所示。或通过"视图"选项卡下的"备注页"工具进入备注视图模式编辑备注内容。

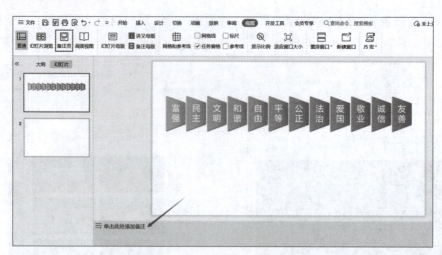

图 6-36　添加备注

#### 2. 添加批注

制作完一个演示文稿，往往需要与他人沟通交流，收集修订建议，这时就会使用到"批注"功能。

添加批注的方法：若对幻灯片添加批注，直接选中该幻灯片；若需对幻灯片中的对象添加批注，需选中相应的对象。然后在"审阅"选项卡下选择"插入批注"，在弹出的批注框中录入批注内容即可，如图 6-37 所示。

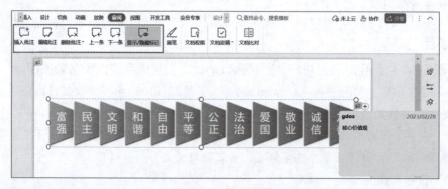

图 6-37　批注设置

编辑批注的方法：选中已添加的批注，选择"审阅"→"编辑批注"工具，或右击并在弹出的快捷菜单选择对应的命令进行批注编辑、删除、回复、文字复制等。选择"上一条""下一条"命令可在不同批注间跳转。如果想在幻灯片页面上不显示批注标记，可单击"显示/隐藏标记"即可进行切换。

【案例6-15】使用WPS打开32101038.pptx，按要求完成以下各项操作。

（1）为第一张幻灯片添加备注，备注内容为"2022年新春岭南醒狮民俗文化节在广东省广州市宝墨园举行。"（输入内容不包含引号）。

（2）删除第三张幻灯片的批注。

（3）保存文件。

## 任务 6.2　研究汇报文稿排版

1995—2009年出生的群体是新时代背景下的年轻人,被称之为Z世代。他们追求品质、偏爱享乐、喜欢新奇。他们热爱运动,也会在各类群体和社媒分享养身新观点,成了养身保健市场的新鲜血液。这与党的二十大报告中提到的"推进健康中国建设"的精神相契合。

### 1. 任务描述

为拓展公司业务,小柳收集相关"Z世代的养生保健新趋势"的数据资料,并完成了汇报文稿制作。为更好地呈现结果,现需要对整理汇报文稿进行图文混排,请帮忙完成以下工作。

### 2. 任务要求

(1)为第一张幻灯片添加批注,批注内容为"数据来源:库润数据"。

(2)在第一张幻灯片插入艺术字"Z世代养生健康报告",艺术字效果为"填充 - 茶色,着色1,阴影";艺术字字体为微软雅黑、66号,发光效果为"矢车菊蓝,5pt发光,着色1";水平位置相对于左上角7.5厘米,垂直位置相对于左上角6.5厘米。

(3)将第二张幻灯片正文内容转换为智能图形"垂直项目符号列表",颜色为着色1下的第五种,样式为第四种;高度为8厘米,宽度为20厘米,水平位置相对于左上角8厘米,垂直位置相对于左上角5厘米。

(4)为第二张幻灯片添加备注,备注内容为"核心观点"。

(5)在第四张幻灯片插入三维饼图,数据源来源于幻灯片表格中的数据,图表标题为"Z世代养生保健方式占比",图表样式为样式2,数据标签包含值,且位于数据标签内。

(6)在第五张幻灯片插入图片001.jpg,图片缩放高度和宽度均为110%,图片在幻灯片中左对齐;图片阴影效果为右上角透视。

(7)对第五张幻灯片右侧表格进行设计:表格样式为"中度样式2-强调4",单元格内文字对齐方式为水平垂直居中对齐。

(8)新建第七张幻灯片,在其中插入形状"上凸带形",形状高5厘米,宽26厘米,在幻灯片中水平、垂直居中对齐;在形状中录入文字"Z世代",字体为微软雅黑、40号、加粗。

### 3. 任务效果参考

任务效果参考如图 6-38 所示。

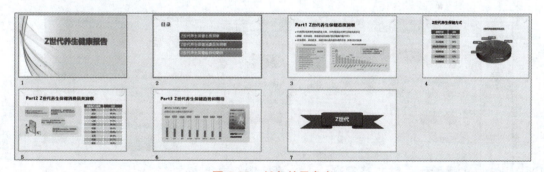

图 6-38　任务效果参考

## 6.4　文稿修饰美化

制作演示文稿是为了更有效沟通,能否达到这个效果往往取决于多个要素。除了内容以外,设计精美、赏心悦目的演示文稿更能有效表达内容。通过图文排版能使内容有调理、突出重点,而主题设计、排版、配色等的设计更能在传递内容时起到立竿见影的效果。接下来将从幻灯片的主题样式、幻灯片母版设置、幻灯片的版式、幻灯片背景格式等方面多角度介绍演示文稿的美化。

视频6.18：文稿主题设计

### 6.4.1 文稿主题设计

针对不同场合和演讲主题，需要设置不同外观风格的演示文稿。WPS 的智能美化功能，能帮助用户快速解决演示文稿的排版与设计风格问题。

主题设计的方法：打开初步编辑的演示文稿，通过"设计"选项卡下的快捷样式窗口选择适合的主题，当已有主题无法满足需求时，通过"智能美化"下列菜单的"全文换肤""统一版式""智能配色""统一字体"命令，如图 6-39（a）所示，打开"全文美化"窗口进行主题设计，如图 6-39（b）所示，通过右侧的美化预览窗口可预览美化后的效果。

（a）主题设计

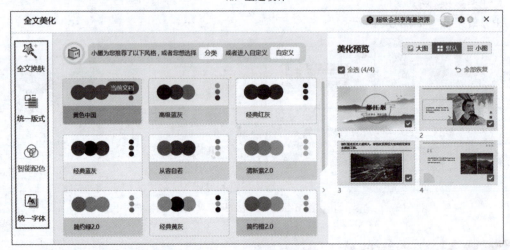

（b）"全文美化"窗口

图 6-39 文稿主题设计

（1）全文换肤。应用"全文换肤"能结合演示文稿的内容智能生成具有统一风格效果的幻灯片效果。如演示文稿介绍的是都江堰的诞生背景和作用，那么主题设计时可选择"中国风"风格的模板。

（2）统一版式、统一字体。"全文换肤"只是对幻灯片进行统一风格化，而"统一版式"和"统一字体"能根据每张幻灯片的内容进行版式的调整和字体的统一，使每一张幻灯片的内容排版更为合理和美观。

（3）智能配色。不同色调的幻灯片会呈现不同的视觉效果，幻灯片的色调通常跟演示文稿的演讲主题相关。采用"全文换肤"后，文稿配色会采用主题样式默认的颜色，通过"智能配色"可在保持主题风格不改变的情况下，仅更换文稿配色，使其更契合演示场合。

> **知识链接：一键美化**
> 
> 除了进行全文美化，在WPS文稿中还可以对单页幻灯片进行一键美化。选中需要单页美化的幻灯片，选择"设计"选项卡→"单页美化"工具，在下方弹出窗口设置当前页面属于封面/目录/章节页/内容页/结束页、选择想要的风格和颜色，就能在推荐的设计样式中选择合适的样式并"立即使用"，如图6-40所示。
> 
>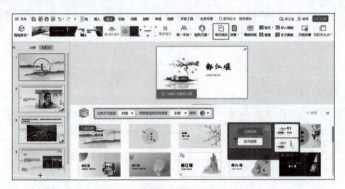
> 
> 图6-40 单页美化

在WPS演示的幻灯片母版视图下，可以对幻灯片的主题样式进行设计。

> **【案例6-16】** 使用WPS打开32101027.pptx，按要求完成以下各项操作。
> 
> （1）为演示文稿全文换肤，选择"中国风"和"免费专区"，从筛选后的风格模板中选择"蓝色中国风通用"模板并应用。
> （2）为演示文稿统一版式，选择并应用"线型版"版式。
> （3）保存文件。

## 6.4.2 幻灯片背景格式

制作演示文稿过程中，能对每一张幻灯片的背景样式进行个性化设计。具体操作如下：选中需要设置背景格式的幻灯片，选择"设计"选项卡→"背景"工具，在下拉列表快速选择渐变颜色完成背景格式设置。

实际操作过程中，通常选择"背景"下拉菜单的"背景"命令；或在幻灯片缩略窗口选中幻灯片，右击并在弹出的快捷菜单中选择"设置背景格式"命令，

视频6.19：幻灯片背景格式

在演示文稿右侧的"对象属性"窗口对背景填充效果进行个性化设置,如图 6-41 所示。

图 6-41　设置背景格式

> **知识链接**：编辑背景
>
> WPS演示中,除了设置背景格式外,可以更改背景图片、删除背景图片或将当前背景保存为图片。

> **【案例6-17】** 使用WPS打开32101033.pptx,按要求完成以下各项操作。
>
> (1) 为第一张幻灯片的背景格式设置为图案填充,图案样式为5%,设置前景色为"中宝石碧绿,着色3,浅色40%"(主题颜色下第七列第四个)。
>
> (2) 为第二张幻灯片的背景填充"泥土2"纹理,透明度为30%,纹理放置方式为"拉伸"。
>
> (3) 保存文件。

### 6.4.3　幻灯片版式应用

通过幻灯片版式的应用可以对文字、图片等更加合理简洁地完成布局。在WPS中,新建一个演示文稿都会默认包括"标题""标题和内容""节标题""两栏内容""比较""仅标题""空白""图片与标题""竖排标题与文本""内容""末尾幻灯片"等多种版式供选择,如图 6-42 所示。每一个版式中都有相应的占位符,在编辑演示文稿过程中,可根据内容选择合适的版式进行内容填充。

视频6.20:幻灯片版式应用

#### 1. 应用版式

选中一张或多张幻灯片,通过"开始"选项卡→"版式"下拉菜单,在弹出的"母版版式"列表选中对应的版式单击即可应用幻灯片版式。

2. 修改版式

当已有版式无法满足需要时，就需对版式进行修改。修改版式即对母版版式的样式效果、占位符等进行重新调整。具体操作为：通过"视图"选项卡→"幻灯片母版"工具切换到幻灯片母版视图，在该视图模式下选中需要修改的母版版式对其版式和占位符进行设计。如图6-43所示，在幻灯片母版视图模式下对"标题和内容 版式"母版版式的标题占位符字体颜色和底纹进行设置。关于版式的修改涉及幻灯片母版相关知识点，具体可见6.4.4节幻灯片母版设计。

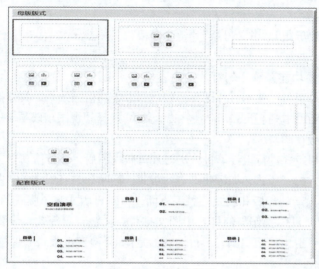

图 6-42　幻灯片版式

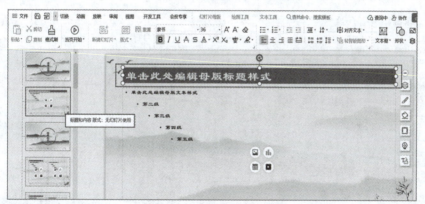

图 6-43　修改幻灯片版式

【案例6-18】使用WPS打开32101031.pptx，按要求完成以下各项操作。

（1）将第一张幻灯片的版式更改为"标题幻灯片"版式，在副标题中输入文本"古代经典绘画"（输入内容不包含引号），将副标题字体改为"华文新魏"，字号大小为60。

（2）在第一张幻灯片下面新建一张"标题和内容"版式的幻灯片，在"内容文本框"中添加C:\winks文件夹下的32101031.jpg，在标题中输入文本"顾恺之人物画《洛神赋图》"（输入内容不包含引号）。

（3）保存文件。

### 6.4.4 幻灯片母版设计

使用者每新建一个演示文稿，WPS 都会自动为该文稿创建一个母版集合，每一个母版页面中都有相应设计好的版式页面。母版中的信息一般都是共有的信息，只要改变母版中的信息，那么演示文稿中只要应用到该母版页的幻灯片都会相应发生改变。因此，将一些会重复出现在每一张幻灯片中的文字或图片元素放入母版（如公司的 Logo 和名字、演讲者的名字等），即可减少在每页幻灯片中的重复性操作。

视频6.21：幻灯片母版设计

母版包括"幻灯片母版""讲义母版""备注模板"三种。

#### 1. 幻灯片母版

幻灯片母版的主要功能是统一幻灯片的内容格式。设计幻灯片母版也是制作演示文稿常用的功能，好的幻灯片母版可以使幻灯片图文排版达到事半功倍的效果。具体操作方法如下：

第 1 步：进入母版视图。打开或新建一个演示文稿，选择"视图"选项卡→"幻灯片母版"工具，切换到幻灯片母版视图。

第 2 步：对幻灯片版式进行设计。进入幻灯片母版视图后，在导航窗口会显示一张母版式和多张分别对应不同版式的子版式，如标题幻灯片版式、标题和内容版式、空白版式等，如图 6-44 所示。一方面，可插入新的母版和版式；另一方面，可对母版式和子版式的主题、字体、版式、背景等内容进行设置，具体操作与幻灯片中图文排版、主题背景等效果设置方式一样，设置完成后单击"关闭"即可退出母版视图。值得注意的是：如果改变母版式的主题、背景和配色方案，子版式会相应发生变化。

第 3 步：应用幻灯片母版，即应用幻灯片版式。

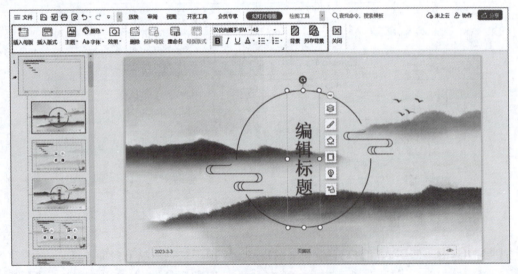

图 6-44 幻灯片母版视图

#### 2. 讲义母版

讲义母版是为制作讲义而准备的，通常需要打印输出，因此讲义母版的设置大多和打印页面有关。通过"视图"选项卡→"讲义母版"切换到讲义母版视图（见图 6-45）后，可设置讲义方向、每页显示的幻灯片数量、页眉、页脚、页码等基本信息。在讲义母版中插入新的对象或者更改版式时，新的页面效果不会反映在其他母版视图中。

图 6-45　讲义母版视图

**3. 备注母版**

备注母版的功能与讲义母版类似，对备注内容进行打印后，既可用作演示时的提示文稿，也可发放给观众作为讲义。与其他母版一样，备注母版也能编辑背景、字体及插入对象等，如图 6-46 所示。

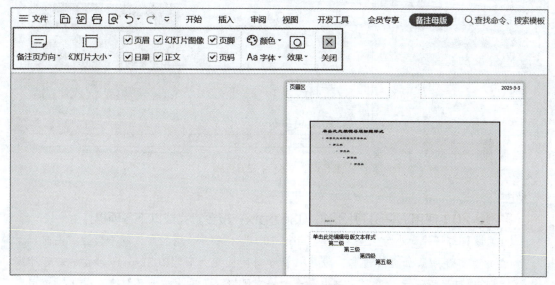

图 6-46　备注母版视图

【案例6-19】使用WPS打开32101029.pptx，按要求完成以下各项操作。

（1）为母版式背景填充颜色，填充颜色为"白色，背景1"。

（2）将"标题幻灯片"版式的背景填充C:\winks文件夹下的32101029.jpg，设置图片的透明度为50%。

（3）将"标题和内容"版式背景填充纹理，纹理样式为"纸纹2"，透明度为20%。

（4）为幻灯片"插入母版"，增加一个母版样式。

（5）保存文件。

### 6.4.5 幻灯片页眉页脚

对于平时只是简单制作用于宣讲的演示文稿而言，很少会为幻灯片设置页眉页脚，但如果是要制作一份需要转成 PDF 格式还要打印出来的专业演示报告，那么页眉页脚就是不可或缺的。

视频6.22：幻灯片页眉页脚

页眉页脚设置的方法为：选择"插入"选项卡→"页眉页脚"工具，弹出"页眉和页脚"窗口，编辑幻灯片的日期和时间、幻灯片编号、页脚、是否在标题幻灯片显示等参数，设置完成选择"应用"或"全部应用"，如图 6-47 所示。"应用"表示仅对当前选中的幻灯片应用页眉页脚，"全部应用"表示该文稿中的全部幻灯片应用页眉页脚。

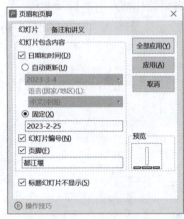

图 6-47　幻灯片页眉页脚

> 【案例6-20】使用WPS打开32101036.pptx，按要求完成以下各项操作。
> 
> （1）设置幻灯片大小为"全屏显示（16∶10）"，备注、讲义和大纲方向为"纵向"。
> 
> （2）为幻灯片添加页眉页脚，设置日期和时间固定为日期2022-6-19，显示幻灯片编号，但标题幻灯片不显示，设置页脚内容为"岭南风情"（输出内容不包含引号），应用到全部幻灯片。
> 
> （3）保存文件。

## 任务 6.3　乡村振兴文稿美化

全面建设社会主义现代化强国，最艰巨最繁重的任务在农村，最广泛最深厚的基础在农村，最大的潜力和后劲也在农村。实施乡村振兴战略，是解决主要矛盾、实现伟大复兴中国梦的必然要求，具有重大现实意义和深远历史意义。党的二十大报告明确指出："全面推进乡村振兴。"

### 1. 任务描述

为积极响应党的二十大精神号召，大学生村干部王奇正在利用WPS演示准备乡村振兴文稿，现在需要按照制作要求对演示文稿进行修饰美化，便于演示时使用。

### 2. 任务要求

（1）将幻灯片"仅标题 版式"背景利用图片"背景.jpg"填充；在"空白 版式"右上角插入"云形"形状，样式为"彩色轮廓 - 钢蓝，强调颜色 6"，高 1 厘米，宽 2.5 厘米；

(2)第一张幻灯片应用"仅标题"版式,并将第 2 张幻灯片背景效果设置为纯色"钢蓝,着色 1",透明度为 10%;

(3)为所有幻灯片添加页眉页脚,包含固定日期 2023-03-27,显示幻灯片编号,页脚内容为"乡村振兴",要求标题幻灯片不显示;

(4)将最后一张幻灯片进行智能配色,风格为极简蓝色系。

### 3. 任务效果参考

任务效果参考如图 6-48 所示。

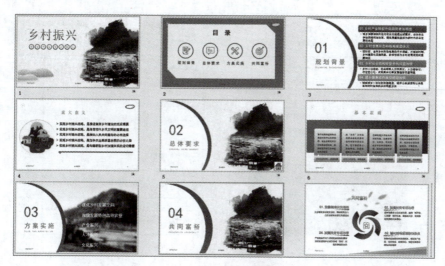

图 6-48 任务效果参考

## 6.5 文稿交互优化设计

交互设计是演示文稿制作中的一个重要内容,被越来越多的设计者所重视。有效的交互设计可以提升文稿作品水平,达到更好的表达效果。在 WPS 演示中,可以通过设置对象动画、幻灯片切换方式、超链接等方式设置交互效果,也能通过按节组织幻灯片的方式让文稿更易管理。

视频6.23:设置动画效果

### 6.5.1 添加对象动画

通过排版、配色、插图等手段修饰美化演示文稿可起到立竿见影的效果,而搭配适当的动画效果可起到画龙点睛的作用。小而精彩的动画效果不仅能准备表达内容、突出重点,还能增加动感和美感,但动画效果并非越多越好,在恰当的时候对合适的对象添加合理的动画效果才能恰到好处。

WPS 提供了"进入""强调""退出""动作路径"四种不同类型的动画效果。可根据幻灯片中内容对象选择合适的动画效果。

(1)添加动画。选中需要添加动画的图文对象,在"动画"选项卡下的预设动画栏中选择合适的动画效果,或单击右侧下拉列表选择适合的动画效果,如图 6-49(a)所示。

(2)设置动画效果。添加预设动画后,通过"动画"选项卡下的动画效果功能命令设置动画效果,或单击"动画"选项卡→"动画窗格"工具,在右侧"动画窗格"中设置动画开始方式、方向、延迟时间、速度等,如图 6-49(b)所示。

动画窗格下方以序号 1.2…表示动画出现前后顺序，当有多个动画时，可以选中某一动画效果按住鼠标左键上下移动调整动画的先后顺序。

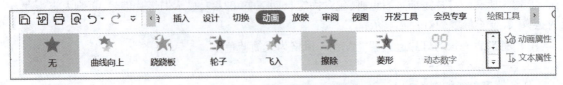

（a）添加动画

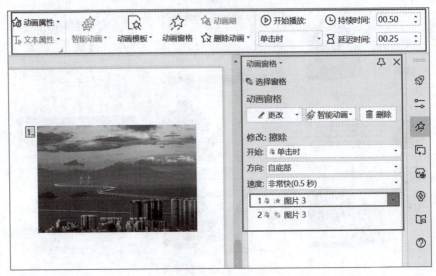

（b）设置动画效果

图 6-49　添加并设置动画

除此之外，WPS 还提供了"智能动画"和多样式"动画模板"，能让设计者在设置内容对象动画时有更多样的选择，如图 6-50 所示。

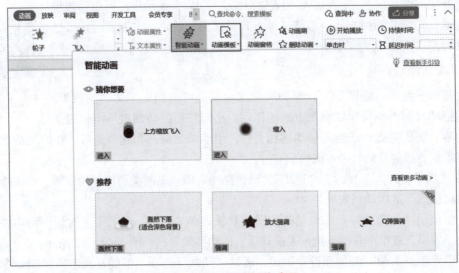

图 6-50　WPS 智能动画

【案例6-21】使用WPS打开32101040.pptx，按要求完成以下各项操作。

（1）为第一张幻灯片的文本框（文本内容为"国际海豹日"）设置动画效果为"进入-飞入"，方向"自顶部"，单击时播放，延迟时间为0.3秒。

（2）为第二张幻灯片的文本框（文本内容为"南极海豹属于……"）设置动画效果为"进入-轮子"，辐射状为"1轮辐图案"，开始播放：单击时，持续时间为快速（1秒）。

（3）为第三张幻灯片的海豹图片设置动画效果为"强调-温和型-跷跷板"，开始播放：单击时，持续时间为非常快（0.5秒）。

（4）保存文件。

### 6.5.2 添加切换效果

切换效果不同于动画，动画效果针对幻灯片中的图文对象设计，而切换效果针对每页幻灯片翻页效果设计。在演示文稿中添加切换效果，可以让各幻灯片页面之间更好地衔接起来，页面切换起来显得更加自然、生动或有趣，提升观众的视觉体验并激发观众的注意力，从而获得更好的演示效果。WPS提供了"擦除""百叶窗""棋盘""线条"等多种幻灯片切换效果。

视频6.24：设置切换效果

如果仅需要对指定一张或多张幻灯片设置切换效果，首先选中指定的幻灯片，选择"切换"选项卡下的预设切换效果，然后根据情况设置切换效果、方式、速度、时间等参数；或通过右键快捷菜单的"幻灯片切换"命令打开右侧"幻灯片切换"窗格进行设置，如图6-51所示。

如果所有幻灯片应用同一种幻灯片切换效果，直接选择"应用于所有幻灯片"即可。

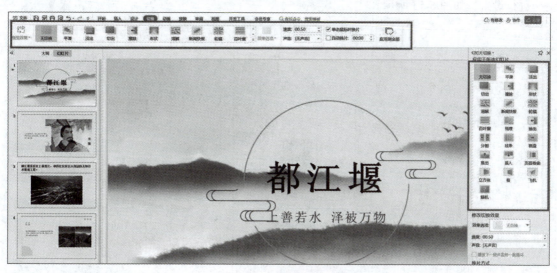

图6-51 设置切换效果

【案例6-22】使用WPS打开32101041.pptx，按要求完成以下各项操作。

（1）设置第一张幻灯片的切换效果为"新闻快报"，速度设置为0.5秒。

（2）设置第二张幻灯片的切换效果为"分割"，效果为"上下展开"，速度设置为0.25秒，勾选自动换片。

（3）设置第三张幻灯片的切换效果为"随机"，速度设置为1秒。

（4）保存文件。

### 6.5.3 添加超链接

幻灯片播放时默认按从前至后的顺序进行，使用超链接能打破顺序播放的限制，直接进入所要播放的页面且返回自如。为幻灯片中的内容对象添加超链接，可以链接到文件、网页或指定幻灯片。添加超链接的具体方法如下：

视频6.25：添加超链接

方法1：为对象添加超链接。选中内容对象，选择"插入"选项卡→"超链接"工具→"本文档幻灯片页面"或者"文件或网页"，在弹出的"编辑超链接"对话框为内容对象设置链接对象和超链接颜色即可。如图6-52所示，将文字"电影简介"链接到"幻灯片3"。

方法2：使用动作按钮添加超链接。WPS提供了"后退或前一项""开始""结束""第一张"等不同功能的动作按钮，当插入动作按钮后单击该按钮即可链接到指定位置。具体操作如下：在"插入"选项卡下的"形状"下拉菜单选择合适的"动作按钮"预设样式，然后在幻灯片的任意位置拖动鼠标即可创建，创建完成后会自动弹出"动作设置"对话框，可对等该按钮能实现的动作进行设置，如图6-53所示。

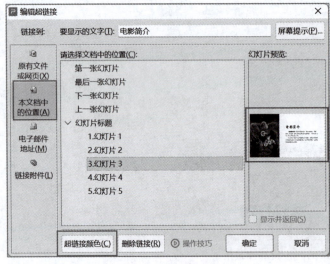

图 6-52　添加超链接

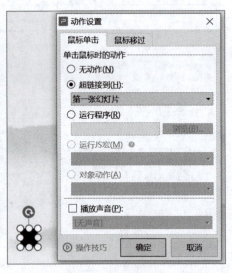

图 6-53　动作设置

【案例6-23】使用WPS打开32101044.pptx，按要求完成以下各项操作。

（1）为第二张幻灯片的文本"电影简介"添加超链接，链接到本文档的第三张幻灯片，更改超链接颜色为标准蓝色，已访问超链接颜色为标准黄色，并应用到全部。

（2）为第五张幻灯片的文本"电影评价"添加超链接，链接到网页"https://www.douban.com/"。

（3）在第四张幻灯片的右下角添加"第一张"动作按钮，设置动作为当鼠标单击该按钮时跳转到第二张幻灯片，设置按钮的对齐方式为右对齐、靠下对齐。

（4）保存文件。

## 6.5.4 按节组织幻灯片

"节"类似于将幻灯片页面分类别存放在不同的文件夹下。利用"节"可以对幻灯片页面进行分类管理，不仅有助于规划演示文稿内容结构，还能节约制作时间。WPS演示中首先需要新增节，然后根据需求重命名节、删除节、删除节和幻灯片、删除所有节，以及对节进行移动等。

视频6.26：按节组织幻灯片

按节组织幻灯片的方法：将光标定位到需要分节的幻灯片前（如将光标定位到第1、2张幻灯片之间），选择"开始"选项卡→"节"下拉菜单→"新增节"命令，此时演示文稿被分为两节，第1张幻灯片为1节，节名称为"默认节"，第2张幻灯片及之后的所有幻灯片为1节，节名称为"无标题节"。选中对应的节名称，通过右键快捷菜单可以对节进行操作，如图6-54所示。

如果演示文稿中的幻灯片采用按节组织，可通过选择节的方式对其下的所有幻灯片进行移动、删除、切换设计、背景格式等样式设置。

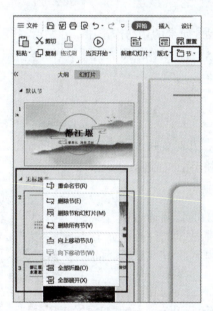

图6-54 按节组织幻灯片

【案例6-24】使用WPS打开32101046.pptx，按要求完成以下各项操作。

（1）设置第二、三张幻灯片为一个节，命名为"认识海豹"（输入文本不包含引号）。

（2）设置第四、五张幻灯片为一个节，命名为"保护海豹我们能做什么"。

（3）保存文件。

## 任务6.4 教学课件交互设计

随着教学理念和方法的不断革新发展，教学课件已经成为课程教学不可缺少的一部分，PPT因操作简便、实用性广、表现力强而一直在教学课件制作领域占有重要地位。

### 1. 任务描述

王老师一直身处教学一线，深知好的 PPT 课件不但能完美展示教学内容，还能减轻教师负担，吸引学生注意。她已经利用 WPS 演示完成教学课件的内容排版，请根据教学要求和王老师的需求帮助完成课件的动画转场和交互设计。

### 2. 任务要求

（1）将幻灯片分为五节，第一、二张幻灯片为 1 节，第三、四张为 1 节，第五~九张为 1 节，第 10、11 张为 1 节，第 12~18 张为 1 节，节名称依次为：默认节、发展、定义、技术、应用；

（2）设置"默认节"下的幻灯片的切换方式为"溶解"，速度为 1.5 秒；其他所有幻灯片的切换方式为"随机"，自动换片时间为 1 秒；

（3）为第四张幻灯片"人工智能的三次发展浪潮"时间序列图添加进入动画"擦除"，自左侧，开始于上一动画之后，速度为 1 秒；为第 5 张幻灯片的文本框内容对象添加强调效果"放大/缩小"，与上一动画同时开始，尺寸为 150%，速度为 2 秒。

（4）分别为第二张幻灯片四个目录内容文字添加超链接，分别链接到第 3、5、10、12 张幻灯片，且设置超链接没有下画线。

（5）在第四张幻灯片左下角插入一个高度和宽度均为 1.5 厘米的"动作按钮：开始"，并设置单击鼠标时链接到第二张幻灯片，且播放声音"单击"；然后将动作按钮依次复制到第 9、11、18 张幻灯片。

## 6.6 文稿放映输出

演示文稿制作完成后，需要检查每一张幻灯片的效果，并对放映方式进行设置，以保证最终的演示效果。接下来将从如何设置幻灯片放映和幻灯片输出两方面进行介绍。

### 6.6.1 幻灯片放映设置

幻灯片放映包括手动放映和自动放映。手动放映在播放时需要通过单击或按键盘翻页键进行放映，系统默认情况下为手动放映，且播放的幻灯片页面为从前至后的所有非隐藏幻灯片；自动放映是在播放时根据排练时间或默认时间自动切换幻灯片页面。

无论是手动放映还是自动放映均可通过"放映"选项卡→"放映设置"下拉菜单→"放映设置"命令打开"设置放映方式"对话框进行放映设置。如图 6-55

视频6.27：幻灯片放映

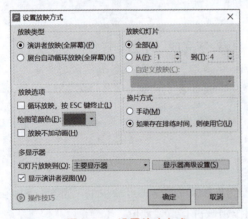

图 6-55　设置放映方式

所示。可以根据要求设置放映类型、放映选项、放映幻灯片、切片方式等。

（1）放映类型。"演示者放映（全屏幕）"是以全屏幕的方式放映演示文稿，演讲者可以完全控制演示文稿的放映。"展台自动循环放映（全屏幕）"不需要控制即可自动放映演示文稿，在此放映模式下，不能手动控制幻灯片的切换，但可以通过动作按钮、超链接进行切换。

（2）放映幻灯片。"放映幻灯片"用于设置播放的幻灯片范围，可以是全部幻灯片、部分连续页面的幻灯片以及自定义放映下的幻灯片。这里重点介绍"自定义放映"的设置。

当播放演示文稿时只想展示部分幻灯片且顺序与初始不同,则可采用添加自定义放映的方式完成。具体操作方法如下:

选择"放映"选项卡→"自定义放映"工具,在弹出的"自定义放映"对话框单击"新建"按钮打开"定义自定义放映"对话框,根据提示录入幻灯片放映名称,并按最终播放页面和播放顺序依次选择演示文稿中的幻灯片添加至自定义反映的幻灯片中。如图6-56所示,放映名称为"自定义放映1",自定义放映幻灯片为幻灯片9、6、2。

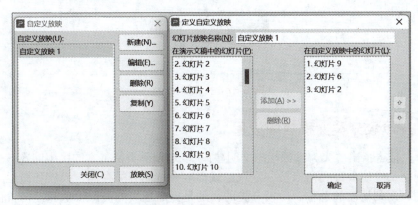

**图 6-56 添加自定义放映**

新建后的自定义放映可进行编辑修改、删除和复制等操作。完成自定义放映幻灯片设置后,在"放映设置"时,可选择"放映幻灯片"为自定义的幻灯片。

在演练演示文稿时,可以使用"排练计时"工具记录演示每张幻灯片所需要的时间。完成排练计时的演示文稿,可在放映方式为自动放映时发挥作用。

> 【案例6-25】使用WPS打开32101047.pptx,按要求完成以下各项操作。
> (1)为演示文稿添加自定义放映,放映名称为"《雄狮少年》电影介绍"(输入内容不包含引号),设置幻灯片的放映顺序为幻灯片1、3、4、5、6。
> (2)对演示文稿进行排练计时,幻灯片1的计时时长为3秒,其余幻灯片均为5秒(在切换幻灯片中调整对应的时间值,设置自动换片间隔)。
> (3)设置演示文稿的放映类型为"展台自动循环放映(全屏幕)"。
> (4)保存文件。

## 6.6.2 文稿打印输出

### 1. 文稿打印

日常学习和生活中,往往需要将制作的演示文稿打印为纸质稿以便查阅,此时需要通过"文件"下拉列表→"打印"工具→"打印"命令,在弹出的"打印"对话框对打印效果和属性进行设置。可以通过对话框左下角的"预览"按钮进入预览窗口进行设置,如图6-57所示。

视频6.28:文稿打印输出

### 2. 文件输出

制作完成的演示文稿除了保存为基本的pptx格式文件以外,可对指定页面的幻灯片输出为PDF格式文档或图片。具体操作如下:选择"文件"下拉列表中的"输出为PDF"或"输出为图片",在弹出的窗口根据提示完成输出操作。

图 6-57 打印预览

## 任务 6.5 垃圾分类文稿放映设置

党的二十大报告指出"大力推进生态文明建设"。垃圾分类是基本的民生问题，也是生态文明建设的题中之义。垃圾分类是指按一定规定或标准将垃圾分类存储、投放和搬运，从而转变成公共资源的一系列活动的总称。垃圾分类的目的是提高垃圾的资源价值和经济价值，减少垃圾处理量和处理设备的使用，降低处理成本，减少土地资源的消耗，具有社会、经济、生态等几方面的效益。

### 1. 任务描述

近年来，垃圾分类宣传工作在各社区持续开展，为了更好地达到宣传效果，社区小李计划将之前准备好的宣传文稿在小区大屏放映，同时打印输出作为纸张宣传册使用，请按要求帮助小李完成此项工作。

### 2. 任务要求

（1）将文稿各幻灯片转场切换方式设置为"随机"，且自动切片时间为 10 秒。

（2）添加自定义放映，放映名称为"大屏播放"，自定义放映中的幻灯片依次是演示文稿中是第 1、5、7、8、6、9、10、11 张幻灯片。

（3）设置放映类型为"展台自动循环放映（全屏幕）"，放映时不加动画，且放映的幻灯片为自定义放映"大屏播放"。

（4）将演示文稿直接以 PDF 格式输出；同时通过打印设置，将演示文稿以每页四张幻灯片的标准，加幻灯片边框，A4 纸张，横向，打印输出为 PDF，文件名为"垃圾分类打印输出"。

### 3. 任务效果参考（打印输出效果）

任务效果参考如图 6-58 所示。

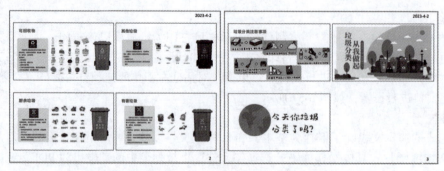

图 6-58 任务效果参考

# 第 7 章
# WPS特色应用

📊 **本章知识结构**

✋ **本章学习目标**

- 学会对文档资料进行安全备份，提示信息安全意识；
- 掌握利用 WPS 开展多人在线协作编辑的方法，增强团队意识；
- 能利用 WPS 设计在线流程图和思维导图；
- 熟练使用 WPS 开展 PDF 文档创建编辑与处理。

随着办公信息化的普及，市场办公软件日益种类多样、功能各异。当一项工作需要用到文档、表格、PDF 处理、思维导图、工作流程图等功能时，往往是每个功能软件下载一个或多个，然后分别进行工作处理，功能单一、使用复杂、没有特色。面对庞大的工作项目和繁重的工作量，一款高效的办公软件能达到事半功倍的效果。

WPS Office 除了基本的 WPS 文字、WPS 表格和 WPS 演示以外，兼具协同办公、PDF 编辑、智能流程图、在线脑图等高效特色办公处理功能，是一款综合性的办公服务软件。

## 7.1　WPS 安全备份

利用 Office 办公软件处理日常事务过程中，经常会因为未知原因导致正在处理的文件没能及时保存，不仅影响工作效率，而且增加了不少工作负担。WPS Office 办公软件具有强大的安全备份功能，不仅能定时对正在处理的文档进行备份，即使出现意外也能通过备份中心找到需要的文档。

想要 WPS 的安全备份发挥作用，达到自己想要的备份效果，需要打开备份功能并对其进行备份设置。操作方法如下：运行 WPS Office 软件，打开左下角的"应用"进入"应用市场"，打开"安全备份"栏目，如图 7-1 所示。

图 7-1　安全备份

WPS 安全备份包括 WPS 网盘、备份中心、数据恢复和文档修复，其中网盘专注云文档办公，数据恢复用于找回误删的文档，文档修复用于修复乱码或无法打开的文档，备份中心用于对文档进行实时备份，也是最常用的一类。下面重点介绍"备份中心"的设置与使用，具体操作如下：

方式1：打开 WPS "应用市场"→"安全备份"→"备份中心"，在弹出的"备份中心"窗口可以看到系统已经备份的全部文档，单击"本地备份设置"按钮，即可设置备份方式、备份时间间隔、备份存放位置等信息，如图 7-2 所示。

方式2：打开一个 WPS 文档，通过"文件"→"备份与恢复"→"备份中心"，或"文件"→"选项"→"备份中心"打开"备份中心"窗口。

 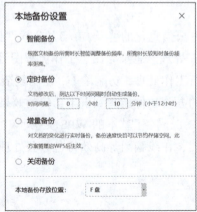

图 7-2　本地备份设置

## 7.2 WPS 协作分享

WPS 具有强大的多人协作功能，支持多成员同时查看、编辑 WPS 文档，让信息数据高度共享互通，实现高效的协同创作，提高远程办公效率。WPS 协作分享包括在线协作（即多人同时编辑文档）和在线分享（即可以分别设置每位成员的权限）。在实际操作过程中，如要实现多人在线协作编辑，离不开分享设置。

### 1. WPS 在线协作

在线协作的操作如下：新建或打开需要协作完成的文档，选中页面右上方的"协作"按钮，在下拉菜单中选择"发送至共享文件夹"或"使用金山文档在线编辑"命令，如图 7-3 所示。

（1）选择"发送至共享文件夹"是将文档复制到共享文件夹后分享给他人，且文件夹中还能添加更多文件。创建共享文件夹后，在共享文件夹下可对文档进行分享、多人编辑等操作，如图 7-4 所示。

（2）选择"使用金山文档在线编辑"可以直接进入多人同时编辑界面，如图 7-5 所示。在该界面可以开启"分享"，并通过分享设置与成员管理设置实现多人同时编辑。

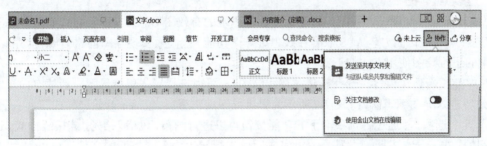

图 7-3  WPS 协作

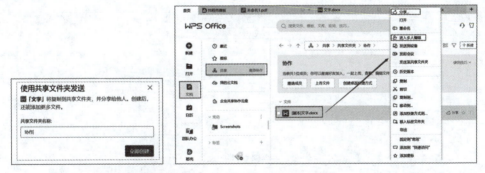

图 7-4  协作（发送至共享文件夹）

图 7-5  金山文档在线编辑

## 2. WPS 在线分享

WPS 在线分享可以将文档分享给指定的人员查看、编辑。具体操作如下：打开 WPS 文档，选择页面右上方的"分享"按钮，在弹出的窗口完成分享的人、分享权限的设置即可进行分享，如图 7-6 所示。

图 7-6　WPS 文档分享

## 7.3　WPS 结构化思维工具

在日常学习工作中，经常会借助结构化思维工具记录工作内容、处理工作事务，其中制作工作项目流程图、思维导图最为典型，不仅能直观看到项目内容进程和条目，而且有助于研究思考并发现解决问题的关键环节。结构化思维工具种类多样，常见的有 XMind、Mindmaster、在线 Processon on 等。WPS 是一款不同于其他 Office 办公软件的综合性服务工具，具有强大的在线流程图和在线思维导图制作功能，并能实时修改更新。

### 1. 在线思维导图

思维导图又称脑图、心智图，是表达发散性思维的有效图形思维工具，可以有效提高学习效率，增进理解和记忆能力。WPS 兼容在线思维导图功能，能高效实现导图创建编辑、应用和更新。WPS 中的思维导图使用方法如下：

在 WPS"新建"窗口，选择新建"在线脑图"，可以选择导入思维导图、新建空白思维导图等，新建后进入导图编辑窗口。图 7-7 所示为思维导图编辑窗口，包括"开始""样式""插入""视图""导出"五个选项卡，通过各选项卡下的功能按钮可以进行画布、风格、结构、连接线样式、边框样式、字体样式、分支主题等设置，编辑完成后可进行导出为不同类型的文件，也可保存到 WPS 云文档，以备随时调用。

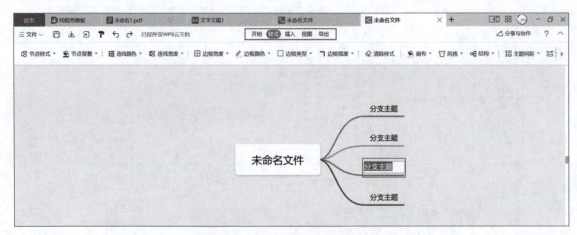

图 7-7　WPS 创建编辑思维导图

要在正在编辑的文档中插入思维导图，首先将光标定位到需要插入导图的位置，选择"插入"选项卡→"在线脑图"，在弹出的窗口选择"思维导图"，新建导图后插入或选择"我的文件"下已经制作好的导图"插入"即可，如图 7-8 所示。在文档中双击插入的思维导图即可进入导图编辑窗口，编辑并保存后的导图将文档中自动更新。

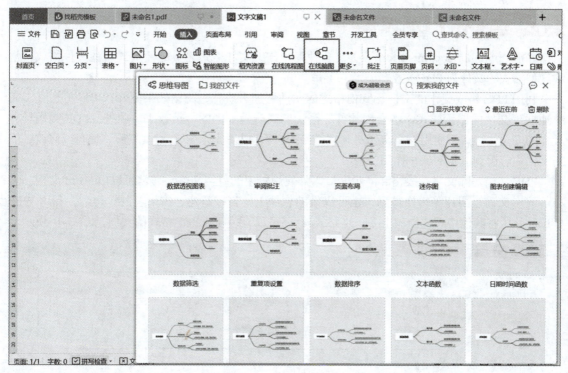

图 7-8　插入思维导图

### 2. 在线流程图

在线流程图的新建编辑与应用操作同思维导图类似,其编辑窗口如图 7-9 所示,通过拖动左侧的图形即可引用不同类型的图形,选中引用的图形可通过"编辑""排列"选项卡完成样式设计。

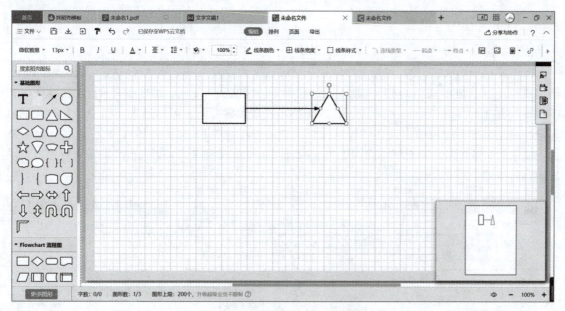

图 7-9　WPS 创建编辑流程图

## 7.4 PDF 文档编辑

PDF（portable document format）是一种基于传统文件格式之上的便携式新型文件格式，常称这种格式的文件为 PDF 文档。

利用 PDF 格式制作的文档比其他格式的文件更加有质感，阅读效果更好；可以更加真实完整地展现文件的原始样式，不会因软件、系统不同产生不同的显示效果。此外，PDF 文档具有较强的安全优势，可使用安全密钥对其进行保护，不享有密码就不能对其查看、编辑或修改，能对文档内容起到一定的保护作用。

PDF 文档是除文字、表格和演示文稿以外使用较多的一类文件，通常可以由 Word 文档、表格、演示文稿、图片等转换得到，也可以借助软件工具直接新建、编辑、制作得到。利用 WPS Office，除了将其他格式文档输出为 PDF 格式外，还可以直接新建 PDF 格式的文档，如图 7-10 所示。

图 7-10　新建 PDF 文档

### 7.4.1　PDF 文档内容编辑

#### 1. 文字编辑

PDF 文档中的文字编辑，包括文字的插入、修改、删除以及文字字体效果设置。具体操作如下：新建或打开一个 PDF 文档，选择"插入"选项卡下的"文字"工具，此时选项卡自动切换到"文字编辑"且光标呈现"十"字形，如图 7-11 所示。在此状态下，可以选中文档中已有的文字内容进行新增、删除、修改以及字体段落效果设置（操作与 WPS 文字一样），也可以在页面需要插入文字的位置单击，当看到页面闪烁的光标时，即可录入相应的文字内容。编辑完成单击"退出编辑"按钮。

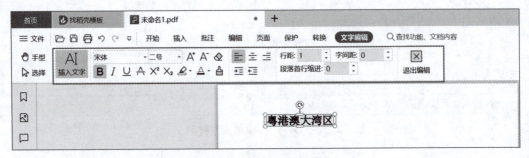

图 7-11　PDF 文字编辑

## 2. 图片编辑

新建或打开一个 PDF 文档，选择"插入"选项卡下的"图片"工具，此时选项卡自动切换到"图片编辑"且同时弹出"打开文件"对话框，在该对话框找到需要插入的图片"打开"。回到 PDF 文档页面移动鼠标就可以看到随之移动的小图片，将光标定位到需要插入图片的位置单击即可插入图片。然后在"图片编辑"选项卡下利用各项图片处理工具完成图片裁剪、压缩、旋转、透明度等效果设置，如图 7-12 所示。完成编辑后单击"退出编辑"按钮。

如果只需对 PDF 文档中已有的图片进行替换、编辑等操作，直接选中图片右击，在弹出的快捷菜单中选择"编辑图片"命令即可进入"图片编辑"选项卡完成图片编辑操作。

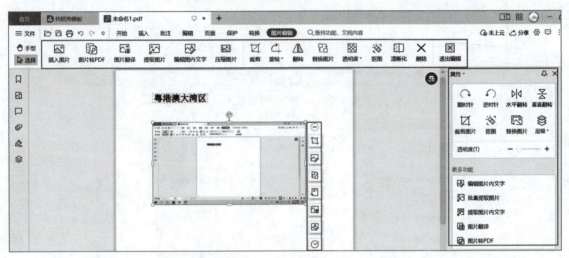

图 7-12　PDF 图片编辑

### 7.4.2　PDF 文档页面设置

本小节重点介绍 PDF 文档页面编辑（页面插入、删除、替换、提取、移动等）、PDF 文档页面设计（页面大小、方向、页眉页脚、页码、背景、水印等）以及 PDF 文档拆分合并。

#### 1. PDF 文档页面编辑

PDF 文档页面编辑是文档编辑过程中非常实用且高效的工具，不仅能快速插入、删除、导入文档页面，还能有效对指定页面进行提取、替换、移动等操作。具体操作如下：

新建或打开需要编辑的 PDF 文档，选定一张或多张页面，在"页面"选项卡下可进行页面插入、替换、删除、提取等操作，具体操作根据窗口提示完成。而关于页面顺序调整，可以选中页面拖动完成，如图 7-13 所示。

#### 2. PDF 文档页面设计

PDF 页面设计包括对页面大小方向调整，添加、更新或删除页眉页脚、页码、文档背景、水印等操作。具体操作如下：

新建或打开 PDF 文档，选中一张页面，右击并在弹出的快捷菜单中选择"调整页面大小"命令，即可对当前或全部页面设置大小和方向，如图 7-14 所示；打开 PDF 文档后，选择"插入"或"编辑"选项卡下的"页眉页脚""页码""文档背景""水印"等按钮可以进行对应效果的添加、更新、删除等操作，如图 7-15 所示。

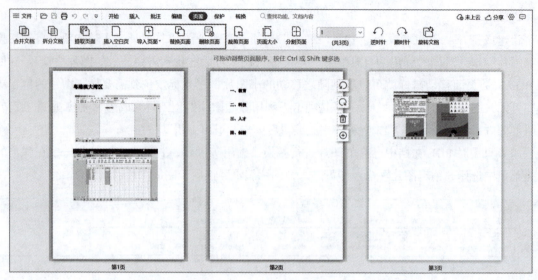

图 7-13　PDF 文档页面编辑

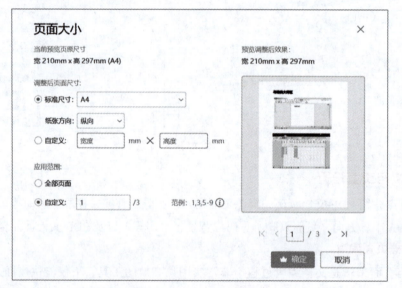

图 7-14　PDF 文档页面调整

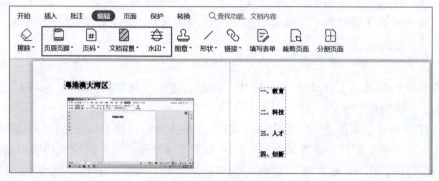

图 7-15　PDF 文档页面设计

## 3. PDF 文档拆分合并

PDF 文档合并可以将多个 PDF 文档合并为一个，PDF 文档拆分可以将一个 PDF 文档拆分为多个。其具体操作如下：

新建或打开一个 PDF 文档，选择"开始"→"拆分合并"下拉菜单的"合并文档"或"拆分文档"，在弹出的"金山 PDF 转换"窗口中根据提示完成"输出范围""输出目录"等设置后开始合并或拆分操作，如图 7-16 所示。

当仅合并 PDF 文档时，可直接运行 WPS，选择"新建"→"新建 PDF"→"合并多个 PDF 文件"进行操作。

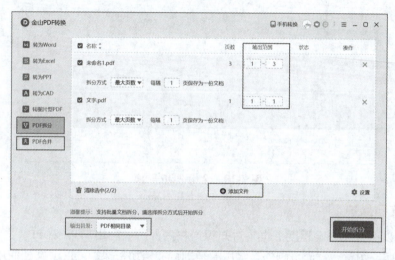

图 7-16　PDF 拆分合并

### 7.4.3　PDF 文档阅读批注

日常工作学习过程中，经常会借助软件对电子文档进行批注、标记、添加着重符号，加强对文档内容的梳理和理解。利用 WPS Office 软件打开 PDF 文档，可对 PDF 文档内容进行批注操作。具体操作如下：

选中需要批注的文本内容，选择"批注"选项卡下的各项批注功能按钮，可对内容进行标记高亮，插入文本注释，形状注释，添加注解，添加下画线、删除线、插入符、替换符等操作，如图 7-17 所示。

图 7-17　PDF 文档批注

### 7.4.4　PDF 文档转换

常用的 PDF 文档转换是将 PDF 格式的文件转为 Word、Excel、PPT、TXT、图片等格式。具体操作如下：新建或打开 PDF 文档，选择"转换"选项卡下的各类转换按钮，如图 7-18 所示。当选中转换为 Word、Excel、PPT、CAD、图片型 PDF 时，在弹出的"金山 PDF 转换"窗口中，根据提示完成"输出范围""转换模式""输出目录"后单击"开始转换"按钮，如图 7-19 所示。当选中的转换格式为其他时，根据窗口提示完成转换即可。

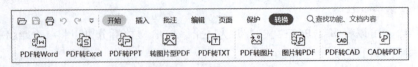

图 7-18 PDF 文档转换

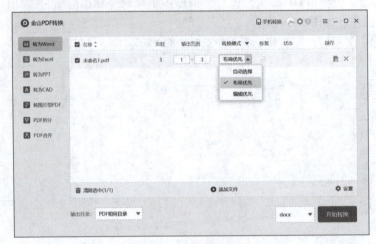

图 7-19 金山 PDF 转换

## 7.4.5 PDF 文档保护

对文档加以保护在一定程度上也是对知识产权的保护。利用 WPS 对 PDF 文档进行保护操作除了添加水印、图章、页眉页脚外，常用的是进行文档加密保护。PDF 文档使用文档加密后，需要加密密码才能进行相应的操作。具体操作如下：

选择"保护"选项卡下的"文档加密"工具，在弹出的"加密"对话框中设置打开密码、编辑及页面提取密码进行加密保护，同时可以对文档能否打印、复制、注释、插入和删除页、填写表单和注释等进行加密，如图 7-20 所示。

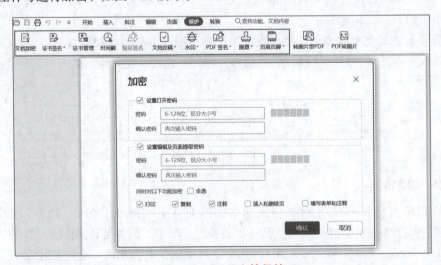

图 7-20 PDF 文档保护

除了以上功能应用外，WPS 具有截图取字、屏幕录制、论文助手、简历助手等特色功能。

# 第3篇

# 新技术应用及发展

# 第8章

# 新一代信息技术

**本章知识结构**

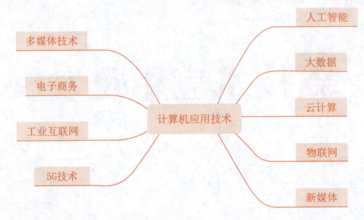

**本章学习目标**

- 掌握人工智能的概念，了解其发展和主要技术，初步了解人工智能产业链及其主要应用领域；
- 掌握大数据的概念、特征，了解大数据的主要技术，大数据在行业的典型应用；
- 掌握云计算的概念、特征、服务模式等，了解云计算的关键技术、部署模型，初步了解云计算产业及其在行业的典型应用；
- 掌握物联网的概念，理解其体系结构，了解其主要技术和在行业领域的典型应用；
- 掌握工业互联的概念，了解其产业体系、行业应用、了解典型工业互联网平台解决方案及应用；
- 掌握新媒体的概念、特征，了解其主要技术和应用情况；
- 掌握5G技术及主要技术场景，了解5G技术的发展与应用；
- 掌握电子商务相关概念、发展及分类等；
- 掌握多媒体技术的相关概念，了解多媒体处理的相关技术。

目前，计算机应用技术在各行业、各领域都得到了广泛的应用。互联网产品的日益创新，为人们获取信息数据带来了极大的便利，同时也很大程度上驱动了社会的发展。计算机技术的应用已经渗入到商业、军事、生产、医疗等方面，同时相关应用产业也得以一定的发展，成为各行各业发展的内在动力，并取得了一定的成绩。

党的二十大报告强调："推动战略性新兴产业融合集群发展，构建新一代信息技术、人工智能、生物技术、新能源、新材料、高端装备、绿色环保等一批新的增长引擎。构建优质高效的服务业新体系，推动现代服务业同先进制造业、现代农业深度融合。"大数据是智慧社会的生产资料，人工智能是生产工具，云计算、5G、工业互联网等是重要的生产环境，数据资源是提供服务的产品。本章将重点介绍这几种计算机应用技术的发展及应用。

## 8.1 人工智能

### 8.1.1 人工智能概述

人工智能（artificial intelligence, AI）是计算机科学的一个分支，是研究、开发用于模拟、延伸和扩展人的智能的理论、方法、技术及应用系统的一门新的技术科学。它指的是人类制造的机器所表现出的智能，最终目标是让机器具有像人脑一般的智能水平。作为计算机科学的一个分支，该领域的研究包括机器人、语言识别、图像识别、自然语言处理和专家系统等。21世纪，互联网新科技层

视频8.1：人工智能概述与发展

出不穷。伴随着大数据、云技术以及整个算力的发展，人工智能技术的研究及应用也迅速壮大，在语音、图像和自然语言方面取得了卓越的成绩。当前，随着移动互联网发展红利逐步消失，后移动时代已经来临。当新一轮产业变革席卷全球，人工智能成为产业变革的核心方向，科技巨头纷纷把人工智能作为后移动时代的战略支点，努力在云端建立人工智能服务的生态系统。传统制造业在新旧动能转换，将人工智能作为发展新动力，不断创造出新的发展机遇。人工智能作为新的生产力，赋能领域非常宽广。

约翰·麦卡锡、马文·明斯基、香农和罗切斯特等在达特茅斯会议提出"人工智能"的概念，其目标是"制造机器模仿学习的各个方面或智能的各个特性，使机器能够读懂语言，形成抽象思维，解决人们目前的各种问题，并能自我完善"。

达特茅斯会议之后，人工智能研究进入了20年的黄金时代。人工智能一直萦绕于人们的脑海之中，并在科研实验室中慢慢孵化。在美国，成立于1958年的国防高级研究计划署对人工智能领域进行了数百万美元的投资，让计算机科学家们自由探索人工智能技术领域。在这个黄金时代里，约翰·麦卡锡开发了LISP语音，成为以后几十年来人工智能领域最主要的编程语言；马文·明斯基对神经网络有了更深入的研究，也发现了简单神经网络的不足；多层神经网络、反向传播算法开始出现；专家系统开始起步；第一台工业机器人走上了通用汽车的生产线；出现了第一个能够自主动作的移动机器人。

出生就遇到黄金时代的人工智能，过度高估了科学技术的发展速度，遭受了严厉的批评和对其实际价值的质疑。1973年，著名数学家拉特希尔向英国政府提交了一份关于人工智能的研究报告，对当时的机器人技术、语言处理技术和图像识别技术进行了严厉的批评，尖锐地指出人工智能那些看上去宏伟的目标根本无法实现，声称研究已经完全失败。随后，各国政府和机构

停止或减少了资金投入,人工智能在20世纪70年代陷入了第一次寒冬。之后的几十年里,科学界对人工智能进行了一轮深入的拷问,关于人工智能的讨论一直在两极反转。

2012年以后,得益于数据量的上涨,计算资源与计算能力的提升和机器学习新算法(深度学习,deep learning)的出现,人工智能开始大爆发。现在,人工智能是研究、开发用于模拟、延伸和扩展人的智能的理论、方法、技术及应用系统的一门技术科学。人工智能现在被普遍定义为是研究人类智能活动的规律,构造具有一定智能行为的系统,是由计算机模仿人类智能的科学。2016年,以 AlphaGo 为标志,人工智能开始逐步升温,成为政府、产业界、科研机构以及消费市场竞相追逐的对象。

目前,世界各国把发展人工智能作为提升国家竞争力、维护国家安全的重大战略,力争在国际科技竞争中走在前列。2017年国务院印发《新一代人工智能发展规划》后,我国启动了"新一代人工智能重大科技项目",开展数据智能、跨媒体感知、群体智能、类脑智能、量子智能计算等基础理论研究,统筹布局了人工智能创新平台和许多关键共性技术研究。

### 8.1.2 人工智能的发展

人工智能的发展经历了三次浪潮(见图 8-1),可以归纳为六个阶段。

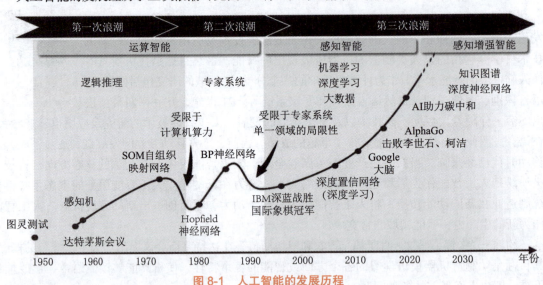

图 8-1 人工智能的发展历程

#### 1. 萌芽阶段

1956年至20世纪60年代是人工智能的第一个发展黄金阶段,以香农为首的科学家共同研究了机器模拟的相关问题,人工智能正式诞生。人工智能概念提出后,相继取得了一批令人瞩目的研究成果,如机器定理证明、跳棋程序等,掀起人工智能发展的第一个高潮。

#### 2. 瓶颈阶段

20世纪70年代,经过科学家深入的研究,发现机器模仿人类思维是一个十分庞大的系统工程,难以用当时的理论成果构建模型,使人工智能的发展走入低谷。

#### 3. 应用发展阶段

20世纪70年代至80年代中,出现了专家系统模拟人类专家的知识和经验解决特定领域的问题,实现了人工智能从理论研究走向实际应用、从一般推理策略探讨转向运用专门知识的重大突破。专家系统在医疗、化学、地质等领域取得成功,推动人工智能走入应用发展的新高潮。

已有人工智能研究成果逐步应用于各个领域，在商业领域取得了巨大的成果。

#### 4. 低迷发展阶段

20 世纪 80 年代中至 90 年代中，随着人工智能的应用规模不断扩大，专家系统存在的应用领域狭窄、缺乏常识性知识、知识获取困难、推理方法单一、缺乏分布式功能、难以与现有数据库兼容等问题逐渐暴露出来。

#### 5. 平稳发展阶段

20 世纪 90 年代以来，随着互联网技术的逐渐普及，人工智能已经逐步发展成为分布式主体，为人工智能的发展提供了新的方向。随着移动互联网技术、云计算技术的爆发，积累了历史上超乎想象的数据量，这为人工智能的后续发展提供了足够的素材和动力，加速了人工智能的创新研究，促使人工智能技术进一步走向实用化。1997 年国际商业机器公司（IBM）深蓝超级计算机（DeepBlue）战胜了国际象棋世界冠军卡斯帕罗夫，成为这一时期的标志性事件。

#### 6. 蓬勃发展期

2011 年至今，随着大数据、云计算、互联网、物联网等信息技术的发展，泛在感知数据和图形处理器等计算平台推动以深度神经网络为代表的人工智能技术飞速发展，大幅跨越了科学与应用之间的"技术鸿沟"，图像分类、语音识别、知识问答、人机对弈、无人驾驶等人工智能技术实现了技术突破，迎来爆发式增长的新高潮。

2016 年 3 月，由谷歌（Google）旗下 DeepMind 公司开发的"阿尔法围棋"（AlphaGo）与围棋世界冠军、职业九段棋手李世石进行围棋人机大战，并以 4∶1 的总比分获胜；它的核心算法就是强化学习。2017 年 1 月，谷歌 Deep Mind 公司宣布推出阿尔法围棋（AlphaGo）2.0 版，其特点是摒弃了人类棋谱，只靠深度学习的方式成长起来挑战围棋的极限，利用大量的训练数据和计算资源来提高准确性，可见强大的计算能力和工程能力是搭建优秀 AI 系统的必要条件。2022 年，美国人工智能研究实验室 OpenAI 推出人工智能技术驱动的自然语言处理工具 ChatGPT（chat generative pre-trained transformer），它能够通过学习和理解人类的语言来进行对话，还能根据聊天的上下文进行互动，真正像人类一样来聊天交流，甚至能完成撰写邮件、视频脚本、文案、翻译、代码等任务。

### 8.1.3 人工智能的应用

目前，理论和技术日益成熟，应用领域不断扩大。在算法、计算能力及大数据等技术的推动下，人工智能的应用场景及产品化思路逐渐明朗，蕴含着巨大的发展潜力和商业价值。如今，人工智能在各种行业、领域正发挥着巨大的作用，为医疗、金融、安防、教育、交通、物流等各类传统行业带来机遇与发展潜力。

#### 1. 智能工业

人工智能的第一个阶段是生产力和生活效率的提升，人工智能最开始的开发都是为了代替大部分劳动力的工作，尤其对于工业，趋势也是尤为明显。如今的智慧工厂已经开始使用大量的人工智能技术算法，虽然还无法全面取代人类，但是采用人类＋机器的运营模式后，不但工作效率大幅提升，而且给工厂节省了额外开支，最主要的是客户的服务量有所提升，为企业带来了业务量的激增。

#### 2. 智能金融

金融行业已经开始使用大量的人工智能技术算法，高效的算法能够为金融机构提供投资组合建议，在风险信贷管理、精准营销、保险定损等众多应用上发挥作用。

### 3. 智能安防

园区管理、人脸识别、车辆追踪、视频信息提取广泛运用于安防，有利于维护社会稳定，在智慧城市的构建部署中提升城市治理能力。

### 4. 智能医疗

人工智能走进医疗方向已经是正在进行的动作了，尤其是在医学影像方面，人工智能的工作效率不但相比人类医生有了急速的提升，更是在病理诊断中表现尤为突出。通过人工智能技术自动分析，再辅以远程会诊、远程查体等音视频通信应用工具，将赋予医疗全新的业务模式。

2018年11月22日，在"伟大的变革——庆祝改革开放40周年大型展览"上，第三代国产骨科手术机器人"天玑"正在模拟做手术（见图8-2），它是国际上首个适应症覆盖脊柱全节段和骨盆髋臼手术的骨科机器人，性能指标达到国际领先水平。截至2022年9月30日，天玑系列骨科机器人手术量突破3万例，其中仅2022年上半年，该产品的手术量便超过5 000例。在近30个省份的150余家医疗机构中，天玑系列骨科机器人已经实现临床应用覆盖。

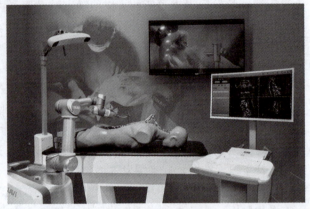

图 8-2 "天玑"骨科机器人

### 5. 智能司法

以信息技术为基础的人工智能已经嵌入司法领域，构建成现代意义的智慧审判活动。智慧审判随着科技和社会进步，创新并开拓司法工作新局面、推进与落实司法改革各项要求应运而生，提高效率，降低法律服务成本，通过已有的法律条文、参考文献及历史案件等数据，进行推论，使更多需要法律服务的人得到帮助；强化保证公正裁判中发挥重要作用，真正实现智能辅助法官办案，服务司法公正。

目前，人工智能发展已步入重视数据、自主学习的认知智能时代，在智能家居、智能教育等领域也有重大突破。结合计算机视觉技术能够完成物体识别、人脸识别、追踪等应用。在自然语言理解方面，语音识别、对话机器人也正在成为下一代人机交互的入口。

人工智能是社会发展和技术创新的产物，是促进人类进步的重要技术形态。人工智能发展至今，已经成为新一轮科技革命和产业变革的核心驱动力，正在对世界经济、社会进步和人们生活产生极其深刻的影响。在政策和技术的推动下，我国人工智能领域向高速发展蓄力（见图8-3），我国人工智能产业覆盖场景极为丰富，多个应用领域商业化进程高质量推进。

以科大讯飞股份有限公司为例，公司经历二十几年的发展，已成为亚太地区知名的智能语音和人工智能上市企业。公司长期从事语音及语言、自然语言理解、机器学习推理及自主学习等核心技术研究并保持了国际前沿技术水平，积极推动人工智能产品研发和行业应用落地。讯飞开放平台建立于2010年，是国内最早的人工智能开放平台之一。面向行业需求方，联合海量开发团队打造优质行业解决方案，全面助推细分行业的产业数字化转型和产业智能化转型，与行业客户共同探索人工智能落地带来的新市场机会，赋能智慧金融、智慧农业、智慧电力等行业场景方案落地。

图 8-3  2022 年中国人工智能产业图谱

## 8.2 大数据

### 8.2.1 大数据概述

大数据（big data）指无法在一定时间范围内用常规软件工具进行捕捉、管理和处理的数据集合，是需要新处理模式才能具有更强的决策力、洞察发现力和流程优化能力的海量、高增长率和多样化的信息资产。人类社会经历了三次工业革命，从蒸汽时代、电气时代，到信息时代，信息技术进入了信息、数据爆炸时代。伴随着全球数字化转型的高速发展，在云计算、物联网、5G、边缘计算、元宇宙等新技术的驱动下，数据爆炸的时代已经来临。据统计，2021 年全球数据总量达到了 84.5 ZB，预计到 2026 年，全球结构化与非结构化数据总量将达到 221.2 ZB。2022 年我国大数据产业规模达 1.57 万亿元，同比增长 18%，成为推动数字经济发展的重要力量。2022 年底，我国已建成全球最大的光纤网络，光纤总里程近 6 000 万 km，千兆光网具备覆盖超过 5 亿户家庭的能力，数据中心总机架近 600 万标准机架，全国 5G 基站超过 230 万个，均位居世界前列。

视频8.2：大数据的概念与技术

全球信息咨询机构国际数据公司对大数据的技术定义是：通过高速捕捉、发现或分析，从大容量数据中获取价值的一种新的技术架构。从字面来看，大数据是一种规模大到在获取、存储、管理、分析等方面大大超出传统数据库软件工具能力范围的数据集合。一般来说，数据集合中可分为结构化、半结构化和非结构化三种数据。

结构化数据是指可以使用关系型数据库表示和存储,表现为二维形式的数据。一般特点是:数据以行为单位,一行数据表示一个实体的信息,每一行数据的属性是相同的,它们的存储和排列是很有规律的。半结构化数据是结构化数据的一种形式,它并不符合关系型数据库或其他数据表的形式关联起来的数据模型结构,但包含相关标记,用来分隔语义元素以及对记录和字段进行分层。因此,它也被称为自描述的结构。非结构化数据是数据结构不规则或不完整,没有预定义的数据模型,不方便用数据库二维逻辑表来表现的数据,包括所有格式的办公文档、文本、图片、各类报表、图像和音频/视频信息等。

随着移动互联网、物联网、云计算等新一代信息技术的不断成熟与普及,产生了海量的数据资源,人类社会进入大数据时代。大数据不仅增长迅速,而且已经渗透到各行各业,发展成为重要的生产资料和战略资产,蕴含着巨大的价值。为了应对惊人的数据量,人类社会需要实现更快的传输数据、高效存储和访问数据,以及处理所有数据。这对当前技术和未来技术平台将产生难以置信的影响。5G、人工智能和边缘计算(edge computing)等新技术结合在一起,将更好更快地推动数字智能时代的到来。

## 8.2.2 大数据相关技术

数据被称为数字经济时代的"石油",如同石油驱动了工业化时代的进步,大数据将推动智能化与数字化时代的发展、将改变人类的生活以及理解世界的方式。人类掌握数据、处理数据的能力实现了质的跃升。信息技术及其在经济社会发展多场景、多领域的应用,推动数据成为继物质、能源之后的又一种重要战略资源。在当前的社会发展中,随着大规模智能化应用服务的深入发展,产生了海量、异构、多源的大数据。但是,海量的数据本身并不具有意义,只有经过人们的开发、分析与利用才能产生价值。如何应用这些大规模、复杂的数据,对其进行有效的感知、采集、存储、管理、分析、挖掘、计算和应用,是当前科学技术发展的一大挑战。

大数据技术框架的组成部分包括处理系统、平台基础和计算模型。首先,处理系统必须稳定可靠,同时支持实时处理和离线处理多种应用,支持多源异构数据的统一存储和处理等功能。其次,平台基础要解决硬件资源的抽象和调度管理问题,以提高硬件资源的利用效率,充分发挥设备的性能。最后,计算模型需要解决模型的三要素(机器参数、执行行为、成本函数)、扩展性与容错性和性能优化。这些要求对构建大数据技术框架提出了非常高的要求。因此,需要逐步扩展现有架构,更深入地分析当前数据,针对数据多样性、数据量、高处理速度等进行设计,探索新模式,满足大数据应用要求(见表 8-1)。

表 8-1 大数据涉及的关键技术

| 需 求 | 技 术 | 描 述 |
| --- | --- | --- |
| 海量数据存储技术 | Hadoop、MPP、Map Reduce | 分布式文件系统 |
| 实时数据处理技术 | Streaming Data | 流计算引擎 |
| 数据高速传输技术 | Infini Band | 服务器/存储间高速通信 |
| 搜索技术 | Enterprise Search | 文本检索、智能搜索、实时搜索 |
| 数据分析技术 | Text Analytics Engine<br>Visual Data Modeling | 自然语言处理、文本情感分析、机器学习、聚类关联、数据模型 |

分布式架构的企业级云化大数据平台一般分为数据开放层、数据处理层、数据交换层,能够为上层应用提供各类大数据的基础云服务,有力支撑上层各类大数据应用。平台对外提供三大服务:数据交换服务、数据处理服务、数据开放服务。

(1)数据交换服务:建立统一数据采集交换中心,提供数据采集服务、数据交换服务,实现移动信息生态圈数据共享与交换。

(2)数据处理服务:建立数据处理中心,提供离线计算服务和在线计算服务,实现海量数据批处理和实时处理。

(3)数据开放服务:实现海量数据实时查询、多维度挖掘分析大数据在给人们的生活带来各种便利的同时,也带来了各种网络安全威胁。主要包括大数据基础设施安全威胁、大数据存储安全威胁、隐私泄露问题、针对大数据的高级持续性攻击、数据访问安全威胁以及其他安全威胁等。大数据资源在国家安全方面具有很高的战略价值,网络安全、数据安全已成为企业必须面对的头等问题,公民信息和隐私泄露问题也将给个人带来极大困扰与损失。大数据时代下信息安全面对极大的挑战与考验,互联网信息安全将会是信息社会最值得关注的问题之一。在未来互联网行业领域,信息安全技术将是重中之重。在大数据发展的同时,需要相应的监管条例来管控数据的使用,避免数据滥用造成的严重后果。

### 8.2.3 大数据的应用

数据是数字世界的核心,人们正日益构建信息化经济。大数据的核心价值给企业带来营收增长,这无疑关系到企业的发展。公司的发展离不开对市场精准度的把控,及时了解市场的变化是公司立足市场的基础。市场调研、战略规划、内部管理等都需要大数据信息处理技术的支持。信息采集和处理能力是大数据的基本特性,大数据将是今后企业获取竞争优势的重要筹码之一。如今大数据在各行各业中得到深度应用,如大数据与政府治理融合应用(城市数据中台、城市大脑、数字孪生城市、政府数据资产管理与应用等)、大数据与民生服务融合应用(未来数字社区、医疗大数据、交通大脑等)、大数据与实体经济融合应用(工业互联网、数据区块链、金融大数据、电力大数据等)等。

#### 1. 金融大数据

金融数据是大数据商业应用最早的数据源。早在 1996 年摩根大通银行就聘请数学家丹尼尔利用递归决策树统计方法,对抵押贷款用户进行统计分析。经过一年的运行,基于递归决策树的抵押贷款管理为摩根大通银行创造了近 6 亿美元利润。

互联网金融并非简单地把传统金融业务搬到网上去,而是充分利用大数据来解决银企之间信息不对称的问题。数据是一个平台,因为数据是新产品和新商业模式的基石。推动金融科技发展的核心正是大数据的价值。过去几年,金融大数据带来了重大的技术创新,为行业提供了便捷、个性化和安全的解决方案。我国金融大数据的典型应用场景见表 8-2。

表 8-2 我国金融大数据的典型应用场景

| 应用场景 | 具体内容 |
| --- | --- |
| 实时股市洞察 | 机器学习正在改变贸易和投资。大数据可以考虑可能影响股市的政治和社会趋势,而不是简单地分析股票价格。机器学习实时监控趋势,使分析师能够编译和评估适当的数据并做出明智的决策 |
| 欺诈检测和预防 | 在大数据的推动下,机器学习在欺诈检测和预防方面发挥着重要作用。过去信用卡带来的安全风险已通过了解释购买模式的分析得到缓解。现在,当安全且有价值的信用卡信息被盗时,银行可以立即冻结卡片和交易,并通知客户安全威胁 |

续表

| 应用场景 | 具体内容 |
| --- | --- |
| 准确的风险分析 | 投资和贷款等重大财务决策现在依赖于无偏见的机器学习。基于预测分析的计算决策考虑了经济、客户细分和商业资本等方方面面，以识别潜在风险 |
| 金融服务 | 金融公司现在有能力在业务中利用大数据，如通过数据驱动的报价产生新的收入流，向客户提供个性化建议，提高效率以推动竞争优势，以及为客户提供更强的安全性和更好的服务 |

### 2. 文化大数据

在数字经济时代，大数据已经成为促进经济社会发展的关键要素之一。文化大数据同样是一次文化变革，是文化治理的一次创新。2022 年 3 月，中共中央办公厅、国务院办公厅印发《关于推进实施国家文化数字化战略的意见》，明确指出，到"十四五"时期末，基本建成文化数字化基础设施和服务平台，基本贯通各类文化机构的数据中心；到 2035 年，建成物理分布、逻辑关联、快速链接、高效搜索、全面共享、重点集成的国家文化大数据体系；要促进文化机构数字化转型升级，推动文化机构将文化资源数据采集、加工、挖掘与数据服务纳入经常性工作，将凝结文化工作者智慧和知识的关联数据转化为可溯源、可量化、可交易的资产。

文化大数据建设的核心是确保数据的"流动性"和"可获取性"，有效途径就是开放和共享，这也是公共文化服务的重要目标。比如，浙江台州市秉持数据开放和共享，构筑了"文化大超市一站式"服务平台，通过台州文旅、游省心、文化馆、图书馆、博物馆等微信公众号，集合数字资源展示、抢票报名、活动预告、场地预约、在线客服等功能，让公众足不出户，就能实现活动报名、场馆预约，极大方便了公众出行和参与文化活动。

### 3. 教育大数据

当前，社会整体信息化步伐不断加快，信息化程度不断加深，信息技术对教育的革命性影响日趋明显。利用成熟的大数据技术催生教育治理和教育教学方式的变革方面，有巨大的提升空间。我国教育数据异常丰富，是国家重要战略资源。教育大数据建设已提升到国家战略高度，《互联网+"行动计划》《促进大数据发展行动纲要》《新一代人工智能发展规划》等有关政策密集出台。其中，《促进大数据发展行动纲要》中明确提出建设"教育文化大数据"，教育大数据建设迎来重大历史发展机遇。

教育大数据平台架构示例如图 8-4 所示。

### 4. 公安大数据

随着大数据时代的到来，公安信息化不断高速发展，公安数据的不断汇聚和民警信息化应用需求的日益丰富。如何提高对海量数据的管理、挖掘、分析等方面智能化能力，快速挖掘其内在价值，已成为公安信息化迫切需要解决的关键问题。因此，需要运用大数据建模分析手段，提高公安部门在侦查破案、治安防范、社会管理、维稳处突等场景下信息侦查、数据收集、智能分析、经侦调度、精准预测分析等能力（见图 8-5），构建符合公安实战所需要的智能大数据支撑体系。

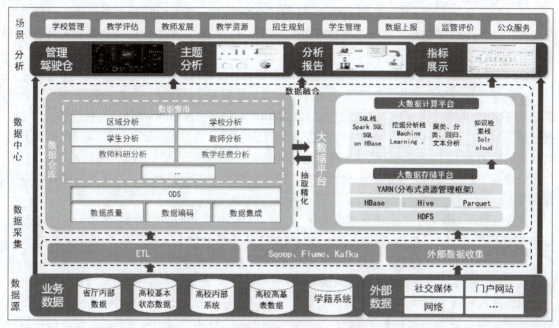

图 8-4 教育大数据平台架构示例

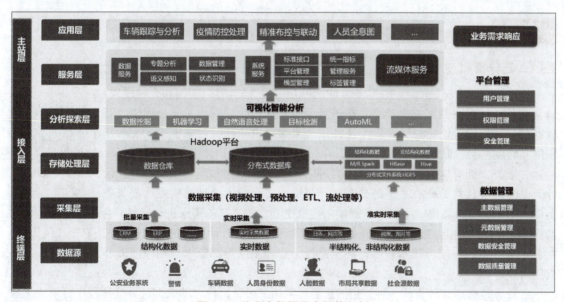

图 8-5 公安大数据平台架构示例

**5. 消费大数据**

电子商务网站亚马逊在 2013 年 12 月获得了一项名为"预测式发货"的新专利，可以通过对用户数据的分析，在用户还没有下单购物前，提前发出包裹。通过这项专利，亚马逊将根据消费者的购物偏好，提前将他们可能购买的商品配送到距离最近的快递仓库。这将大大缩短货物运输时间。亚马逊可能会根据之前的订单和其他因素，预测用户的购物习惯，从而在他们实际下单前便将包裹发出。为了决定要运送哪些货物，网站会参考用户之前的订单、商品搜索记录、愿望清单、购物车，甚至包括用户的鼠标在某件商品上悬停的时间。

这项专利意味着预见性分析系统将会变得更加精确，以至于它可以预测用户什么时候以及将要购买什么产品或服务。科技和零售消费行业都在通过种种方式提前预测消费者的需求，以期提供更为精准、个性化的服务。

#### 6. 制造大数据

在某摩托车制造厂，软件不停地记录着微小的制造数据，如喷漆室风扇的速度等。当软件察觉风扇速度、温度、湿度或其他变量脱离规定数值时，它就会自动调节机械。同时还使用软件，通过研究数据，通过调整工厂配置提高效率。与此同时，一些纺织及化工生产商，根据从不同的百货公司POS机上收集的产品销售速度信息，将原来的18周送货速度减少到3周，这对百货公司分销商来说，能以更快的速度拿到货物，减少仓储。对生产商来说，积攒的材料仓储也能减少很多。

大数据技术对制造业的影响远非成本这一个方面。利用源于产品生命周期中市场、设计、制造、服务、再利用等各个环节数据，制造业企业可以更加精细、个性化了解客户需求，建立更加精益化、柔性化、智能化的生产系统，创造包括销售产品、服务、价值等多样的商业模式，并实现从应激式到预防式的工业系统运转管理模式的转变。

数据为构建智慧城市、智慧国家甚至是智慧地球提供高效、透明的信息支撑，对政府管理、商业活动、媒介生态、个人生活等都产生了深远影响。发掘大数据的潜在商业价值，推动数据智能时代的发展，机会与挑战并存。

## 8.3 云计算

### 8.3.1 云计算概述

云计算(cloud computing)是基于互联网的相关服务的增加、使用和交付模式，通常涉及通过互联网来提供动态易扩展且经常是虚拟化的资源。云是网络、互联网的一种比喻说法。过去在图中往往用云来表示电信网，后来也用来表示互联网和底层基础设施的抽象。因此，云计算甚至可以让用户体验每秒10万亿次的运算能力，拥有这么强大的计算能力可以预测气候变化和市场发展趋势。云计算是通过使计算分布在大量的分布式计算机上，而非本地计算机或远程服务器中。用户通过计算机、手机等方式接入数据中心，按自己的需求进行运算；企业也能够将资源切换到需要的应用上，根据需求访问计算机和存储系统。云计算的普及和应用，还有很长的道路，社会认可、用户习惯、技术程度，甚至是社会管理制度等都应做出相应的改变，方能使云计算真正普及。

视频8.3：云计算的概念与类型

云计算是分布式计算的一种，指的是通过网络"云"将巨大的数据计算处理程序分解成无数个小程序，通过多部服务器组成的系统处理和分析这些小程序得到结果并返回给用户。云计算早期是为了解决任务分发并合并计算结果的简单分布式计算。因而，云计算又称网格计算，它可以在很短的时间内完成对数以万计的数据的处理，从而达到强大的网络服务。对云计算的定义有多种说法。现阶段广为接受的定义是：云计算是一种按使用量付费的模式，这种模式提供可用的、便捷的、按需的网络访问，进入可配置的计算资源共享池（资源包括网络、服务器、存储、应用软件、服务），这些资源能够被快速提供，只需投入很少的管理工作，或与服务供应商进行很少的交互。云计算现在已经成为信息技术的发展趋势，各种需求的迭代产生成为云计算技术发展的一大推动力，包括商业、运营和计算的需求，以及计算机技术的不断进步。

（1）商业需求：降低信息技术成本、简化信息技术管理和快速响应市场变化。
（2）运营需求：规范流程、降低成本、节约能源。
（3）计算需求：更大的数据量、更多的用户。
（4）技术进步：虚拟化、多核、自动化、Web 技术。

云计算并不是革命性的新发展，而是历经数十载不断演进的结果，其演进经历了网格（grid）计算、效用（utility）计算、软件即服务（SaaS）和云计算四个阶段，云计算是这些基础上发展起来的一种计算概念。因此，它与分布式、网格和效用计算在概念上有一定的重合处，同时义在适用情况下具有自己独特的含义。

云计算是一种新兴的计算模式，用户能够在任何地点、任何时间使用各种终端访问所需的应用。这些应用部署在地域分散的数据中心上，这些数据中心可以动态地提供和分享计算资源，这种方式显著地降低了成本，提高了经济收益。从技术方面看，云是一种基础设施，其上搭建了一个或多个框架。虚拟化的物理硬件层提供了一个灵活、自适应的平台，能够提高资源的利用率，并以分层模型体现云计算概念。云计算可以基于 IaaS（infrastructure as a service，基础设施即服务）、PaaS（platform as a service，平台即服务）、SaaS（software as a service，软件即服务），以便在各个层次实施和实现相应的业务需求。

作为一种新兴的信息技术交付方式，应用、数据和信息技术资源能够通过网络作为标准服务在灵活的价格下快速提供给最终用户。对于云计算提供方而言，它具备虚拟化资源、高自动化、简化和标准化、动态调整、低成本增长等优势；对用户来说，云计算是一种简单实用、灵活交付的方式。

### 8.3.2 云计算的类型

云计算的表现形式多种多样，简单的云计算在人们日常网络应用中随处可见，如搜索引擎、在线存储（网盘）等服务。目前，云计算的类型和服务层次可以按提供的服务类型和对象进行分类。

**1. 按提供的服务类型分类**

按提供的服务类型，云计算可以分为 IaaS、PaaS、SaaS 三种。

（1）基础设施即服务，IaaS。IaaS 即把厂商的由多台服务器组成的"云端"基础设施作为计量服务提供给客户。它将内存、I/O 设备、存储和计算能力整合成一个虚拟的资源池，为整个业界提供所需要的存储资源和虚拟化服务器等服务。这是一种托管型硬件方式，用户付费使用厂商的硬件设施。它的优点是用户只需低成本硬件，按需租用相应计算能力和存储能力，大大降低了用户在硬件上的开销。

（2）平台即服务，PaaS。PaaS 提供应用服务引擎，如互联网应用编程接口/运行平台等。用户基于该应用服务引擎，可以构建该类应用。这种方式把开发环境作为一种服务来提供。这是一种分布式平台服务，厂商提供开发环境、服务器平台、硬件资源等服务给客户，用户在其平台基础上定制开发自己的应用程序，并通过其服务器和互联网传递给其他客户。PaaS 能够给企业或个人提供研发的中间件平台，提供应用程序开发、数据库、应用服务器、试验、托管及应用服务。

（3）软件即服务，SaaS。SaaS 服务提供商将应用软件统一部署在自己的服务器上，用户根据需求通过互联网向厂商订购应用软件服务，服务提供商根据客户所定软件的数量、时间的长短等因素收费，并通过浏览器向客户提供软件。这种服务模式的优势是，由服务提供商维护和管理软件、提供软件运行的硬件设施，用户只需拥有能够接入互联网的终端，即可随时随地使用软件。这种模式下，客户不再像传统模式那样花费大量资金在硬件、软件、维护人员，只需要支出一定的租赁服务费用，通过互联网就可以享受到相应的硬件、软件和维护服务，这是网络应用最具效益的营运模式之一。用户通过Internet（如浏览器）来使用软件，不必购买而只需按需租用，减少了客户的管理维护成本，可靠性也更高。

云计算架构与传统应用对比示意图如图8-6所示。

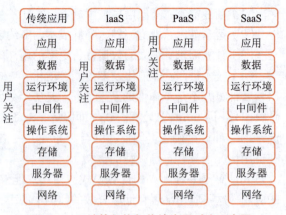

图 8-6  云计算架构与传统应用对比示意图

### 2. 按云服务的对象分类

按云服务的对象，云计算可以分为公有云、私有云和混合云。这三种模式构成了云基础设施构建和消费的基础。

（1）公有云。公有云通常面向外部用户需求，通过开放网络提供云计算服务。公有云一般可通过Internet使用，可能是免费或成本低廉的。它的核心属性是共享资源服务，这种云有许多实例，可在当今整个开放的公有网络中提供服务。

（2）私有云。私有云是为某个客户单独使用而构建的，如面向企业内部需求提供云计算服务的内部数据中心等。因此，私有云提供对数据、安全性和服务质量的有效控制。企业拥有基础设施，并可以控制在此基础设施上部署应用程序的方式。私有云可部署在企业数据中心的防火墙内，也可以部署在一个安全的主机托管场所。私有云的核心属性是专有资源。私有云可由公司自己的互联网机构，也可由云提供商进行构建。

（3）混合云。混合云是一种兼顾以上两种情况的云计算服务，是近年来云计算的主要模式和发展方向。企业用户出于信息安全考虑，更青睐于将数据存放在私有云中，但同时又希望可以获得公有云的计算资源，因此混合云的解决方案逐渐成为主流。

云计算拥有超大规模计算、虚拟化、高可靠性和安全性、通用性、动态扩展性、按需服务、降低成本等特点，具备以下几种优势：

（1）降低总体拥有成本。通过计算资源共享及动态分配，提高资产利用率；减少能耗，节能减排，减少管理成本；随着用户数量的突然增加，可以增加服务器资源，并且可以减少有限数量用户使用的服务器资源，从而降低其成本；按需配置各种硬件和应用程序。

（2）基于使用的支付模式。在云计算模式下，最终用户根据使用了多少服务来付费。这为应用部署到云计算基础架构上降低了准入门槛，让大企业和小公司都可以使用相同的服务。

（3）在处理或存储方面，可以将资源整合在一起。避免重复计算、重复存储。

（4）提高灵活性。系统资源池化能够对应用屏蔽底层资源的复杂度；扩展性和弹性云计算环境具有大规模、无缝扩展的特点，能自如地应对应用使用急剧增加的情况。当原始服务器因任何原因发生故障而停止时，可以检索并运行副本。

现阶段所说的云服务已经不单单是一种分布式计算，而是分布式计算、效用计算、负载均衡、并行计算、网络存储、热备份冗杂和虚拟化等计算机技术混合演进并跃升的结果，是基于互联网相关服务的增加、使用和交付模式。云计算可以将虚拟的资源通过互联网提过给每一个有需求的客户，从而实现拓展数据处理。

### 8.3.3 云计算产业及其应用

云计算应用市场近几年将呈现大规模的增长，衍生成多样的商业模式，包括固定式/包月式的合同收费、按需动态收费、按使用量收费、按服务效果收费（业务分成）、后向收费（广告收费）等。作为战略性新兴产业，云计算近年来得到了迅速发展，形成了成熟的产业链结构，产业涵盖硬件与设备制造、基础设施运营、软件与解决方案供应商、基础设施即服务（IaaS）、平台即服务（PaaS）、软件即服务（SaaS）、终端设备、云安全、云计算交付/咨询/认证等多个环节。产业链格局也逐渐被打开，由平台提供商、系统集成商、服务提供商、应用开发商等组成的云计算上下游构成了云计算产业链的初步格局。互联网、通信业、信息技术厂商互相渗透，打破传统的产业链模式，形成高度混合渗透的生态模式。较为简单的云计算技术已经普遍服务于互联网服务中，通过云端共享数据资源已成为社会生活中的一部分。可以通过网络、以云服务的方式，为企业、商户及个人终端用户等多群体提供非常便捷的应用。

#### 1. 政务云

政务云上可以部署公共安全管理、容灾备份、城市管理、应急管理、智能交通、社会保障等应用，通过集约化建设、管理和运行，可以实现信息资源整合和政务资源共享，推动政务管理创新，加快向服务型政府转型。

#### 2. 教育云

教育云，是指教育信息化的一种发展，可以将所需要的任何教育硬件资源虚拟化，然后将其发布到互联网中，向教育机构和学生老师提供一个方便快捷的平台。通过教育云平台可以有效整合幼儿教育、中小学教育、高等教育以及继续教育等优质教育资源，逐步实现教育信息共享、教育资源共享及教育资源深度挖掘等目标。

#### 3. 金融云

金融云是指利用云计算的模型将信息、金融和服务等功能分散到庞大分支机构构成的互联网"云"中，旨在为银行、证券、保险和基金等金融机构提供互联网处理和运行服务，同时共享互联网资源，从而解决现有问题并且达到高效、低成本的目标。

#### 4. 医疗云

医疗云是指在云计算、移动技术、多媒体、4G/5G通信、大数据以及物联网等新技术的基础上结合医疗技术，使用"云计算"来创建医疗健康服务云平台，实现医疗资源的共享和医疗范围的扩大。医疗云可以推动医院与医院、医院与社区、医院与急救中心、医院与家庭之间的服务共享，并形成一套全新的医疗健康服务系统，从而有效地提高医疗保健的质量。

#### 5. 企业云

企业云能够让企业以低廉的成本建立财务、供应链、客户关系等管理应用系统，大大降低企业信息化门槛，迅速提升企业信息化水平，增强企业市场竞争力。

#### 6. 存储云

存储云是在云计算技术上发展起来的一个存储技术，是一个以数据存储和管理为核心的云计算系统。用户可以将本地的资源上传至云端上，可以在任何地方连入互联网来获取云上的资源。谷歌、微软等大型网络公司均有云存储的服务，在国内，百度云和微云是市场占有量最大的存储云。存储云向用户提供了存储容器服务、备份服务、归档服务和记录管理服务等，大大方便了使用者对资源的管理。

云计算作为一种新兴的资源使用和交付模式逐渐为学界和产业界所认知。我国云发展创新产业联盟评价云计算为"信息时代商业模式上的创新"。继个人计算机终端变革、互联网技术变革之后,云计算被看作第三次信息技术浪潮,是我国战略性新兴产业的重要组成部分。它将带来生活、生产方式和商业模式的根本性改变,已成为当前全社会关注的热点。

## 8.4 物联网

### 8.4.1 物联网概述

物联网(Internet of things,IoT)是物物相连的互联网,是互联网的延伸,它利用局部网络或互联网等通信技术把传感器、控制器、机器、人员和物等联在一起,进行信息交换和通信,形成人与物、物与物相联,实现信息化和远程管理控制。物联网是未来信息技术的重要组成部分,涉及政治、经济、文化、社会和军事各领域。党的二十大报告指出:"加快发展物联网,建设高效顺畅的流通体系,降低物流成本。"我国推动物联网发展的主要目的是,在国家统一规划和推动下,在农业、工业、科学技术、国防以及社会生活各个方面应用物联网技术,深入开发、广泛利用信息资源,加速实现国家现代化和由工业社会向信息社会的转型。

视频8.4:物联网的概念与特征

物联网是指通过信息传感设备(如无线传感器网络节点、射频识别装置、红外感应器、移动手机、全球定位系统、激光扫描器等),按照约定的协议,把任何物品与互联网连接起来,进行信息交换和通信,以实现智能化识别、定位、跟踪、监控和管理的一种网络。它是在互联网基础上的延伸和扩展的网络。

物联网概念的萌芽要追溯到1998年,麻省理工学院(MIT)的Kevin Ashton第一次提出把RFID技术与传感器技术应用于日常物品中形成一个"物联网"。2005年国际电信联盟(ITU)在突尼斯举行了信息社会世界峰会(World Summit on the Information Society, WSIS),会上发布了 *ITU Internet reports 2005——the Internet of things*,该报告介绍了物联网的概念、特征、相关技术、面临的挑战与未来的市场机遇,并指出物联网是通过RFID和智能计算等技术实现全世界设备互联的网络。2008年,IBM提出把传感器设备安装到各种物体中,并且普遍连接形成网络,即"物联网",进而在此基础上形成"智慧地球"。2009年,欧洲物联网研究项目工作组制订《物联网战略研究路线图》,介绍传感网/RFID等前端技术和20年发展趋势。

物联网是互联网的应用拓展,与其说物联网是网络,不如说物联网是业务和应用。因此,应用创新是物联网发展的核心,以用户体验为核心是物联网发展的灵魂。物联网通过智能感知、识别技术与普适计算等通信感知技术,广泛应用于网络的融合中。

### 8.4.2 物联网的特征与体系结构

随着网络覆盖的普及,人们提出了一个问题:既然无处不在的网络能够成为人际间沟通的无所不能的工具,为什么不能将网络作为物体与物体沟通的工具,人与物体沟通的工具,乃至人与自然沟通的工具?物联网是"万物沟通"的,具有全面感知、可靠传送、智能处理特征的连接物理世界的网络,实现了任何时间、任何地点及任何物体的连接,可以帮助实现人类社会与物理世界的有机结合,使人类以更加精细和动态的方式管理生产和生活,从而提高整个社会的信息化能力。

## 1. 物联网的特征

物联网的特征可概括为全面感知、可靠传输、智能处理。

（1）全面感知，是指物联网可以利用射频识别、二维码、智能传感器等感知设备感知获取物体的各类信息。

（2）可靠传输，是指通过对互联网、无线网络的融合，将物体的信息实时、准确地传输，以便信息交流、分享。

（3）智能处理，是指使用各种智能技术，对感知和传送到的数据、信息进行分析处理，实现监测与控制的智能化。

## 2. 物联网的体系结构

由于物联网存在异构需求，所以物联网需要有一个可扩展的、分层的、开放的基本网络架构。目前业界将物联网的基本架构分为三层：感知层、网络层和应用层（见图8-7），即物联网三层构架 DCM（device、connect、manage）。

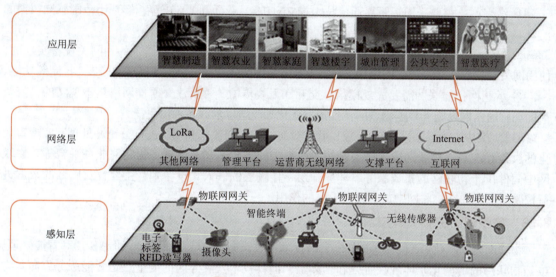

图 8-7　物联网架构示例

在物联网的环境中，每一层次由原来的传统功能大幅进化，在设备（device）达到全面感知，就是让原本的物，提升为智能物件，可以识别或撷取各种数据；在连接（connect）层则是要达到可靠传递，除了原有的有线网络外更扩展到各种无线网络；在管理（manage）层部分，则是要将原有的管理功能进步到智能处理，对撷取到的各种数据做更具智能的处理与呈现。

（1）感知层。第一层是全面感知，就是利用射频识别、二维码、传感器等感知、捕获、测量技术随时随地对物体进行信息采集和获取。感知层处于底层，是物联网的实现基础，实现物体信息的采集、自动识别和智能控制的功能主要在感知层。该层涉及的主要技术有 EPC 技术、RFID 技术、智能传感技术等。

① EPC 技术。EPC（electronic product code）码是为了实现全球产品唯一标识，方便对其进行追踪。EPC 码将全球所有物品都赋予一个全球唯一编号，以方便接入网络。编码技术是 EPC 的核心，该编码可以实现单品识别，使用射频识别系统的读写器可以实现对 EPC 标签信息的读取，互联网 EPC 体系中实体标记语言服务器把获取的信息进行处理，服务器可以根据标签信息实现对物品信息的采集和追踪，利用 EPC 体系中的网络中间件等，对所采集的 EPC 标签信息进

行管理。

② 射频识别（RFID）技术。RFID 是一种非接触式的自动识别技术，使用射频信号对目标对象进行自动识别，获取相关数据，目前该方法是物品识别最有效的方式之一。根据工作频率的不同，可以把 RFID 标签分为低频、高频、超高频、微波等不同的种类。

③ 智能传感器技术。获取信息的另一个重要途径是使用智能传感器。在物联网中，智能传感器可以采集和感知信息，使用多种机制把获取的信息表示为一定形式的电信号，并由相应的信号处理装置处理，最后产生相应的动作。常见的智能传感器包括温度传感器、压力传感器、湿度传感器、霍尔磁性传感器等。

（2）网络层。第二层是可靠传递，就是通过将物体接入信息网络，依托各种通信网络，随时随地进行可靠的信息交互和共享。网络层处在感知层和应用层之间，该层主要作用是把感知层获取的信息准确无误地传输给应用层，使应用层对海量信息进行分析、管理，做出决策。物联网传输层又可以分为汇聚网、接入网和承载网三部分。

① 汇聚网：主要采用短距离通信技术如 Zig-Bee、蓝牙和 UWB 等，实现小范围感知数据的汇聚。

② 接入网：物联网的接入方式较多，多种接入手段整合起来是通过各种网关设备实现的，使用网关设备统一接入通信网络中，需要满足不同的接入需求，并实现信息的转发、控制等功能。

③ 承载网：物联网需要大规模信息交互和无线传输，重新建立通信网络是不现实的，需要借助现有通信网设施，根据物联网特性加以优化和改造以承载各种信息。

（3）应用层。第三层是智能处理，就是对海量的感知数据和信息进行分析并处理，实现智能化的决策和控制。物联网应用层关键技术包括中间件技术、云计算、物联网业务平台等。物联网中间件位于物联网的集成服务器和感知层、传输层的嵌入式设备中，主要针对感知的数据进行校验、汇集，在物联网中起着比较重要的作用。

### 8.4.3 物联网的主要关键技术

物联网是物联化、智能化的网络，它的技术发展目标是实现全面感知、可靠传递和智能处理。虽然物联网的智能化是体现在各处和全体上，但其技术发展方向的侧重点是智能服务方向。物联网的关键技术包括传感器技术、低功耗蓝牙技术，无线传感器网络、移动通信技术等其他基础网络技术。从开发应用的角度来看，物联网的关键技术包括以下几个方面。

（1）无线通信技术：人类在信息与通信世界里获得的一个沟通维度，将任何时间或地点的人与人之间的沟通连接扩展到人与物、物与物之间。

（2）安全与可靠性技术：从技术角度看，物联网是基于因特网、移动通信网、无线传感器网络、RFID 等技术的，所以物联网遇到的信息安全问题会很多。必须在研究物联网的同时从技术保障与法制技术完善的角度出发，为物联网的健康发展创造一个良好的环境。从技术上讲，需要重点研究隐私保护技术、设备保护技术、数据加密技术等。

（3）物联网软件设计技术：物联网软件除了要完成用户需求域和信息空间域间的协同，还需要完成用户需求域和物理空间域间的协同，以及三者间的无缝连接，对其操作环境和运作环境不确定性的适应是物联网软件设计面临的重要挑战。

（4）物联网系统标准化技术：标准作为技术的高端形式，对物联网的发展至关重要。

（5）能效管理技术：一般采用虚拟化技术来有效整合网络资源，以有效降低这些物理设备的使用，从而降低网络中不必要的能量损耗，促进资源共享，以实现"任何人在任何地点接入控制任何设备"为愿景。

物联网设备分散且应用场景复杂，还需要利用中间件、M2M、云计算等技术合理利用以及高效处理海量数据信息，并为用户提供相关的物联网服务。例如，中间件的使用极大地解决了物联网领域的资源共享问题，它不仅可以实现多种技术之间的资源共享，也可以实现多种系统之间的资源共享，类似于一种能起到连接作用的信息沟通软件。利用这种技术，物联网的作用将被充分发挥出来，形成一个资源高度共享、功能异常强大的服务系统。

## 8.5 新媒体

### 8.5.1 新媒体概述

随着时代的发展和信息科学技术的进步，媒体得到了不断的发展，产生了以新技术为支撑的新媒体。在传统的四大媒体的基础上，新媒体被人们称为"第五媒体"。新媒体的到来对传统四大媒体产生了巨大的冲击和影响，其先进性是传统媒体所不能比拟的。

视频8.5：新媒体技术的概念与发展

传统四大媒体包括电视、广播、报纸和杂志，是人类社会产生的早期媒体形式，其目的是对一些社会信息进行宣传或者实现主体之间的交流。在过去相当一段时间内，传统四大媒体占据了相当的市场，一度成为信息行业的龙头。但是，随着社会科学技术的发展，信息化技术和相关平台的构建，打破了原有的信息市场，传统四大媒体的地位逐渐面临挑战。新媒体是指以新的技术为支撑而产生的一种新的媒体形态，主要包括数字电视和电影、数字杂志和报纸、数字广播、触摸媒体、移动电视、手机短信、网络等。新媒体具有形式丰富多样、有超强的互动性、媒体渠道十分广泛、覆盖面积宽、精准度高、方便快捷等特点。基于这些特点，新媒体在当代传媒市场中的地位越来越高，对整个媒体界的发展起到了极具影响力的作用。

新媒体是相对于传统媒体而言的，是传统媒体以后发展起来的新的媒体形态，是利用数字技术、网络技术、移动技术，通过互联网、无线通信网、卫星等渠道以及计算机、手机、数字电视机等终端，向用户提供信息和娱乐服务的传播形态和媒体形态。严格来说，新媒体应该称为数字化媒体。它涵盖了所有数字化的媒体形式，包括所有数字化的传统媒体、网络媒体、移动端媒体、数字电视、数字报刊等。

### 8.5.2 新媒体技术发展与应用

当代传播新技术主要表现在电子媒介领域，如通信卫星、计算机网络等，由于其具有信息多样化、覆盖面广、时效性快等特点，发展势不可挡。随着移动互联网发展，以报纸、电视广播为主导的传统媒体，以及以网络媒体、移动媒体为主导的新媒体在整个媒介生态中扮演重要角色，媒体融合成为广播电视焕发全新生命力的重要途径。

新媒体行业的技术发展重点体现在对传输技术、视音频编辑技术、信息安全加密技术、通信技术、存储技术、数据分析技术等跨领域技术的综合运用，满足终端用户日益多样化的视听服务需求，保障视听服务的安全、稳定，视听节目的清晰、流畅。

随着5G、4K超高清等新技术的普及，视听生产、视听渠道、视听体验和服务发生了质的变化，为产业发展带来了更多机会和可能。业内学者聚焦数字创意软件与数字技术装备等内容，结合创意设计、数据增值服务、媒体融合等产业发展现状与趋势展开精彩分享与深度探讨。"十四五"

时期重点发展新一代信息技术、科技服务、数字创意与设计、新视听等产业。

### 1. 推荐算法的应用

推荐算法的应用正在改变着原有的议程设置格局，它根据用户的兴趣进行个性化信息推荐。推荐算法基于对用户的精确画像，根据用户自身的信息浏览习惯、同类型画像用户的"泛化"浏览趋势、社交链条中的信息浏览情况，以及积累数据的分析进行信息的个性化分发。推荐算法技术在不断发展，算法逻辑从用户个人推送发展到社交关系、地理关系的推送。基于人工智能的推荐算法实现了信息的精准定位。以寻人为例，过去的寻人是大规模信息投放，媒体负担较重，且到达率有限。如今，类似微博、今日头条等信息平台，通过人工智能技术精准定位寻人概率最大的人群，以高效的方式实现信息的有效触达。

> **知识链接：今日头条**
>
> 今日头条是国内将算法工程产品与信息推荐引擎应用结合的先驱，它在新闻资讯类产品中的爆发式增长和领先地位与其定位息息相关。今日头条打造了一个智能化的信息平台，通过人工智能技术筛选高质量内容，过滤无用信息，为用户分发兴趣内容，帮助用户进行与信息的交流互动，同时让信息的获取者转变为信息的分享者、创作者。

### 2. 场景化传播

信息传播呈现出场景化趋势，尤其是"算法+场景"的应用，实现了更为精准的信息推送。目前的主要内容分发场景包括工作、生活、娱乐、餐饮、家庭、医疗等。5G技术将通过信息互联构建出更多的场景，实现用户与场景的深度连接，如智能家居等，通过信息的互动，完成内容分发链条的再造。

### 3. "激励+社交"驱动

新闻资讯行业新媒体产品正在开启火热的用户争夺战，许多产品将拉新红利让渡给用户，采用"激励+社交"的方式吸引拉新，引爆传播。激励机制主要是通过使用新媒体产品获取现金奖励，如通过阅读文章、点赞文章、答题等方式获得金钱激励。社交则是激励用户通过自身的社交关系为新闻资讯产品拓展影响力，如新闻分享奖励、开宝箱奖励等。

## 8.5.3 新媒体面临的机遇与挑战

伴随着网络信息技术的发展，人类进入包含技术空间和社会空间的新媒体时代。新媒体凭借空间的开放性、主体的互动性、传播的即时性、媒体的深度融合等特点，对公众的知识结构、情感诉求、意思表达、行为方式等产生了重要影响。新媒体作为一种新的媒体形态，打破了传统媒体单向传播模式，优化了资讯资源配置，提供了全新舆论环境。信息爆炸的当下，社会公众尤其未成年人容易在新媒体环境中受到错误的社会思潮、芜杂的信息观点等方面的影响。所以，在技术融合的过程中，新媒体是一把"双刃剑"，既带来了机遇，也带来了新的挑战。

新媒体行业发展中，暴露出过度追求经济效益、忽视社会效益等问题。从2018年开始，国家政策开始加大引导力度，企业的自觉性不断升级，整体而言，行业在努力塑造正向的生态氛围。例如，网络舆论治理是新媒体治理的重要环节。网络舆论治理应当具备真实观、责任观、生态观和青年观。真实观是指保证信息的真实性，防范虚假信息，同时处理好观点与事实、局部真实与整体真实的关系。责任观是指基于事实、伦理、法制进行传播。生态观是需要把握好多样性、平衡性和积极性，建立自我净化、发展的状态。青年观是加强青少年保护机制，注重青少年在新媒体环境中发挥的作用。新媒体在青少年成长生活中占用的时间越来越长，扮演的角色越来越多样化，对其价值观的影响也越来越强烈。新媒体要努力为青少年构建优质、健康的内容生态。

## 8.6 5G 技术

### 8.6.1 5G 技术概述

第五代移动通信技术（5th generation mobile communication technology，5G）是具有高速率、低时延和大连接特点的新一代宽带移动通信技术，5G 通信设施是实现人机物互联的网络基础设施。

国际电信联盟（ITU）定义了 5G 的三大类应用场景，即增强移动宽带（eMBB）、超高可靠低时延通信（uRLLC）和海量机器类通信（mMTC）。增强移动宽带主要面向移动互联网流量爆炸式增长，为移动互联网用户提供极致的应用体验；超高可靠低时延通信主要面向工业控制、远程医疗、自动驾驶等对时延和可靠性具有极高要求的垂直行业应用需求；海量机器类通信主要面向智慧城市、智能家居、环境监测等以传感和数据采集为目标的应用需求。

回顾移动通信的发展历程，每一代移动通信系统都可以通过标志性能力指标和核心关键技术来定义。其中，1G 采用频分多址（FDMA），只能提供模拟语音业务；2G 主要采用时分多址（TDMA），可提供数字语音和低速数据业务；3G 以码分多址（CDMA）为技术特征，用户峰值速率达到 2 Mbit/s 至数十兆比特/秒，可以支持多媒体数据业务；4G 以正交频分多址（OFDMA）技术为核心，用户峰值速率可达 100 Mbit/s~1 Gbit/s，能够支持各种移动宽带数据业务。5G 需要具备比 4G 更高的性能，支持 0.1~1 Gbit/s 的用户体验速率，每平方千米一百万的连接数密度，毫秒级的端到端时延，每平方千米数十太比特/秒的流量密度，每小时 500 km 以上的移动性和数十吉比特/秒的峰值速率。其中，用户体验速率、连接数密度和时延为 5G 最基本的三个性能指标。同时，5G 还需要大幅提高网络部署和运营的效率，相比 4G，频谱效率提升 5~15 倍，能效和成本效率提升百倍以上。为满足 5G 多样化的应用场景需求，5G 的关键性能指标更加多元化。ITU 定义了 5G 八大关键性能指标，其中高速率、低时延、大连接成为 5G 最突出的特征。

### 8.6.2 5G 主要技术场景

连续广域覆盖、热点高容量、低时延高可靠和低功耗大连接等四个 5G 典型技术场景具有不同的挑战性指标需求，在考虑不同技术共存可能性的前提下，需要合理选择关键技术的组合来满足这些需求。

（1）连续广域覆盖场景，是移动通信最基本的覆盖方式，以保证用户的移动性和业务连续性为目标，为用户提供无缝的高速业务体验。该场景的主要挑战在于随时随地（包括小区边缘、高速移动等恶劣环境）为用户提供 100 Mbit/s 以上的用户体验速率。

（2）热点高容量场景，主要面向局部热点区域，为用户提供极高的数据传输速率，满足网络极高的流量密度需求。1 Gbit/s 用户体验速率、数十吉比特/秒峰值速率和每平方千米数十太比特/秒的流量密度需求是该场景面临的主要挑战。

（3）低功耗大连接场景，主要面向智慧城市、环境监测、智能农业、森林防火等以传感和数据采集为目标的应用场景，具有小数据包、低功耗、海量连接等特点。这类终端分布范围广、数量众多，不仅要求网络具备超千亿连接的支持能力，满足 100 万/km² 连接数密度指标要求，而且还要保证终端的超低功耗和超低成本。

（4）低时延高可靠场景，主要面向车联网、工业控制等垂直行业的特殊应用需求，这类应用对时延和可靠性具有极高的指标要求，需要为用户提供毫秒级的端到端时延和接近 100% 的业务可靠性保证。

### 8.6.3　5G 的发展与应用

5G 在我国正式商用两年以来，发展动力持续增强、融合应用发展基础坚实。根据中国电信、中国移动和中国联通披露的运营数据，截至 2023 年 1 月，三大运营商 5G 套餐用户总数累计超过 11 亿户。5G 进展如此之快离不开网络基础设施的优化升级。截至 2022 年底，全国移动通信基站总数达 1 083 万个，全年净增 87 万个，其中 5G 基站为 231.2 万个，全年新建 5G 基站 88.7 万个，占移动基站总数的 21.3%，占比较上年末提升 7%，基站总量占全球 60% 以上，每万人拥有 5G 基站数约 16.4 个。另外，在行业投资上，2022 年通信业完成固定资产投资总额为 4 193 亿元，在上年高基数的基础上增长 3.3%，投资进一步向新基建倾斜，其中完成 5G 投资超 1 803 亿元，占比达 43%。

我国在全球率先实现独立组网（standalone，SA）模式的规模部署，三大运营商均已实现 5G 独立组网规模运营。我国运营商及设备商积极参与行业 5G 终端研发，促进 5G 终端和模组在项目中的实践落地。随着 5G 独立组网模式商用的加速，初步形成了以 5G 新型行业终端、行业网络、行业平台、行业解决方案等为主的 5G 融合应用产业支撑体系，为 5G 行业应用带来更多的发展机会。当前，5G 发展竞争焦点从抢占技术产业高地转向 5G 应用，5G 应用已进入规模化发展的关键时期，聚焦重点领域，赋能千行百业，加快推出新产品、新业态、新模式。

根据工信部公布的统计数据：2022 年，智能制造、智慧医疗、智慧教育、数字政务等领域融合应用成果不断涌现，全国投资建设的"5G+ 工业互联网"项目数超 4 000 个，打造了一批 5G 全连接工厂。电信运营企业、设备商、行业龙头应用企业陆续打造了一批面向不同行业的 5G 应用的试点示范，满足行业向数字化、智能化、少人化方向转变的需求，5G 行业应用赋能效果逐步显现。

在工业互联网领域，协同研发设计、远程设备操控、机器视觉质检等典型场景中，5G 应用贯穿研发设计、生产制造、运营管理、产品服务全流程环节，解决了生产线调整过慢、装配流程复杂、物流系统运行易掉线等问题，显著提升了系统柔性，提高了生产制造效率、降低了生产成本。

在智慧电力领域，电力巡检、人工智能辅助操作、配电自动化等典型场景中，5G 应用贯穿"发、输、配、变、用"全流程环节，解决了电力行业传统的输变线路巡检难、工作环境恶劣、配电自动化故障发现不及时、运行监测成本高等问题。

在医疗健康领域，远程诊疗、智能医护机器人、院前急救等典型场景中，5G 应用为助力疫情防控、应急救援和医疗公共服务均等化发挥了重要作用。

在文化旅游领域，文物修复、景区 AR 导览、云演艺等典型场景中，5G 应用拓展了文化产业数字化应用的新空间，丰富了人们的文化生活，创造了新的文旅消费模式，在支撑普惠民生上实现了新突破。

## 8.7　工业互联网

### 8.7.1　工业互联网概述

"工业互联网"（industrial internet）的概念最早由通用电气于 2012 年提出，随后美国五家行业龙头企业联手组建了工业互联网联盟（IIC），将这一概念大力推广开来。除了通用电气这样的制造业巨头，加入该联盟的还有 IBM、思科、

视频8.6：工业互联网概述

英特尔和 AT&T 等信息技术企业。它的本质和核心就是通过开放的、全球化的通信网络平台，把设备、生产线、员工、工厂、仓库、供应商、产品和客户紧密地连接起来，共享工业生产全流程的各种要素资源，使其数字化、网络化、自动化、智能化，从而实现效率提升和成本降低。

目前，我们常提到的工业互联网是指新一代信息通信技术与工业经济深度融合的新型基础设施、应用模式和工业生态，通过对人、机、物、系统等的全面连接，构建起覆盖全产业链、全价值链的全新制造和服务体系，为工业乃至产业数字化、网络化、智能化发展提供实现途径，是第四次工业革命的重要基石。工业互联网三要素包括人、数据和机器。人是指工人、开发者、消费者用户和顾客等；数据是指工业生产、机器等所产生的数据（工业互联网的数据量远大于消费互联网）；机器是指各种生产机器、加工设备、传感器等。

信息基础设施包括以 5G、物联网、工业互联网、卫星互联网为代表的通信网络基础设施，以人工智能、云计算、区块链等为代表的新技术基础设施，以数据中心、智能计算中心为代表的算力基础设施等。融合基础设施包括智能交通基础设施、智慧能源基础设施等。创新基础设施包括重大科技基础设施、科教基础设施、产业技术创新基础设施等（见图 8-8）。

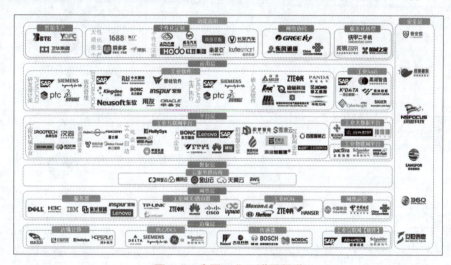

图 8-8　我国工业互联网图谱

回顾工业时代的发展史：工业 1.0 是蒸汽时代；工业 2.0 是电气时代；工业 3.0 是电子信息时代；工业 4.0 的本质是一场基于智能化的产业革命，从此，工业走上了信息化的道路。工业互联网的核心是基于全面互联而形成数据驱动的智慧，网络、数据、安全是工业和互联网两个视角的共性基础和支撑。从工业智慧化发展的角度出发，工业互联网将构建基于网络、数据、安全的三大优化闭环。

（1）面向机器设备运行优化的闭环。其核心是基于对机器操作数据、生产环境数据的实时感知和边缘计算，实现机器设备的动态优化调整，构建智能机器和柔性产线。

（2）面向生产运营优化的闭环。其核心是基于信息系统数据、制造执行系统数据、控制系统数据的集成处理和大数据建模分析，实现生产运营管理的动态优化调整，形成各种场景下的智慧生产模式。

（3）面向企业协同、用户交互与产品服务优化的闭环。其核心是基于供应链数据、用户需求数据、产品服务数据的综合集成与分析，实现企业资源组织和商业活动的创新，形成网络化协同、个性化定制、服务化延伸等新模式。

工业互联网是通过开放的、全球化的通信网络平台，把工厂、设备、生产线、供应链、经销商、员工、产品和客户紧密地连接起来，共享工业生产全流程的各种要素资源，使其网络化、自动化、智能化，最终实现整体数字化，从而实现成本降低和效率提升。

### 8.7.2 工业互联网的行业应用

工业互联网作为全新的工业生态、关键基础设施和新型应用模式，通过新一代信息通信技术建设起连接工业全要素、全产业链网络，实现海量工业数据的实时采集、自由传输、精准分析和智能反馈，从而支撑业务的科学决策、制造资源的高效配置，并推动制造业的转型升级和融合发展。全球各类产业积极布局工业互联网平台，以抢占发展制高点。据国家工信部数据显示，2022年我国工业互联网产业规模预计达1.2万亿元，为经济社会高质量发展提供有力支撑（见图8-9）。

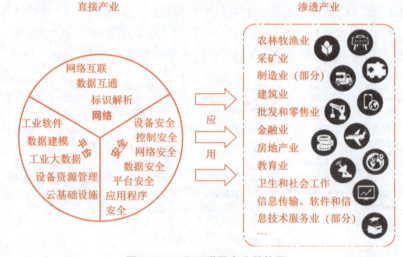

图8-9 工业互联网产业结构图

**1. 钢铁行业**

作为国民经济支柱产业，其制造流程长、工序多，生产分段连续，主要面临生产运营增效难、产能严重过剩、节能绿色低碳压力大、本质安全水平较低等痛点。中国宝武、鞍山钢铁、马钢集团等企业应用工业互联网积极探索生产工艺优化、多工序协同优化、多基地协同、产融结合等典型应用场景。

**2. 工程机械行业**

作为国民经济的重要行业，为建筑、制造、采矿等行业提供生产必需的机械装备和基础工具，具有产品复杂多样、生产过程离散、供应链复杂的特征，同时也面临着生产效率不高、产品运维能力较弱和行业同质化竞争严重等行业痛点。三一重工、徐工集团和中联重科等工程机械龙头企业积极应用工业互联网加快企业数字化步伐。

**3. 家电行业**

具有技术更新速度快、产品研发周期短、产品同质化程度高等特点，当前主要面临个性化需求满足困难、生产精度效率要求高、订单交付周期长、质量管控力度不足、库存周转压力等核心需求痛点。格力、海尔、美的、TCL等轻工家电企业依托工业互联网开展规模化定制、产品设计优化、质量管理、生产监控分析及设备管理等应用探索。

#### 4. 电子信息行业

电子信息行业属于知识、技术密集型产业，产品细分种类多、生产周期短、迭代速度快，对品质管控、标准化操作与规范化管理、市场敏捷化响应等要求较高。中国电子、华为、中兴等通过工业互联网开展设备可视化管理、产品良率提升、库存管理优化、全流程调度优化和多工厂协同等典型应用探索。

#### 5. 采矿行业

采矿行业是采掘、开发自然界能源或将自然资源加工转换为燃料、动力的工业，当前主要面临资源紧缺、安全监管与环保压力大、设备实时监管、精细化管理要求高等痛点。山西潞安新元煤矿、陕煤集团小保当煤矿、山东黄金三山岛金矿、内蒙古白云鄂博稀土矿等采矿企业利用"5G+工业互联网"，开展智能采掘与生产控制、环境监测与安全防护、井下巡检等，把人从危险繁重的工作环境中解放出来，促进了采矿行业绿色、安全生产。

#### 6. 电力行业

电力行业利用"5G+工业互联网"与发、输、变、配、用全环节融合，形成新型控制监测网络，优化流程工艺，大幅减少碳排放，降低了清洁能源并网的不确定性，同时提升电动汽车和微电网等主体的接入能力，降低了上下游企业和用能客户的成本。中国华能、南方电网、国家电网、正泰集团、特变电工等发电侧、电网侧和用电侧企业及机构纷纷开展探索，形成发电侧设备预警与节能增效、电网侧调度优化与全流程集成管控、用电侧服务提质与用电策略优化等典型应用模式，分别实现设备故障提前预测和主动维修、电能量数据可测和用电成本降低。

#### 7. 建筑行业

建筑行业普遍具有项目建设周期长、资金投入大、项目关联方管理复杂、人员流动性强等特点，未来将走向以工业互联网、BIM等技术综合应用支撑下的工业化、智能化、绿色化。中建科工、广联达、三一筑工、北京建谊等企业利用工业互联网，探索数字化协同设计与集成交付、虚实融合的施工协同管理、装配式建筑智能制造等应用，实现建设项目全过程的虚拟执行和优化调整，大幅提升设计效率、施工质量、成本进度控制和安全施工水平。另外，面向建筑本身能耗优化、安全应急和访问控制等需求，部分领先建筑企业通过工业互联网开展能耗管理、资产监测运维、虚拟演练等应用探索，实现智能化安全化运行。

## 8.8 电子商务

### 8.8.1 电子商务概述

电子商务（electronic commerce，EC）是以网络通信技术进行、商品交换为中心的商务活动；也可理解为在互联网、企业内部网和增值网上以电子交易方式进行交易活动和相关服务的活动，是传统商业活动各环节的电子化、网络化、信息化；以互联网为媒介的商业行为均属于电子商务的范畴。它是一种依托现代信息技术和网络技术，集金融电子化、管理信息化、商贸信息网络化为一体，旨在实现物流、资金流与信息流和谐统一的新型贸易方式。电子商务在互联网的基础上，突破传统的时空观念，缩小了生产、流通、分配、消费之间的距离，大大提高了物流、资金流和信息流的有效传输和处理，开辟了世界范围内更为公平、公正、广泛、竞争的大市场，为制造者、销售者和消费者提供了能更好地满足各自需求的极好的机会。

视频8.7：电子商务的概念与发展

电子商务作为数字经济的突出代表，在促消费、保增长、调结构、促转型等方面展现出前所未有的发展潜力，也为大众创业、万众创新提供了广阔的发展空间，成为驱动经济与社会创新发展的重要动力。从古到今，随着生产力的发展，商务的形式及具体内容也在不断地变化。历史上由于技术的进步，使交通工具、运输方式产生变化，货物及服务流通分配渠道产生变化，各部门、单位的相互契约关系等也在变化。

### 8.8.2 电子商务的发展

电子商务最早产生于20世纪60年代，发展于90年代，其产生和发展的重要条件主要是计算机的广泛应用、网络的普及和成熟、信用卡的普及与应用、电子安全交易协议的制定、政府的支持与推动以及网民意识的转变。它的发展经历了三个阶段。

第一阶段（20世纪60年代至90年代），基于EDI的电子商务。EDI（electronic data interchange，电子数据交换）在60年代末期产生于美国，当时的贸易商们在使用计算机处理各类商务文件的时候发现，影响了数据的准确性和工作效率的提高，人们开始尝试在贸易伙伴之间的计算机上使数据能够自动交换，EDI应运而生。它将业务文件按一个公认的标准从一台计算机传输到另一台计算机上去的电子传输方法。由于EDI大大减少了纸张票据，因此，人们也形象地称之为"无纸贸易"或"无纸交易"。多年来，EDI已经演进成了集中不同的技术使用网络的业务活动。

第二阶段（20世纪90年代中期），基于Internet的电子商务。国际互联网迅速走向普及化，逐步从大学、科研机构走向企业和百姓家庭，其功能也从信息共享演变为一种大众化的信息传播工具。信息的访问和交换成本减低，且范围空前扩大。

第三阶段（20世纪90年代中期至今）从1991年起，一直徘徊在互联网之外的商业贸易活动正式进入到这个领域，因此而使电子商务成为互联网应用的最大热点。互联网带来的规模效应降低了业务成本，丰富了企业、商户等的活动多样性，也为小微企业创造了机会，使他们能在平等的技术平台基础上进行竞争。

我国的电子商务发展经历了培育期、创新期及引领期，每个时期都伴随着技术的发展和特定的行业生态，正朝着智能化、场景化以及去中心化的方向发展。电子商务是创新驱动和引领的，它的发展需要准确判断并把握时机，新技术的不断应用将成为产业的主要驱动力。近年来我国电子商务持续快速发展，各种新业态不断涌现，在增强经济发展活力、提高资源配置效率、推动传统产业转型升级、开辟就业创业渠道等方面发挥了重要作用。根据国家商务部发布的《中国电子商务报告（2021）》，2021年全国电子商务交易额达42.3万亿元，同比增长19.6%；网上零售额达13.1万亿元，同比增长14.1%；实物商品网上零售额10.8万亿元，占社会消费品零售总额比重达24.5%；跨境电商进出口额达1.92万亿元，5年增长近10倍。

### 8.8.3 电子商务的定义、优势与分类

#### 1. 电子商务的定义

各国政府、学者及企业界认识根据自己所处的地位、参与的角度和程度不同，对电子商务给出了不同的定义，通常分为广义和狭义两种。

从广义上来讲，电子商务是一种运用电子通信作为手段的经济活动，通过这种方式人们可以对带有经济价值的产品和服务进行宣传、购买和结算等经济活动。这种交易的方式不受地理位置、资金多少或零售渠道的所有权影响，任何企业和个人都能自由地参加广泛的经济活动。电子商

务能使产品在世界范围内交易并向消费者提供多种多样的选择。

从狭义上来讲，所谓电子商务，就是通过计算机网络进行的各项商务活动，包括广告、交易、支付、服务等活动。也就是说，当企业将它的主要业务通过企业内部网(Intranet)、外部网(Extranet)以及互联网（Internet）与客户、供应商直接相连时，其中发生的各种活动就是电子商务。

#### 2. 电子商务的优势

与传统的商务活动方式相比，电子商务具有以下几个比较优势。

（1）电子商务所具有的开放性和全球性的特点。

电子商务使企业可以以相近的成本进入全球电子化市场，使得中小企业有可能拥有和大企业一样的信息资源，提高了中小企业的竞争能力。电子商务一方面破除了时空的壁垒，另一方面提供了丰富的信息资源，为企业创造了更多的贸易机会，为各种社会经济要素的重新组合提供了更多的可能，这将影响到社会的经济布局和结构。

（2）电子商务将传统的商务流程电子化、数字化，节省了潜在开支。

电子商务重新定义了传统的流通模式，减少了中间环节，使得生产者和消费者的直接交易成为可能，从而在一定程度上改变了整个社会经济运行的方式。一方面以电子流代替了实物流，可以大量减少人力、物力，从而降低了成本；另一方面突破了时间和空间的限制，使得交易活动可以在任何时间、任何地点进行，从而大大提高了效率。

（3）电子商务具备更多互动性。

通过互联网，商家之间可以直接交流、谈判、签合同，消费者也可以把自己的反馈建议反映到企业或商家的网站，而企业或者商家则要根据消费者的反馈及时调查产品种类及服务品质，做到良性互动。同时使商户能及时得到市场反馈，改进本身的工作，企业间的合作也得到了加强，决策者能够通过准确、及时的信息获得高价值的商业情报，辨别隐藏的商业关系，把握未来的趋势，做出更有创造性、更具战略性的决策，增强企业竞争力。

#### 3. 电子商务的类型

电子商务按照参与经营模式或经营方式、交易涉及的对象、交易所涉及的商品内容、进行交易的企业所使用的网络类型等可分为不同的类型。

（1）按照商业活动的运行方式，电子商务可以分为完全电子商务和非完全电子商务。

（2）按照商务活动的内容，电子商务主要包括间接电子商务和直接电子商务。

① 间接电子商务：有形货物的电子订货和付款，仍然需要利用传统渠道如邮政服务和商业快递车送货，如鲜花、书籍、食品、汽车等，交易的商品需要通过传统的渠道如邮政业的服务和商业快递服务来完成送货。因此，间接电子商务要依靠送货的运输系统等外部因素。

② 直接电子商务：无形货物和服务，如某些计算机软件、娱乐内容产品的联机订购、付款和交付，或者是全球规模的信息服务。直接电子商务能使双方越过地理界线直接进行交易，充分挖掘全球市场的潜力。

（3）按照开展电子交易的范围，电子商务可以分为区域化电子商务、远程国内电子商务、全球电子商务。

（4）按照使用网络的类型，电子商务可以分为基于专门增值网络（EDI）的电子商务、基于互联网的电子商务、基于 Intranet 的电子商务。

EDI 是按照一个公认的标准和协议，将商务活动中涉及的文件标准化和格式化，通过计算机网络，在贸易伙伴的计算机网络系统之间进行数据交换和自动处理。EDI 主要应用于企业与企业、企业与批发商、批发商与零售商之间的批发业务。

Internet 指利用连通全球的网络开展的电子商务活动。Internet 上可以进行各种形式的电子商务业务，这种方式所涉及的领域广泛，全世界各个企业和个人都可以参与，所以当前正以飞快的速度在发展，其前景十分广阔，是目前电子商务的主要形式。

内联网（Intranet）指在一个大型企业的内部或一个行业内开展的电子商务活动，通过这种形式形成一个商务活动链，这样可以大大提高工作效率和降低业务的成本。

（5）按照交易对象，电子商务可以分为企业对企业的电子商务（B2B），企业对消费者的电子商务（B2C），企业对政府的电子商务（B2G），消费者对政府机构的电子商务（C2G），消费者对企业的电子商务（C2B）、消费者对消费者的电子商务（C2C），企业、消费者、代理商三者相互转化的电子商务（ABC），以消费者为中心的全新商业模式（C2B2S），以供需方为目标的新型电子商务（P2D）。

电子商务的跨界属性日益增强，随着线上服务、线下体验与现代物流的深度融合，也创造出更丰富的应用场景，正在驱动新一轮电子商务产业创新。人工智能、大数据等新技术的应用催生营销模式不断创新，缩短了消费者与商品服务的距离，提升用户体验并促成更多交易。目前，无人超市、无感支付、智能零售等数字化新业态推动着电子商务日趋智能化、多场景方向发展。电子商务创新升级不断加速，为新一代信息技术应用提供了丰富的场景。2019 年以来，我国成为全球最大专利申请来源国，5G、区块链、人工智能等领域专利申请量位居全球第一。电子商务市场主体更优更强，中国电子商务企业占据 2020 年电子商务企业全球市值前 5 名中的 4 席。电子商务成为产业数字化转型的重要驱动力，推动智能制造、传统零售转型、服务业线上线下融合成效显著，线上线下相互依托、融合发展成为新常态。

## 8.9 多媒体技术

### 8.9.1 多媒体技术概述

多媒体技术几乎涉及与信息技术相关的各个领域，它大体上可分为三个方面：多媒体基本技术、多媒体系统的构成与实现技术，以及多媒体的创作与表现技术。其中多媒体基本技术主要研究多媒体信息的获取、存储、处理、传输、压缩/解压缩等内容；多媒体系统的构成与实现技术主要研究和多媒体技术相关的计算机硬件系统集成；多媒体的创作与表现技术则主要研究多媒体应用软件开发和多媒体应用设计等内容。

计算机多媒体中的"媒体"是指存储信息的物理实体，如磁盘、光盘等。信息的表现形式或传播信息的载体，包括语言、文字、图像、视频、音频等。在计算机系统中，多媒体是指组合两种或两种以上媒体的一种人机交互式信息交流和传播媒体。多媒体技术是指运用计算机综合处理多媒体信息的技术，包括将多种信息建立逻辑连接，进而集成一个具有交互性的系统等。它是一种基于计算机的综合技术，包括数字化信息的处理技术、音频和视频技术、计算机硬件和软件技术、人工智能和模式识别技术、通信和图像技术等，是一门跨学科的综合技术。

媒体是指人们用于传播和表示各种信息的手段。通常分为五种：

（1）感觉媒体：是指能直接作用于人们的感觉器官，从而能使人产生直接感觉的媒体，如语言、声音、图像、动画、文本等。

（2）表示媒体：是指为了传送感觉媒体而人为研究出来的媒体，如文本编码、条形码等。

（3）显示媒体：是指为信息输入/输出的媒体，用于电信号和感觉媒体之间产生转换，如键盘、鼠标、显示器、打印机等。

（4）存储媒体：是指用于存储表示媒体的物理介质，如硬盘、光盘、胶卷等。

（5）传输媒体：是指传输表示媒体的物理介质，如电缆、光缆等。

通常人们学习和使用的多媒体技术主要是感觉媒体。媒体在计算机领域有两层含义：一是指用以存储信息的实体，如磁带、磁盘、光盘等；二是信息的载体，如数字、文字、图像、声音、动画和视频等。计算机多媒体技术中的多媒体指后者。

多媒体技术的主要特征如下：

（1）多样性：指媒体种类及其处理技术的多样化。

（2）集成性：主要表现为多种信息媒体的集成和处理这些媒体的软硬件技术的集成。信息媒体的集成，即将各种不同的媒体信息有机地同步，集成为一个完整、协调的多媒体信息；软硬件技术的集成表现为各种不同的显示或表现媒体设备的集成。

（3）交互性：为用户提供有效控制和使用信息的手段，它增加了用户对信息的理解，延长信息保留的时间。多媒体计算机除了可以播放各种媒体信息外，还可以与使用者进行信息交换。

（4）实时性：由于声音、动态图像（视频）随时间变化，所以多媒体技术必须要支持实时处理。声音和活动视频图像的实时同步处理，使声音和图像在播放时不出现停滞。

（5）数字化：处理多媒体信息的关键设备是计算机，所以要求不同媒体形式的信息都要进行数字化。

### 8.9.2 多媒体相关技术

多媒体的相关技术包含以下各方面。

#### 1. 多媒体信息存储技术

数字化数据存储的介质有硬盘、光盘和磁带等，多媒体存储技术主要是指光存储技术。光存储技术发展很快，特别是近年来，近代光学、微电子技术、光电子技术及材料科学的发展，为光学存储技术的成熟及工业化生产创造了条件。光存储设备以其存储容量大、工作稳定、密度高、寿命长、介质可换、便于携带、价格低廉等优点，成为多媒体系统普遍使用的设备。

#### 2. 多媒体数据压缩/解压缩技术

多媒体计算机（multimedia personal computer，MPC）需要解决的关键问题之一是使计算机能实时地综合处理声音、文字、图像等多媒体信息。由于数字化的图像、声音等媒体数据量非常大，致使目前流行的计算机产品，特别是个人计算机上开展多媒体应用难以实现。例如，未经压缩的视频图像处理时数据量约为 28 MB/s，播放 1 min 立体声音乐也需要 100 MB 存储空间。视频与音频信号不仅需要较大的存储空间，还要求传输速度快，这对目前的微机来说几乎无法胜任。因此，必须对多媒体数据进行压缩和解压缩。压缩技术能够节省存储空间，提高通信介质的传输效率，使计算机实时处理和播放视频、音频信息成为可能。

#### 3. 大规模集成电路（very large scale integration，VLSI）多媒体专用芯片技术

多媒体计算机技术是一门涉及多项基本技术综合一体化的高新技术，特别是视频信号和音频信号数据实时压缩和解压缩处理需要进行大量复杂计算。高昂的成本将使多媒体技术无法推广。由于 VLSI 技术的进步使得生产低廉的数字信号处理器（digital signal processor，DSP）芯片成为可能。VLSI 技术为多媒体的普遍应用创造了条件，因此，VLSI 多媒体专用芯片是多媒体技术发展的核心技术。就处理事务来说，多媒体计算机需要快速、实时完成视频和音频信息的压缩和解压缩、图像的特技效果、图形处理、语音信息处理等。上述任务的圆满完成必须采用专用芯片。

#### 4. 多媒体网络与通信技术

多媒体通信技术支持是保证多媒体通信实施的条件。多媒体通信要求系统能够综合地传输、交换各种类型的多媒体信息，而不同的信息呈现出不同的特征。比如，语音和视频有较强的实时性要求，它允许出现部分信号失真，但不能容忍任何延迟；而对于文本、数字来说，则可容忍延迟，却不能有错，因为即使是一个字节的错误都可能改变数据的意义。传统的通信方式各有优点，又各有局限，不能满足多媒体通信的要求。多媒体通信网络为多媒体应用系统提供多媒体通信手段。多媒体网络系统就是将多个多媒体计算机连接起来，以实现共享多媒体数据和多媒体通信的计算机网络系统。多媒体网络必须有较高的数据传输速率或较宽的信道带宽，以确保高速实时地传输大容量的文本、图形、图像、音频和视频等多媒体数据。

#### 5. 多媒体软件技术

随着硬件的进步，多媒体软件技术也在快速发展。从操作系统、编辑创作软件，到更加复杂的专用软件，产生了一大批多媒体软件系统。特别是在 Internet 发展的大潮之中，多媒体的软件更是得到很大的发展。

多媒体操作系统是多媒体操作的基本环境。一个系统是多媒体的，其操作系统必须首先是多媒体化的。将计算机的操作系统转变成能够处理多媒体信息，并不是增加几个多媒体设备驱动接口那么简单。其中基于时间媒体的处理是关键的环节。对连续性媒体来说，多媒体操作系统必须支持时间上的时限要求，支持对系统资源的合理分配，支持对多媒体设备的管理和处理，支持大范围的系统管理，支持应用对系统提出的复杂的信息连接的要求。多媒体的素材采集和制作技术包括文本、图形图像、动画等素材的通用软件工具和制作平台的开发和使用、音频和视频信号的抓取和播放、音视频信号的混合和同步、数字信号的处理、显示器和电视信号的相互转换及相应媒体采集和处理软件的使用问题。

多媒体创作工具或编辑软件是多媒体系统软件的最高层次。多媒体创作工具应当具有操纵多媒体信息，进行全屏幕动态综合处理的能力，支持应用开发人员创作多媒体应用软件。

#### 6. 超文本与超媒体技术

超文本（hypertext）技术产生于多媒体技术之前，随着多媒体技术的发展而大放异彩。超文本适合于表达多媒体信息。超文本是一种新颖的文本信息管理技术，是一种典型的数据库技术。它是一个非线性结构，以结点为单位组织信息，在结点与结点之间通过表示它们之间关系的链，加以连接构成表达特定内容的信息网络，用户可以有选择地查阅感兴趣的文本，超文本组织信息的方式与人类的联想记忆方式有相似之处，从而可以更有效地表达和处理信息。如果这种表达信息方式不仅是文本，还包括图像、声音等形式，则称为超媒体系统。

#### 7. 虚拟现实技术（virtual reality，VR）

虚拟现实技术是一种可以创建和体验虚拟世界的计算机仿真系统，它利用计算机生成一种模拟环境，使用户沉浸到该环境中，是一种多源信息融合的、交互式的三维动态视景和实体行为的系统仿真。它的多种应用虚拟现实技术在影视游戏娱乐、教育、设计、军事、航空航天等领域中广泛应用。

虚拟现实利用计算机生成一种模拟环境，通过多种传感设备，使人能够沉浸在计算机生成的虚拟境界中，并能够通过语言、手势等自然的方式与之进行实时交互，创建了一种适人化的多维信息空间。虚拟现实技术是利用计算机技术生成一个具有逼真的视觉、听觉、触觉及嗅觉等的感觉世界，通过多种传感设备使用户"投入"到该模拟环境中，在用户与该模拟环境之间直接实现自然交互的技术，如图 8-10 和图 8-11 所示。可以说，"投入"是虚拟现实的本质。这里所谓的"模拟环境"一般是指用计算机生成的有立体感的图形，它可以是某一特定环境的表现，也可以是纯粹的构想的世界。虚拟现实中常用的传感设备包括穿戴在人体上的装置，如立体头盔、数据手套、数据衣等，也包括放置在现实环境中的传感装置。

图 8-10　模拟飞行驾驶

图 8-11　虚拟教学

### 8. 增强现实技术（augmented reality，AR）

增强现实技术是一种将虚拟信息与真实世界巧妙融合的技术，广泛运用了多媒体、三维建模、实时跟踪及注册、智能交互、传感等多种技术手段，将计算机生成的文字、图像、三维模型、音乐、视频等虚拟信息模拟仿真后，应用到真实世界中，两种信息互为补充，从而实现对真实世界的"增强"。AR 是促使真实世界信息和虚拟世界信息内容之间综合在一起的较新的技术内容，其将原本在现实世界的空间范围中比较难以进行体验的实体信息在计算机等科学技术的基础上，实施模拟仿真处理，将虚拟信息内容叠加在真实世界中，并且能够被人类感官所感知，从而实现超越现实的感官体验。真实环境和虚拟物体之间重叠之后，能够在同一个画面以及空间中同时存在。

AR 技术已经有了广泛的应用，能够以更具互动性的方式改变教学方式，通过将交互式 3D 模型投射在 AR 中，可以把抽象的概念和物体一步步拆分，让学习者有最直观的感受。健康医疗也是 AR 应用的主要领域之一，而且 AR 在医学上的应用案例越来越多，在教育培训、病患分析、手术治疗等方面都有成功的应用。

### 9. 混合现实技术（mixed reality，MR）

混合现实技术是虚拟现实技术的进一步发展，通过在现实场景呈现虚拟场景信息，在现实世界、虚拟世界和用户之间搭起一个交互反馈的信息回路，以增强用户体验的真实感。混合现实的实现需要一个能与现实世界各事物相互交互的环境。

VR 是纯虚拟数字画面，AR 是虚拟数字画面加上裸眼现实，MR 是数字化现实加上虚拟数字画面，如图 8-12 所示。从概念上来说，MR 与 AR 更为接近，都是一半现实一半虚拟影像，但传统 AR 技术运用棱镜光学原理折射现实影像，视角不如 VR 视角大，清晰度也会受到影响。MR 技术结合了 VR 与 AR 的优势，能够更好地将 AR 技术体现出来。如果一切事物都是虚拟的那就是 VR 技术；如果展现出来的虚拟信息只能简单叠加在现实事物上，那就是 AR 技术；而 MR 的关键点则是与现实世界进行交互和信息的及时获取。

(a) VR　　　　　　　　　(b) AR　　　　　　　　　(c) MR

图 8-12　VR、AR 与 MR 技术

**10. 图像处理**

近年来，随着计算机硬件技术的飞速发展和更新，使得计算机处理图形图像的能力大大增强。以前要用大型图形工作站来运行的图形应用软件，或是特殊文件格式的生成及对图形所作的各种复杂的处理和转换。如今，很普遍的家用计算机就完全可以胜任，还可以使用 Photoshop、3D Max 等软件做出精美的图片或是逼真的三维图像和动画。具体来说，图像处理技术包括图形图像获取、存储、显示和处理。获取图形图像的方式有很多种。图形图像文件的存储有很多格式（如 BMP、GIF、JPG、EPS、PNG 等）。图形图像的显示原理同呈现图形图像的主要设备有关。图形图像的处理技术是多媒体技术的关键，它决定了多媒体在众多领域中应用的成效和影响。

计算机存储和处理的图形与图像信息都是数字化的，因此，无论以什么方式来获取图形图像信息，最终都要转换为二进制数代码表示的离散数据的集合，即数字图像信息。图像也称点阵图像或位图图像，它是由许多单独的小方块组成的，这些小方块又称像素点。每个像素点都有特定的位置和颜色值。像素是构成位图图像的基本单元，而分辨率决定了位图图像细节的精细程度。图像处理技术是用计算机对图像信息进行处理的技术，主要包括图像数字化、图像增强和复原、图像数据编码、图像分割和图像识别等。

图形处理技术包括二维平面和三维空间图形处理技术两种。具体处理技术有平移、旋转、缩放、透视、投影等几何变换；配色、阴暗处理、纹理处理、隐面消除等。图像的处理包括图像变换、图像增强、复原、合成、重建，图像的分割、识别、编码压缩等。

（1）图像处理技术——图像增强。图像增强的目的是改善图像的视觉效果，它是各种技术的汇集，应用十分广泛，如指纹、虹膜、人脸等生物特征的增强处理，对有雾图像、夜视红外图像、交通事故的分析等。图像增强不考虑图像降质的原因，突出图像中所感兴趣的部分。如强化图像高频分量，可使图像中物体轮廓清晰，细节明显；强化低频分量可减少图像中噪声影响。

（2）图像处理技术——图像复原。图像恢复的目的是力求图像保持本来面目，用来纠正图像在形成、传输、存储、记录和显示过程中产生的变质和失真。图像增强和复原的目的都是提高图像的质量，如去除噪声、提高图像的清晰度等。图像复原要求对图像降质的原因有一定的了解，一般讲应根据降质过程建立"降质模型"，再采用某种滤波方法，恢复或重建原来的图像。

（3）图像处理技术——图像分割。图像分割是数字图像处理中的关键技术之一，它是由图像处理到图像分析的关键步骤。图像分割是数字图像处理中的关键技术之一。图像分割是将图像中有意义的特征部分提取出来，其有意义的特征有图像中的边缘、区域等，这是进一步进行图像识别、分析和理解的基础。虽然目前已研究出不少边缘提取、区域分割的方法，但还没有一种普遍适用于各种图像的有效方法。因此，对图像分割的研究还在不断深入之中，是目前图像处理中研究的热点之一。

（4）图像处理技术——图像识别。图像识别技术是人工智能的一个重要领域，也称模式识别，就是对图像进行特征抽取，然后根据图形的几何及纹理特征对图像进行分类，并对整个图像作结构上的分析。图像描述是图像识别和理解的必要前提。作为最简单的二值图像可采用其几何特性描述物体的特性，一般图像的描述方法采用二维形状描述，它有边界描述和区域描述两类方法。对于特殊的纹理图像可采用二维纹理特征描述。随着图像处理研究的深入发展，已经开始进行三维物体描述的研究，提出了体积描述、表面描述、广义圆柱体描述等方法。

图像识别属于模式识别的范畴，其主要内容是图像经过某些预处理（增强、复原、压缩）后，进行图像分割和特征提取，从而进行判决分类。图像分类常采用经典的模式识别方法，有统计模式分类和句法（结构）模式分类，近年来新发展起来的模糊模式识别和人工神经网络模式分类在图像识别中也越来越受到重视。图像识别的应用范围极其广泛，如工业自动控制系统、人脸及指纹识别系统以及医学上的癌细胞识别等。

（5）图像处理技术——图像编码。图像编码的目的是解决数字图像占用空间大，特别是在进行数字传输时占用频带太宽的问题。图像编码的核心技术是图像压缩。对那些实在无法承受的负载，只好利用数据压缩使图像数据达到有关设备能够承受的水平。图像编码压缩技术可减少描述图像的数据量（即比特数），以便节省图像传输、处理时间和减少所占用的存储器容量。压缩可以在不失真的前提下获得，也可以在允许的失真条件下进行。编码是压缩技术中最重要的方法，它在图像处理技术中是发展最早且比较成熟的技术。评价图像压缩技术要考虑三个方面的因素：压缩比、算法的复杂程度和重现精度。

常见的图像处理软件有 Adobe Photoshop、Adobe Illustrator 和 ACDSee 等。

Photoshop 是 Adobe 公司的产品，它是一款图像处理软件，在图形图像处理领域拥有毋庸置疑的权威。无论是平面广告设计、室内装潢，还是处理个人照片，Photoshop 都已经成为不可或缺的工具。随着近年来个人计算机的普及，使用 Photoshop 的家庭用户也多了起来。到目前 Photoshop 已经发展成为家庭计算机的必装软件之一。从功能上看，Photoshop 可分为图像编辑、图像合成、校色调色及功能色效制作部分等。图像编辑是图像处理的基础，可以对图像进行各种变换如放大、缩小、旋转、倾斜、镜像、透视等，也可进行复制、去除斑点、修补、修饰图像的残损等。

Illustrator 同样出自 Adobe 公司，是一种应用于出版、多媒体和在线图像的工业标准矢量插画的软件。该软件主要应用于印刷出版、海报书籍排版、专业插画、多媒体图像处理和互联网页面的制作等，也可以为线稿提供较高的精度和控制，适合生产任何小型设计到大型的复杂项目。作为全球最著名的矢量图形软件，它以其强大的功能和体贴用户的界面，已经占据了全球矢量编辑软件中的大部分份额。

ACDSystems 是全球图像管理和技术图像软件的先驱公司，提供 ACD 品牌家族的各类产品，产品名称以 ACDSee 和 Canvas 开头。ACDSee 作为共享软件已迅速占领全球网络，全球拥有超过 2 500 万的用户。ACDSee 提供了许多影像编辑的功能，包括数种影像格式的转换、简单的影像编辑、复制至剪贴簿、旋转或修剪影像、设定桌面，并且可以从数码相机输入影像。

## 11. 音频处理

音频是多媒体技术中媒体的一种，由于音频信号是一种连续变化的模拟信号，而计算机只能处理和记录二进制的数字信号。因此，音频信号必须经过一定的变化和处理，变成二进制数据（0、1 的形式）后才能送到计算机进行编辑和存储。计算机数据的存储是以 0、1 的形式存取的，那么数字音频就是首先将音频文件转化，接着再将这些电平信号转化成二进制数据保存，播放的时候就把这些数据转换为模拟的电平信号再送到喇叭播出，数字声音和一般磁带、广播、电视中的声音就存储播放方式而言有着本质区别。相比而言，它具有存储方便、存储成本低廉、存储和传输的过程中没有声音的失真、编辑和处理非常方便等特点。

音频处理包括前处理技术，是声音没有进入传输、没有存储之前的处理。音频前处理目的，就是让声音的存储、传输效率更高，识别率更好。声音的"听到"主要依托的是麦克风。主要形式为单个麦克风或麦克风阵列（多个麦克风按照一定规则排列，在特定空间对声音进行获取和处理）。麦克风阵列技术，从字面上，指的是麦克风的排列。也就是说，由一定数目的声学传感器（一般是麦克风）组成，用来对声场的空间特性进行采样并处理的系统。声音的物理形式是声波，图像的物理形式是二维或三维空间中连续变化的光和色彩组成的。它们都属于模拟信息。这些信息是关于时间的连续函数。声音信号数字化过程包括采样、量化和编码。

音频处理的方法主要包括音频降噪、自动增益控制、回声抑制、静音检测和生成舒适噪声，主要的应用场景是音视频通话领域。音频压缩包括各种音频编码标准，涵盖 ITU 制定的电信领域音频压缩标准（G.7xx 系列）和微软、Google、苹果、杜比等公司制定的互联网领域的音频压缩标准。

（1）音频处理——音频编码压缩技术。音频压缩技术指的是对原始数字音频信号流（PCM 编码）运用适当的数字信号处理技术，在不损失有用信息量，或所引入损失可忽略的条件下，降低（压缩）其码率，也称压缩编码。它必须具有相应的逆变换，称为解压缩或解码。音频信号在通过一个编解码系统后可能引入大量的噪声和一定的失真。

在音频压缩领域，有两种压缩方式，分别是有损压缩和无损压缩。有损压缩就是降低音频采样频率与比特率，输出的音频文件会比原文件小。另一种音频压缩被称为无损压缩。无损压缩能够在 100% 保存原文件所有数据的前提下，将音频文件的体积压缩得更小，而将压缩后的音频文件还原后，能够实现与源文件相同的大小、相同的码率。有损压缩格式有 MP3、RMVB、WMA、WMV，而常见的、主流的无损压缩格式只有 APE、FLAC。

（2）音频处理技术——语音识别技术。语音识别技术也称自动语音识别（ASR），其目标是将人类的语音中的词汇内容转换为计算机的输入。一个完整的基于统计的语音识别系统可大致分为三部分：语音信号预处理与特征提取、声学模型与模式匹配和语言模型与语言处理。

语音识别技术的应用包括语音拨号、语音导航、室内设备控制、语音文档检索、简单的听写数据录入等。语音识别技术与其他自然语言处理技术如机器翻译及语音合成技术相结合，可以构建出更加复杂的应用，如语音到语音的翻译。其技术所涉及的领域包括信号处理、模式识别、概率论和信息论、发声机理和听觉机理、人工智能等。语音识别是一门交叉学科，语音识别正逐步成为信息技术中人机接口的关键技术，语音识别技术与语音合成技术结合使人们能够甩掉键盘，通过语音命令进行操作。语音技术的应用已经成为一个具有竞争性的新兴高技术产业。

常见的音频处理软件有 Adobe Audition，是 Syntrillum 出品的多音轨编辑工具，支持 128 条音轨、多种音频格式、多种音频特效，可以很方便地对音频文件进行修改、合并。

#### 12. 视频处理

视频携带的信息量大、精细、准确，被人们用来传递消息、情感等，它同时作用于人的视觉与听觉器官，是人类最熟悉的传递信息的方式。它是由一连串的图像（帧）构成并伴随有同步的声音，每一个帧其实可以想象为一个静态影像，当一个个帧以一定的速度在人眼前连续播放时，由于人眼存在"视觉滞留效应",就形成了动态影像的效果。视频处理技术无论是在目前或未来,都是多媒体应用的一个核心技术。音频、视频处理技术涵盖了很多内容,如音频信息的采集、抽样、量化、压缩、编码、解码、编辑、语音识别、播放、视频信息的获取、数字化、实时处理、显示等。

视频就其本质而言,就是其内容随着时间变化的一组动态图像,视频帧播放的速率为每秒25或30帧,所以视频又称运动图像或活动图像。PLA制式视频通常标准为25帧/秒;NTSC制式通常是30帧/秒。生活中VCD、DVD的压缩标准遵循MPEG标准。

视频信号的数字化过程与音频信号的数字化原理是一样的,它也要通过采集、量化、编码等必经步骤。但由于视频信号本身的复杂性,它在数字化的过程又同音频信号有一些差别。例如,视频信息的扫描过程中要充分考虑视频信号的采样结构、色彩、亮度的采样频率等。

目前,市场上主流的视频图像处理技术包括智能分析处理、视频透雾增透技术、宽动态处理、超分辨率处理。

(1)视频图像处理技术——智能分析处理技术。智能视频分析技术是解决视频监控领域大数据筛选、检索技术问题的重要手段。

目前国内智能分析技术可以分为两大类:一类是通过前景提取等方法对画面中的物体的移动进行检测,通过设定规则来区分不同的行为,如物品遗留、周界等;另一类是利用模式识别技术对画面中所需要监控的物体进行针对性的建模,从而达到对视频中的特定物体进行检测及相关应用,如车辆检测、人流统计、人脸检测等应用。

(2)视频图像处理技术——视频透雾增透技术。视频透雾增透技术一般指将因雾和水气灰尘等导致朦胧不清的图像变得清晰,强调图像当中某些感兴趣的特征,抑制不感兴趣的特征,使得图像的质量改善,信息量更加丰富。由于雾霾天气以及雨雪、强光、暗光等恶劣条件导致视频监控图像的图像对比度差、分辨率低、图像模糊、特征无法辨识等问题,增透处理后的图像可为图像的下一步应用提供良好的条件。

(3)视频图像处理技术——数字图像宽度动态的算法。数字图像处理中宽动态的范围是一个基本特征,在图像和视觉恢复中占据了重要的位置,关系着最终图像的成像质量。

目前图像的宽动态范围在视频监控、医疗影像等领域应用较为广泛。

(4)视频图像处理技术——超分辨率重建技术。提高图像分辨率最直接的办法就是提高采集设备的传感器密度。然而高密度的图像传感器的价格相对较高,在一般应用中难以承受;另一方面,由于成像系统受其传感器阵列密度的限制,目前已接近极限。

解决这一问题的有效途径是采用基于信号处理的软件方法对图像的空间分辨率进行提高,即超分辨率(super-resolution,SR)图像重建,其核心思想是用时间带宽(获取同一场景的多帧图像序列)换取空间分辨率,实现时间分辨率向空间分辨率的转换,使得重建图像的视觉效果超过任何一帧低分辨率图像。

当下流行的手机视频软件提供了视频编辑的诸多基本功能,如剪辑视频、动态字幕、海量模板、格式转换、压缩视频、视频倒放、相册影集、抠图换景等。常见的专业性视频处理软件包括会声会影和Adobe Premiere等。

会声会影是加拿大Corel公司制作的一款视频编辑软件,具有图像抓取和编修功能,可以抓取、转换MV、DV、V8、TV和实时记录抓取画面文件,并提供有超过100多种的编制功能与效果,可导出多种常见的视频格式。

Adobe Premiere是一款常用的视频编辑软件通常用于剪辑视频。Premiere是视频编辑爱好者和专业人士常用的视频编辑工具,提供了采集、剪辑、调色、美化音频、字幕添加、输出、DVD 刻录的一整套流程,并可以和其他 Adobe 软件高效集成。

### 13. 动画处理

动画是活动的画面,实质是一幅幅静态图像(帧)的连续播放。动画的连续播放既指时间上的连续,也指图像内容上的连续。帧动画是由一幅幅位图组成的连续的画面,如电影胶片或视频画面一样要分别设计每个屏幕显示的画面。动画制作分为二维动画与三维动画技术,如 Flash 动画就属于二维动画;具备真人实景立体感的当属三维动画,包括很多日常见到的动画制作大片、游戏、建筑动画等都要运用三维动画技术。动画制作的流程包括角色设计、背景设计、色彩设计、分镜图、构图、配音、效果音合成等。动画制作应用的范围不仅仅是动画片制作,还包括影视后期、广告等方面。

(1)动画处理技术——借助人工智能(AI)。目前阶段,AI 主要被用于创造性较小、需要大量劳动力的环节。该技术主要应对动画制作过程中的"中割"和"原画临描"两大环节。"中割"与"原画临描"属于在动画制作过程中属于让画面"动"起来的工作,往往需要大量的动画师花费不少时间去一张一张完成,但技术含量相对于原画等其他环节较低。有了 AI 的辅助之后,动画师只需要完成部分轮廓和剪影的设计,计算机就可以自动生成细化的画面,之后输入黑白的线稿就可以涂画大体的颜色,最后画师只需要做一些细微的调整。自动内容生产技术(automatic generated content,AGC)的引入将释放大量轻创作劳动,借助计算机视觉等 AI 技术减少动画制作时所需的人物力高消耗。

目前机器生产视频在文化和媒体行业中的应用已十分广泛,AI 影像自动化生产作为多媒体视频内容表达和互动创作分发的核心生产力,在智能视频编辑、影视轻工业、视频信息可视化等方面发挥重要作用,未来在 5G 等新技术的进一步加持下,AI 技术也将为自动化生产在内容、渠道以及效率方面带来更多值得期待的可能性。

(2)动画处理技术——计算机三维技术。从最近几年三维动画作品来看,使用 3D 技术表现出 2D 动画的细腻质感,已经成为一种流行趋势。三维动画是新兴行业,也可称为 CG 行业(国际上习惯将利用计算机技术进行视觉设计和生产的领域通称为 CG,即 computer graphics),是计算机美术的一个分支,建立在动画艺术和计算机软硬件技术发展的基础上而形成的相对独立的艺术形式。近年来随着三维动画制作需求越来越多,三维动画已经走进人们的生活中,被各行各业广泛运用。

三维动画制作技术应用于虚拟现实场景仿真设计,主要包含模拟真实仿真环境,感知传感技术的集合,由计算机三维动画制作技术来完成实时动态三维立体动画逼真效果。通过计算机感知技术处理参与者对视觉效果的反应,是三维动画制作技术中的一种交换功能应用。

1995 年,由迪士尼发行的《玩具总动员》上映,这部纯三维制作的动画片取得了巨大的成功。三维动画迅速取代传统动画成为最卖座的动画片种。迪士尼公司在其后发行的《玩具总动员 2》《恐龙》《怪物公司》《虫虫特工队》都取得了巨大成功。到现在,已经有多部采用"三渲二"技术制作的动画作品获得了强烈的市场反响。国产三维动画代表作有《秦时明月》《大圣归来》《哪吒之魔童降世》等。现今三维动画的运用可以说无处不在,如网页、建筑效果图、建筑浏览、影视片头、MTV、电视栏目、电影、科研、计算机游戏。

常见的 2D 动画制作软件包括 ANIMO、RETAS PRO、Usanimation 及 Adobe After Effects 等。

ANIMO 二维卡通动画制作系统是世界上最受欢迎的、使用最广的二维动画系统之一。大约有 50 多个国家里的 300 多个动画工作室使用。

RETAS PRO（revolutionary engineering total animation system）是日本 Celsys 株式会社开发的一套应用于普通 PC 和苹果机的专业二维动画制作系统。它替代了传统动画制作中描线、上色、制作摄影表、特效处理、拍摄合成的全部过程，可广泛应用于电影、电视、游戏、光盘等多种领域。

Usanimation 支持 Flash 格式及多种生成格式，能够支持互动式的即时播放、多层次三维镜头规划、自动扫描等功能。其上色系统（包括阴影色、特效和高光的上色）快，且可保持笔触及图像质量。

Adobe After Effects 适用于从事设计和视频特技的机构，包括电视台、动画制作公司、个人后期制作工作室以及多媒体工作室。属于层类型的 2D 和 3D 后期合成软件，包含了上百种特效及预置动画效果，适用于影像合成、动画、视觉效果、非线性编辑、设计动画样稿、多媒体和网页动画方面。

3D 的动画制作软件包括 3D Max、Maya、LightWave。

Autodesk Maya 是美国 Autodesk 公司出品的三维动画软件，应用对象是专业的影视广告、角色动画、电影特技等。Maya 功能完善，工作灵活，易学易用，制作效率极高，渲染真实感极强，是电影级别的高端制作软件。Maya 集成了 Alias、Wavefront 等先进的动画及数字效果技术。它不仅包括一般三维和视觉效果制作的功能，而且可与先进的建模、数字化布料模拟、毛发渲染、运动匹配技术相结合。Maya 可在 Windows NT 与 SGI IRIX 操作系统上运行。

LightWave 是一个具有悠久历史和众多成功案例的为数不多的重量级 3D 软件之一。由美国 NewTek 公司开发的 LightWave3D 是一款高性价比的三维动画制作软件，它的功能强大，被广泛应用于电影、电视、游戏、网页、广告、印刷、动画等各领域。它的操作简便，易学易用，在生物建模和角色动画方面功能异常强大；基于光线跟踪、光能传递等技术的渲染模块，它的渲染品质几尽完美。它因其优异性能备受影视特效制作公司和游戏开发商的青睐。

多媒体技术是当今信息技术领域发展最快、最活跃的技术之一，是新一代电子技术发展和竞争的焦点。从问世起即引起人们的广泛关注，并迅速由科学研究走向应用、走向市场，其应用领域遍及人类社会的各个方面。未来，高速宽带网络和 5G 技术的大规模商用，网络带宽增长、时延和自费下降，互动直播、在线教育及视频会议的体验将进一步提升。远程交互、视频游戏以及虚拟现实技术等都是视频信息在人类社会中的重要应用。移动视频行业委员会预测显示，至 2028 年 5G 流量的 90% 将来自视频，增强型视频（VR、AR、AGC）将是 5G 的第二大用例类型。

# 参考文献

[1] 溪利亚, 刘智珺, 苏莹, 等. 计算机网络教程 [M]. 3 版. 北京: 清华大学出版社, 2023.

[2] 黄林国, 汪国华, 娄淑敏, 等. 网络安全技术 [M]. 北京: 清华大学出版社, 2022.

[3] 马利, 姚永雷, 苏健, 等. 计算机网络安全 [M]. 3 版. 北京: 清华大学出版社, 2022.

[4] 郭锂, 郑德庆. 大学计算机与计算思维 [M]. 北京: 中国铁道出版社有限公司, 2020.

[5] 庄越, 唐浩祥. 信息技术应用项目教程 [M]. 北京: 中国铁道出版社有限公司, 2022.